精神分裂分析
在文学批评的应用研究

主编 ◎ 康有金　　副主编 ◎ 孙芳　侯雯

Research on the Application
of Schizoanalysis in Literary Criticism

中国言实出版社

图书在版编目（CIP）数据

精神分裂分析在文学批评的应用研究 / 康有金主编 . —
北京：中国言实出版社，2017.12
　　ISBN 978-7-5171-2659-1

　　Ⅰ . ①精… Ⅱ . ①康… Ⅲ . ①精神分析－应用－英语
文学－文学评论－研究 Ⅳ . ① B841 ② I0

中国版本图书馆 CIP 数据核字（2017）第 326189 号

责任编辑：王战星
文字编辑：李　琳
封面设计：黑眼圈工作室

出版发行　中国言实出版社
　　　　　地　址：北京市朝阳区北苑路 180 号加利大厦 5 号楼 105 室
　　　　　邮　编：100101
　　　　　编辑部：北京市海淀区北太平庄路甲 1 号
　　　　　邮　编：100088
　　　　　电　话：64924853（总编室）64924716（发行部）
　　　　　网　址：www.zgyscbs.cn
　　　　　E-mail：zgyscbs@263.net
经　销　新华书店
印　刷　北京市金星印务有限公司
版　次　2018 年 3 月第 1 版　2018 年 3 月第 1 次印刷
规　格　710 毫米 ×1000 毫米　1/16　14.25 印张
字　数　238 千字
定　价　50.00 元　ISBN 978-7-5171-2659-1

编 委 会

出版说明

　　本书是武汉科技大学研究生学院立项教材，供外国语学院外国语言文学专业学术型研究生"英语小说研究"课程教学使用。该书同时也是上海外语教学出版社"2017年外教社全国高校外语教学科研项目 ——《精神分裂分析在文学批评中的应用方法研究》"（立项文号：2017HB0042B）的科研成果，得到了上海外语教学出版社的资助。

　　本书是在主编多年教学中带领科研和教学团队实践研究的基础上形成的成果。在课题组积极申请下于 2015 年 12 月获得武汉科技大学批准，成为研究生院的立项教材。教材以法国后现代主义哲学家吉尔·德勒兹（Gilles Deleuze，又译为德鲁兹，1925—1995）的哲学思想体系 —— 精神分裂分析为基础，以其所创造出来的哲学概念块茎、解辖域化、脸面性、生成、重复、无器官身体和逃逸线等作为基本的分析方法解读近现代英语国家作家的文学作品。书中一部分是已经发表过的研究成果，但更多的是初次与读者见面。参与前期论文创作与发表的编者有康有金、孙芳、侯雯、类珉、张曼、韦喜凤和潘怡泓。这些同志与其他编委一起为本书稿的完成付出了很多劳动。

康有金

2017 年 11 月 27 日

目　　录

第一章　德勒兹哲学与文学批评

　　精神分裂分析是法国后现代主义哲学家吉尔·德勒兹所创建的学说，它是革命的唯物主义精神分析，以弗洛伊德的俄狄浦斯情结作为主要目标，对精神分析进行批判。从社会无意识中的欲望流动透视社会意识和个体心理，这种新的透视法有助于揭示出个体心理中欲望的受压抑性和颠覆性，体现文学的功能性。它继承了马克思主义理论，从社会和历史角度解释认知和行为；吸收了弗洛伊德尤其是拉康的思想，在对社会结构和社会发展的解释中融入了利比多和符号学因素；借鉴了尼采对虚无主义和禁欲主义的批判。德勒兹文学批评理论独树一帜，批评方法特立独行。经过20世纪八九十年代的研究，德勒兹的思想理论广泛地应用于包括文学批评在内的各个领域。德勒兹文学批评方法是后现代主义理论的重要组成部分，在文学批评实践中有广泛的应用。在本课题的研究中将实际具体应用块茎、解辖域化、脸面性、无器官身体、重复和生成等六个批评方法进行研究。因为德勒兹哲学从精神分裂分析角度解读后现代主义时期碎片化的人格特质，所以与后现代主义文学作品中的人物特质形成高度的契合，用以解读文学后现代主义作品有其得天独厚的优势。这对于丰富和发展文学批评理论有着十分重要的意义。

　　在《反俄狄浦斯》中德勒兹曾有这样的表述："阅读文本绝不是探究示意的反复推敲，更不是找寻能指的咬文嚼字，而是一个利用这部文学机器的生产过程，一个欲望机器的蒙太奇，一个从文本中汲取革命力量的精神分裂过程。"[1] 精神分裂过

---

　　[1]　Deleuze，Gilles & Félix Guattari. Anti-Oedipus：Capitalism and Schizophrenia[M]. Trans. Robert Hurley，Mark Seem，and Helen Ro Lane. London：Continuum，1983：106.

程就是成为少数派的过程。少数派意味着对现存秩序的超越。少数派意味着不为多数派所限制，意味着无限的可变性和创造性，意味着不断生成新的东西。[2] 本课题的研究对象是德勒兹文学批评论，从德勒兹一生的文学批评实践中概括和提炼，在前人研究成果基础上归纳和总结，系统地过滤出德勒兹文学批评方法，即逃逸法。在德勒兹看来，文学创作过程就是逃逸过程。他在《谈话》中鲜明地提出了文学创作的最高目标——离开，出走，追寻一条线。[3] 德勒兹哲学视野下的逃逸线，指的是一条通过主体之间原本模糊的连接作用倾泻而出的突变轨迹，以其新释放的能量为相关主体增力，以做出相应的反应和回应。[4]《什么是哲学》的译者称德勒兹为逃逸线思想家。[5] 德勒兹哲学思想为作者和读者提供了不同的"逃逸线"，一项远离人们所熟知事物的活动。[6] 通过创作和阅读作者和读者都实现了逃逸发生了蜕变。依据德勒兹精神分裂分析理论中的概念具体细化了文学批评中的逃逸方法，主要有块茎、解辖域化、去脸面性、形成无器官身体、生成和重复等几种。

一、块茎

德勒兹用块茎来形容一种四处伸展的、无等级制关系的模型。与根—树模式或胚根模式的二元逻辑的"精神实体"相反，块茎作为一种开放的系统，强调了知识和生活的游牧特征。块茎，从生物学特征来讲，是去中心化和全方位发展的，它是根—树的批判性的对照。[7] 块茎没有起点，也没有终点，永远处于中间；它由具有 n 个维度的多样性线构成，没有主体也没有客体。块茎是反宗谱的，反记忆的。[8] 以块茎作为文学批评方法，首先是创作形式和方法上。章回小说属于块茎之书。文学作品中的人物特立独行的思维和行为方式彰显其个性。这正是块茎式思维。块茎式思维是

[2] 夏光. 德鲁兹和伽塔里的精神分裂分析学（下）[J]. 国外社会科学，2007（3）.

[3] Deleuze，Gilles & Clare Parnet. Dialogues[M]. Trans. Hugh Tomlinson and Barbara Habberjam. New York：Columbia University Press，1987：36.

[4] Parr，Adrian. The Deleuze Dictionary[M]. Scotland：Edinburgh University Press，2005：145.

[5] Deleuze，Gilles & Félix Guattari. What is philosophy？[M]. Trans. Hugh Tomlinson and Graham Burchell. New York：Columbia University Press，1994.

[6] Boundas，Constantin V. Gilles Deleuze[M]. London：Continuum Publishing Corporation，2011：132.

[7] 吴静. 德勒兹的"块茎"与阿多诺的"星丛"概念之比较 [J]. 南京社会科学，2012（2）：49-56.

[8] 同 [2]，第 21 页.

创作的基本思想，作家借此逃逸，读者获得启迪。

二、解辖域化

解辖域化是生产变化的运动。它既可以是积极的也可以是消极的，即正的或负的。作为一条逃逸线，它显现的是主体的创造潜能。[9] 通过逃逸，主体离开旧有环境进入全新领域，通过创造新的环境发掘自身的潜能。解辖域化是主体从各种桎梏中挣脱出来的过程，是主体为摆脱限制、压抑和枷锁的积极行为。文学创作和文学作品解读为作者和读者在精神层面上实现了解辖域化。前者的结果是少数派，后者会带来多数派。文学创作就是塑造物质上、精神上、身体上或心理上解辖域化的人物，借此作者实现了自身的逃逸，也为解读者提供镜像式参照。

三、去除脸面性

德勒兹哲学体系中的"脸"指的是因社会经济结构和权利结构变化而出现的一系列的社会组织机构 [10]，由白墙与黑洞构成。白墙上具有强制性的代表集体共性的表征性取代了黑洞中个体的主体性。为获得利益脸面性成员将主体性桎梏在黑洞中，失去了主动性和创造性。去除脸面性的过程是一种逃逸，主体线化白墙，冲出黑洞。文学作品中的人物都摆脱了白墙冗赘的束缚，不受精益利益的诱惑或权力的限制，冲出了黑洞，解放了个性，成为精神分裂者，成就了少数派。

四、生成

在德勒兹看来，文学创作过程就是生成过程。在这个过程中，作者在精神上将自己想象为"他者"。文学创作过程就是有强烈创作欲望的作者，在生成对象物强大感受力的牵引下，不由自主地完成了目的地为生成对象物的精神之旅。常见的生成方式有生成动物，生成女人和生成不可知。生成是一个永不间断的过程，是由无数错觉构成的碎片所组成的线。生成是一个永不间断的过程，是由无数错觉构成的

[9] 同 [4]，第 67 页 .

[10] 同 [3]，第 175 页 .

碎片所组成的线。[11] 生成不是固定结构，也不是特定产物。[12] 它飘忽于主体与生成对应物之间，自己的影像和生成对应物的影像之间无限接近却没有重叠。主体与生成对应物之间互投影像，我中有你，你中有我。既然文学创作过程是生成，读者对作品的解读，即文学批评活动也遵循生成的方法。文学作品中的人物常是生成的结果，作者无意使然，不经意间实现逃逸。读者读景生情，不知不觉中实现逃逸。

五、重复

在德勒兹看来，文学创作是创造差异的过程。德勒兹本人也被学术界称为差异哲学家。在德勒兹看来，重复并非相同事情的再次发生，它是生产差异和再发现的实践过程。重复过程既不依赖主体也不依赖客体，它是一个有无限潜能的可持续过程。[13] 德勒兹受塔尔德的启发，把重复看作差异的微分器，经过重复，差异由普遍差异提升为特殊差异，由外在差异蜕变为内在差异。[14] 重复也是德勒兹哲学中的一条逃逸线，是德勒兹文学批评方法。重复是为实现质变而进行的量的积累的过程。文学创作正是通过重复将普遍差异升华为特殊差异，将外在差异转变为内在差异的过程。借此，通过文学创作的重复，作家实现逃逸，出类拔萃；通过阅读，读者提升自己，与众不同。

六、无器官身体

德勒兹哲学体系中的"无器官身体"指的不是身体没有了器官。[15] 通俗来说，如果在欲望的作用下某一主体的消极精神器官发生突变，进入了德勒兹哲学视域下的恶化状态，即形成恶化的无器官身体；若其欲望中消极的精神器官被去功能化，其精神世界达到了近乎完美的状态，摆脱了束缚和桎梏，具有充分的灵活性、适应性、应变性和创造性，德勒兹称这类主体状态为丰满的无器官身体，即德勒兹所倡导的

---

[11] Amy L. Hequembourg. Becoming lesbian mothers[J]. Journal of Homosexuality，2007（53）：153-180.

[12] Todd G. May. The System And Its Fractures：Gilles Deleuze on Otherness[J]. Journal of the British Societies for Phenomenology，1993（24）．

[13] 同[4]，第223-224页．

[14] Deleuze，Gille. Difference and Repetition[M]. Trans. Paul Patton. New York：Columbia University Press，1995：76.

[15] 同[4]，第33页．

无器官身体类型：若其身体被外部环境左右，被动和消极成为其精神世界的主要特征，德勒兹称这种主体状态为枯干的无器官身体。形成无器官身体过程是一种逃逸，是从"我"中挣脱出去的过程。文学创作就是塑造拥有丰满无器官身体的精神分裂者，作者借此逃逸，读者得到暗示。

七、逃逸线

德勒兹哲学思想为人们提供了块茎式的叙事方式，通过一次又一次地解辖域化，找到逃逸线，冲出黑洞，线化白墙，拆除"脸"，成就无器官身体，实现欲望的自由流动，找到自由，重拾自我。德勒兹（和伽塔里，又译为加塔里、加塔利）向人们提供上述四个不同的工具，都是在为人们找到一条或多条物质上或精神上的，身体上的或心理上的逃逸线，逃离当下限制人们的物质或精神环境。

第二章　块茎与文学批评

被誉为"游牧"星球 —— 赛博空间的哲学圣经的块茎是德勒兹最重要的概念之一。它隐喻自一种去中心化和全方位生长的植物。作为无序的、多样化的生长系统，它具有反结构、反再现、反中心、反总体、反系谱、反层级、反意指等倾向和随意性、差异性、异质性、多样性、活动性、可逆性等后现代特征。块茎的生长和块茎式思维方式遵循着联系性、异质性、多样性、反意指脱裂性、绘图性和贴花转印性原则。块茎为思想理论，社会实践和文学批评拓展了广阔的空间。

第一节　德勒兹文学批评之块茎

一、引言

德勒兹和伽塔里合作的名著《千座高原》（1980），特别在其开篇提到的"块茎"，被誉为"游牧"星球 —— 赛博空间的"哲学圣经"。[1] 在《差异与重复》（1969）的前言中德勒兹具体说明了通过差异与重复创造新的形象并以此来表达新的思想的必要性。他说，指引他后来一系列著作中的思路，是他与伽塔里所倡导的"思想的

---

[1]　Marks，John. Information and Resistance：Deleuze，the Virtual and Cybermetics[M]. Edinburgh：Edinburgh University Press，2006：194.

植物模式：以块茎对峙树木，用块茎思维取代树状思维"[2]。由于德勒兹坚持把差异性与多元性作为哲学的首要范畴，他颠覆了同一性思想霸权的传统，因此，"差异与重复"的哲学观念无异于哲学上的一场革命。[3] 块茎是德勒兹差异哲学的基础。它一经出现就引发了哲学领域革命性的变化。

二、块茎的概念

块茎是德勒兹最重要的概念之一，是其独树一帜的语言风格的重要标识之一，也是他（和伽塔里）所采用的重要论证方法之一。"块茎"没有"基础"，不固定在某一特定的地点。德勒兹用块茎来形容一种四处伸展的、无等级制关系的模型。与根—树模式或胚根模式的二元逻辑的"精神实体"相反，块茎作为一种开放的系统，强调了知识和生活的游牧特征。块茎，从生物学特征来讲，是去中心化和全方位发展的，它是根—树的批判性的对照。[4] 块茎没有起点，也没有终点，永远处于中间；它由具有 n 个维度的多样性线构成，没有主体也没有客体，是去中心化的。块茎是反宗谱的，反记忆的。[5] 块茎突出的生态学特征是非中心、无规则、多元化的形态，它们斜逸横出，变化莫测。这很容易使我们联想起传统中心主义的权力空间与离散式的赛博空间的区别与特质。德勒兹（和伽塔里）视块茎为"反中心系统"的象征，是"无结构"之结构的后现代文化观念的典型事例，是反中心的"游牧"思维的具体体现，这与柏拉图以来西方所主导的"树状逻辑"思想形成对照。德勒兹（和伽塔里）认为树状模式宰制了西方的全部思想与现实，因此他们倡导块茎的思维模式：不把事物看成是等级制的、僵化的、具有中心意义的单元系统，而是把它们看作如植物的块茎或大自然的"洞穴"式的多元结构或可以自由驰骋的"千高原"。德勒兹注意的不是辖域之间的边界，而是强调消解边界的"逃逸线""解辖域化"。[6] 这里德勒兹所强调的消解方式就是"块茎"。

---

[2] Deleuze，Gilles & Félix Guattari. What is philosophy？[M]. Trans. Hugh Tomlinson and Graham Burchell. New York：Columbia University Press，1994.

[3] 麦永雄 . 德勒兹差异哲学与后马克思主义文化观念举隅 [J]. 江南大学学报，2013（9）.

[4] 吴静 . 德勒兹的"块茎"与阿多诺的"星丛"概念之比较 [J]. 南京社会科学，2012（2）.

[5] Deleuze，Gilles & Félix Guattari. A Thousand Plateaus[M]. Trans. Brian Massumi. London：University of Minnesota Press，1987：21.

[6] 同 [3].

从生物学到哲学，德勒兹用隐喻的方式形象生动地引导人们理解抽象的哲学概念。生物学意义上的块茎在地表上蔓延，扎下临时的而非永久的根，并借此生成新的块茎，然后继续蔓延。如同马铃薯或黑刺梅树，一旦去掉了地面上的秧苗，剩下的就只有"球状块茎"了。块茎结构不同于树状和根状结构，其结构既是地下的，同时又是一个完全显露于地表的多元网络；它没有中轴，没有统一的源点，没有固定的生长取向，而只有一个多产的、无序的、多样化的生长系统。[7] 正如程党根对块茎的特征进行概括和归纳的那样，块茎有强烈的反结构、反再现、反中心、反总体、反系谱、反层级、反意指等倾向和随意性、差异性、异质性、多样性、活动性、可逆性等后现代特征。[8] 块茎式思维是德勒兹的哲学图式。在德勒兹差异哲学中，存在着复杂的文化诗学空间，主要包括光滑空间、条纹空间和多孔空间。条纹空间是同质的、辖域化的、科层化、规训的、有固定边界的空间；光滑空间是充满差异的、解辖域化、无中心化组织、无高潮、无终点的游牧空间；多孔空间是鼠洞式或块茎式的多元空间，四通八达，是暗中连通前面两种空间的"第三空间"和"地下"空间。[9]在德勒兹的差异哲学意义上，块茎意味着一种复杂的文化隐喻和游牧的思维模式。块茎导向一种无限开放的光滑空间。在此意义上，块茎呈现出一种德勒兹式的哲学图式。[10]

杨海鸥和谭惠娟对块茎进行了形象的比喻。块茎之大，一座座高原是它的盘中之弈；块茎之速，流溢的线性方向是它的无所不在的速度。她们认为德勒兹要的就是这样一个消解并超越了时空的浓缩体，不只是一个由人类主宰的全球化的文明体 —— 地球村，而是一个吸纳星河精气并与旷原荒莽相贯通的繁殖体生成物 —— 块茎。[11]

三、块茎的原则

德勒兹哲学思想中的指的"块茎"毕竟是他们借用了植物学领域的概念，他们

---

[7]　同 [5]，第 8 页.

[8]　程党根. 后哲学话语中的哲学合法性质疑 —— 以德勒兹为例 [J]. 南昌大学学报，2006（7）.

[9]　Bonta，Mark & John Protevi. Deleuze and Geophilosophy：A Guide and Glossary[M]. Edinburgh：Edinburgh University Press，2004.

[10]　麦永雄. 光滑空间与块茎思维：德勒兹的数字媒介诗学 [J]. 文艺研究，2007（12）.

[11]　杨海鸥，谭惠娟. 德勒兹《千座高原》的哲学叙事探析[J]. 当代外国文学，2010（31）.

的哲学概念"块茎"和植物学中的块茎还是有本质上的不同的。真正掌握德勒兹哲学概念"块茎"的精髓，还要深入研究到他们"块茎"的原则，从而进一步认识"块茎"的本质特征。

（一）联系性原则

所谓联系性（connection）是指块茎上的任何一点都能够与外界连接。这与按照固定模式有固定分叉点和分节点的树状植物和根状植物是不同的。块茎不停地建立联系，把各种各样的符号链、权力组织和相关的环境与艺术、科学和政治斗争联系起来。[12] 块茎的特别之处就在于它强调的是两个上截然不同的事物、时间、地点之间的联系。任何两个毫无联系的事物在块茎背景下都会联系起来，各自从自身的母体脱裂，组成新的块茎。德勒兹和伽塔里认为各种彼此间存在差异甚至相悖的事物在长时间的磨合中不断地呈现出新的维度，这样"块茎"便成为这个概念化的世界的标识，成为德勒兹哲学打开这个普遍联系的世界钥匙。[13] 人是通过建立联系来理解和认识外部世界的。每建立一个联结，都有其独特的性质和意义，有其特有的维度，这便是德勒兹哲学视域下的"块茎"。块茎是通过联系的建立而形成的。德勒兹式的块茎思维所发挥的功效是开放式的生产性模式，借此随意性的联结和联系共同驱动，调整和理顺各要素之间的关系。[14] 商品流通过程中，生产方和消费方经过长期的磨合衍生出一系列的购物方式、付款方式和送货方式。这一衍生还在纵深延展，人们所能看见的只有中间点，没有终结点。

（二）异质性原则

与联系性原则联系最最密切的是异质性原则。在《千座高原》中，这两条是放在一起讨论的。它们既是两条原则也称作是一条原则的两个方面。所谓异质性（heterogeneity）是指从块茎脱裂出来的"子体"与"母体"中间的迥然不同。它也指两个联系在一起组成新的"块茎"的构成要素在本质上的迥异。不同的付款方式是从购物方式中脱裂出来的衍生物，作为子体块茎的付款方式与作为母体块茎的购物方式迥然不同。是个人爱好和习性，或依据各人的不同理解，每个人选择了不同

[12]　同 [5]，第 7 页 .

[13]　Parr，Adrian. The Deleuze Dictionary [M]. Edinburgh：Edinburgh University Press，2005.

[14]　同 [13].

的付款方式，这与购物方式没有任何关联。购物方式衍生了付款方式，它们之间紧密相连。可是，它们之间却没有丝毫的相似之处。这便是普遍联系又千差万别的世界本质。"差异"和"生成"是德勒兹特殊的本体论挑战的基石，发挥着重要的功用，能够疗救德勒兹所认为的西方思维领域长久以来一直存在的弊病，即对存在形态与同一性的倚重与偏执。[15]块茎的异质性突出地强调了差异的普遍存在，体现了"块茎"作为德勒兹哲学圣殿基石的重要意义。

（三）多样性原则

多样性（multiplicity）（又译为"繁殖性"）指的是，不论是自然领域还是精神领域，不论主观世界还是客观世界，块茎从不把"唯一"当作主体或客体。虽然树状植物也有好多分叉，客体也不是唯一的，但不是块茎，因为它有唯一的主体，所有枝杈都是从同一个主体分离出来的。树状植物的生长遵循着根—干—枝—杈—叶顺序。在块茎的主体中没有扮演中枢角色的统一体来指挥如何向外分叉，在块茎的客体中，也没有主导分叉行为的中枢控制系统。块茎没有主体，也没有客体。根—树生长规律强调固定的定位、量值和维度。块茎则不同，木偶操纵线的特征符合块茎的多样性原则。这些线并不是和艺术家或者拉木偶线的演员的目标意愿连接在一起，而是与多样性的神经纤维连接在一起，这些神经纤维在其他空间形成了另一个与在演木偶连接在一起的木偶。[16]这就是说，演员大脑中的想象和手中表演的木偶形成的块茎的主体客体联系。块茎的多样性原则否定了树状或根状植物的分差结点。

块茎把任何一点与任何其他一点联系起来，它激活了非常不同的符号王国，甚至非符号状态。它构成 n 维度的线性繁殖，作为其维度的分隔和层次的线，作为最大维度的逃亡或解域的线，这些维度既没有主体，也没有客体，而可以在一个黏性平面上展开，总是能从这里被抽取出来（$n-1$）。[17]

块茎的"从中间"——没有开始和终结——既打破了由时间次序造成的先后关系，也打破了由地域位置形成的中心和边缘。一切秩序都在块茎中消弭，它只是一个又一个的维度。n 是趋向于无限的，因此它总是能不断地开拓出新的维度。这些维度决定了多样性的本质。作为结果，多样性随着维度的变化，本质也发生了变化。

---

[15] 同 [13].

[16] 同 [5]，第 7 页 .

[17] 杨海鸥，谭惠娟 . 德勒兹《千座高原》的哲学叙事探析 [J]. 当代外国文学，2010.

而块茎的维度纯粹是由线条构成的，"逃逸和解辖域化线"。[18] 作为多样性的块茎"既没有主体也没有客体，它有的只是决定要素、形状和维度，在多样性的本质不发生改变的情况下，这些东西在数量上也不可能增长"。[19] 这就表明，多样性不是一种数量上的增长，而是数量级和维度上的扩展。以网络为例，块茎的多样性指的不是网店数量之大，而是指有网络发展所衍生的一个个全新的赛勃空间。从这个意义上讲，网络的繁衍空间没有止境。

对于块茎而言，异质性和繁殖性是相互交织在一起的，它们不能被割裂开来。异质性内在于繁殖性，而多样性是异质性的基础。块茎也是一个流变的系统，在其中，虚拟不断地刺穿和侵蚀实在。也就是说，由逃逸线所勾勒出的虚拟从没有停止对现实的影响。最终的结果就是，块茎永远不是一个固定的存在，而是一个能生产出变化条件的生成。并且，正是这种刺穿和侵蚀的行为为块茎结构赋予了活力和流动性。块茎也为欲望的自由流动提供了场所。或者说，块茎是一个可以将欲望从既定中解放出来的机制。[20]

（四）反意指裂变原则

所谓反意指裂变原则（asignifying rupture）是指块茎"子体"从"母体"脱裂是不留任何痕迹，悄无声息。它是针对将一个固定结构分裂开来的，或将一个单一结构从中间横断切开的过分张扬行为而言的。可以在某一处块茎打碎或碾碎，但它可以在原有的线上或新的线上重新生长，恢复其原貌。例如，老鼠几乎无法被彻底消灭，因为它们已经形成动物块茎，即便是在它们种系的绝大多数被消灭的情况下也可以恢复原貌。每一个块茎都含有许多线段，依据这些线段块茎在不断地进行着层级化和辖域化，不断地被组织起来组成某一固定形式，赋予某种意义，归属某一领域。块茎还含有各种解辖域化逃逸线，沿着这些线路，不断地向前行进。每当块茎的一条线段蜕变成逃逸线，都会有一次脱裂。但是，这条逃逸线仍然还是块茎的一部分。每次脱裂，都会引出一条逃逸线，实现一次解辖域化。在逃逸线上的两个异质线段之间没有任何相似或相像之处。它们共同构成一个块茎。任何脸面性机器都无法再将这个块茎臣服。这两个异质线段彼此之间没有任何关联。德勒兹和加德里称之为

---

[18] 同 [5]，第 9 页.

[19] 同 [5]，第 8 页.

[20] 同 [4].

"非平行演化"（aparallel evolution）。[21] 它们各自从自己的母体脱裂出来，没有留下任何痕迹或意指。然后它们组成新的块茎，在这个新的块茎中，没有任何原来块茎的痕迹。例如，人类自身上的一些病毒和一些动物身上的病毒合成一种新的病毒。这种新的病毒不以原来的病毒类型为主要特征，而体现出一种全新的特征。块茎可以碎裂，但它无论在什么环境中都仍然能够生长繁衍。块茎的反科层化、解辖域化、反组织化、反固定意义、反谱系学特征与前述的光滑空间和游牧美学具有精神上的共通性。麦永雄以电脑网络为例来诠释块茎的反意指裂变原则。电子传媒可以十分便捷地、随心所欲地进行各种复制、剪贴与数码合成，用于各种目的，包括网络犯罪与创造新型的多媒体文艺形式。其意义生生不息，其形态瞬息万变，文学艺术经典的续写、改写、逆写、戏仿乃至恶搞，在电子网络世界已经司空见惯。网络写手与受众具有无限可能性进行多元互动。[22]

（五）绘图性原则

所谓绘图性（cartography），是指块茎的延伸和生长具有绘图性的特征。任何绘图都有随意性，绘图纹理走向的任意性和随意性与块茎的生长和延展规律高度契合，各条纹理会根据需要随时任意延展。这让观图者不可捉摸。整个一张大图上的任何一点都可以是中心，因为整张图也没有中心。任何一点都可以开始，没有终结点。以"北斗"全球卫星定位系统为例，我们可以任意截取一个点，以该点为中心向外绘图，可以勾勒出一张完整的图，满足定位者的需求。任何一位不熟悉交通线路的司机都可以借助导航到达目的地。为每个司机提供不同的导航，均准确地引领其到达目的地。

用任何固定的结构模式或生殖模式来描述块茎都是不合适的。对于遗传轴或深层结构家族来说块茎属于陌生客。在遗传轴和深层结构中有溯源（tracing）功能，新生代总是抹不去祖先留下的烙印。块茎的"子体"和"母体"之间没有溯源特征。兰花虽然造就黄蜂出巢的本能，但是它用块茎的方式为黄蜂寻蜜绘制出一张线路图。[23] 线路图绘制无意识，培育了不同领域之间的关系，移除了"无器官身体"（body without organs，指身体处于在功能上尚未分化或尚未定位的状态，或者说身体的不

---

[21]　同 [5]，第 10 页 .

[22]　同 [10].

[23]　同 [5]，第 12 页 .

同器官尚未发展到专门化的状态[24]）上的障碍。线路图本身也是块茎的一部分。线路图的潜力十分巨大。线路图是开放的，与其周边各维度相通。块茎拥有多样性的通道与周边的其他多样性相通，随时脱裂出新的块茎。块茎的线路图可以拆卸，可以反转，随意修改与变更。

（六）贴花转印性原则

所谓"贴花转印"（decalcomania），即移画印花法，贴花转印法，是一种民间沿用的贴纸法。德勒兹（和伽塔里）还用"tracing"（溯源，摹写）[25]来更加详尽地描述贴花转印。在他们看来，块茎的生长和延展的规律可以隐喻为贴花转印，即一个块茎衍生出另一个块茎过程如同贴画转印。一个块茎和另一个块茎之间的关系如同两个被转印的贴花，转印过程是通过对原花样图案进行多道工序的加工处理。这样转印前后的两张图之间出现了本质的差异和迥然的不同，我们也就无法再从转印后的图案追踪溯源到原始图案，因为经过转印之后母体与子体之间会发生巨大的变化。"生活"（live）变成了"面纱"（veil）或"罪恶"（evil），竖版书写的"林蛋大"变成了"楚中天"。德勒兹用块茎的贴画转印法勾勒出其包罗万象的哲学大世界。对于德勒兹的这种组合能力詹姆逊（Fredric Jameson）感到非常惊讶。他认为，在《千座高原》里，德勒兹的思想是对"五花八门的旁征博引、所有类型的文本、任一领域的研究"的不断组合过程。德勒兹把"语言学、经济学、军事战略、教堂建筑、数学、现代艺术、亲缘系统、工程技术、古代帝国史、光学、进化论、革命实际、音乐调式、晶体结构、法西斯主义、性别、现代小说"等变成了可以利用的磨坊里的谷粉。可以说，他不是在"简单机械地建立什么同源结构关系，而是在运转着不可思议的多维现实世界"。[26]确实如此，我们也可以说德勒兹是在开创有史以来的所有文明成果组合成任其驰骋的哲理世界。

---

[24] 夏光. 德鲁兹和伽塔里的精神分裂分析学（上）[J]. 国外社会科学，2007（2）.

[25] 同 [5]，第 12 页 .

[26] 王逢振. 弗雷德里克·詹姆逊. 新马克思主义 [M]. 北京：中国人民大学出版社，2004.

四、块茎的意义

（一）理论意义

德勒兹的块茎模式协调了批判与建构之间的关系。借助这个模型，他彻底废除了一切形式的二元论模式，有效地克服了所有的二元论范畴，诸如矛盾、对立等等。这种新的模式就是建构主义。而建构本身就是创造，它是一种完全肯定性的行为。然而，这种建构本身不是盲目的乐观，它是建立在批判性视角之上的。而所谓的批判性视角又是通过对经验条件的关注获得的。它类似于德里达在论述解构哲学时所做的定位。德里达说，"解构哲学，恐怕就是以那种最忠实、最内在的方式去思考哲学概念所具有的一定结构的那种谱系，同时也是从某种它无法定性、无法命名的外部着手，以求确定那被其历史所遮蔽或禁止的东西，而这种历史是通过一些对有利害关系的压抑而成就的"。[27]

迄今，大多数的现代理论仍然试图从某个核心概念出发，在统一的、线性的、层级化的思维模式中，采用稳定的概念和逻辑形式来再现真实。然而，德勒兹则试图在多样性的层面上，通过变换概念平面来避免陷入终极性的体系，以此进行他的块茎式思维实验。[28] 在这种块茎思维中渗透了德勒兹的"褶子"概念或灵魂的"褶皱"思想，即在他的认知理论中贯穿着无穷的变化、变异、折射、组合、超体、移位，不断地创生和连续地展开、运作与流动的思想。他说，精神的创生或褶皱就好像在物质世界或活体世界所发生的褶皱事件一样，在那里"转化的主要事变有七种：褶子、褶痕、鸠尾榫形、蝶形、双曲形中心点、椭圆形和抛物线形"。而在认知领域，思维的褶皱和曲线也同样会变化无穷、变异无限，各种知识形态层出不穷；那思维的旋涡、灵魂的演绎、精神的蝶变和超越，将会永远推动着人类认知向多样性、丰富性和复杂性方向进化和演变。[29]

在《千座高原》后面各章，块茎的生成特点向道德地质学、游牧学说、解辖域化、机械理论以及无知觉东西的生成等思想广泛辐射，将地学、物理、化学、心理学和

---

[27] 同 [4].

[28] 张之沧. 论德勒兹的非理性认知论 [J]. 江海学刊，2009（1）.

[29] 同 [28].

宇宙学都吸纳到强力生成的繁殖性层面。在这种意义上，可以说把握住块茎理论，也就等于掌握了德勒兹和伽塔里思想殿堂的一把钥匙。[30] 它的后面各章节都是两位哲学家思想块茎的具体生长点。

（二）社会意义

斯皮勒主编的《赛博读本：数字时代的批判著述》是探讨电子传媒赛博文化的基础读本。该书的序言指出：在对赛博空间的探索中，"德勒兹和伽塔里以他们的'块茎'概念在哲学家中获得了最大的成功，众多性质迥然不同的学科都攫住这个概念，用来描绘我们新千年的变迁"[31]。块茎侵入社会生活的各个领域，这使当代社会更像一个有无数块茎构成的一个复杂结构。网聊、网恋是块茎，博客、黑客、威客皆是块茎。块茎图式永远可以分离、联系、颠倒、修改，是具有多种入口和出口及其逃逸线的图式。鼠标的点击也犹如块茎，激活极为不同的符号体系，激发信息内爆和点击经济。它通过变异、拓展、征服、捕获、分衍而运作。[32] 德勒兹的块茎理论前瞻性地契合了电子媒介发展的特征，对理解当代以互联网为主体的数字媒介有重要的指导意义。宏观来看，整个电子媒介的联网电脑可以创造一种"块茎"式的系统，从任何地方都可以随意链接，形成新的块茎，并延续其特征。就传播载体来讲，电子媒介作为一种工具，其本身就包含着块茎特征。[33]

物质对意识有决定作用。面对块茎的大千世界，生活于其中的人的思维方式也渐渐地块茎化了。块茎式思维方式将成为充满创造性的当今世界的主流。块茎的反意指性脱裂特征与思维的创造性高度契合，它不依赖现成的信息材料，而得出全新的结论。块茎的贴花转印性特征与思维的灵活性和适应性极其一致，体现了当代人思想的高度应变性特征。

外部世界决定了人的思想方法，也决定了人格的构成。块茎人格成为当代社会中人们的主要特征。越来越复杂的社会，生活中不断加大的压力，工作中不断激烈

---

[30]　栾栋．德勒兹及其哲学创造 [J]．世界哲学，2006（4）．

[31]　Neil Spiller. Cyber-Reader：Critical Writings for the Digital Era[M]. London：Phaidon，2002.

[32]　同 [10]．

[33]　曾建辉．生成、块茎、感觉——吉尔·德勒兹媒介哲学思想初探 [J]．哈尔滨工业大学学报，2011（7）．

的竞争，使得人们的人格越来越多样化，越来越异质化。一个更加复杂多样的世界正浮现在眼前，德勒兹所期盼的差异化社会出现了。

（三）文学意义

以块茎作为文学批评方法，首先是创作形式和方法上。日本小说家藤泽周平短篇小说集《黄昏清兵卫》从创作形式上看就是块茎之书。该小说集有八部短篇小说：《黄昏清兵卫》《生瓜与右卫门》《马屁精甚》《爱忘事的万六》《不说话的弥助》《咋咋呼呼的半平》《壁上观与次郎》《和叫花子助八》。[34] 小说选题是开放的，有无数个入口和出口。每篇小说题目都由两部分组成，前半部分是根据这位武士的特征所起的绰号，后半部分是这个武士的名字。这种创作方法是开放的。胡志明也解读过司空图的《诗品》中的块茎思想。[35]

块茎更是文学创作的思想和内容。夏洛蒂·勃朗特在《简·爱》中所塑造的简·爱就是按块茎思维方式思考问题和采取行动。她拒绝嫁给一表人才、前途无量的表哥圣约翰，拒绝安逸的生活，选择了年长、失去了所有财产，并双目失明的罗彻斯特；生活拮据的她意外继承一大笔钱，却不愿独享，而与表兄妹们共享；她不嫉恨曾虐待她的舅妈，却为她的不幸处境而甚为难过……她这一系列行为是从她的块茎思维中的无痕脱裂。

五、结语

从德勒兹创造"块茎"的概念之日到今天不过几十年，块茎已经成为理解我们这个世界的关键词。我们的世界早已是块茎的世界，正如我们的思维早已经是块茎的思维，我们的人格早已是块茎的人格一样。块茎正以其不可阻挡的趋势向社会、科学、文化、教育等社会生活的各个领域不断地渗透，使整个社会越来越具有块茎的特征。不经意间福柯所预言的"德勒兹的世纪"即将来临了。

---

[34] 藤泽周平.《黄昏清兵卫》[M].李长生，译.北京：新星出版社，2010.

[35] 胡志明.司空图《诗品》与德勒兹"块茎"概念 [J].山东大学学报，2013（4）.

第二节　块茎在文学批评中的应用

一、《辛德勒名单》的块茎解读

（一）引言

澳大利亚著名作家托马斯·基尼利于 1982 年出版小说《辛德勒名单》（原名《辛德勒方舟》）。小说真实地再现了德国企业家奥斯卡·辛德勒在第二次世界大战期间保护 1200 名犹太人免法西斯杀害的真实的历史事件。德国投机商人辛德勒"二战"初期是个国会党党员。他好女色，贪图享乐，是当地有名的纳粹分子中的坚定分子、党卫军间谍。他很善于利用与冲锋队头目的关系攫取最大资本。在被占领的波兰，犹太人是最便宜的劳工，因此这位精明的发战争财的辛德勒在他新创办的搪瓷厂雇佣廉价的犹太人为他工作。这些人得到搪瓷厂的一份工作，因此也就得到暂时的安全，没有受到杀人机器的肆虐，辛德勒的工厂成了犹太人的避难所。辛德勒也因此成了犹太人的救星。著名导演斯蒂芬·斯皮尔伯格于 1993 年自筹 2300 万美元将该小说搬上了银幕，该影片以其极高的艺术性成为 1994 年全球最为瞩目的影片，毫无争议地夺得了 6 项奥斯卡金像奖。影片的巨大成功引起了文学爱好者对原作品小说的兴趣，同样也掀起了作品研究的高潮。本文将运用法国后现代主义哲学家德勒兹哲学思想中的块茎概念解读《辛德勒名单》，探索辛德勒的块茎人格和他成为犹太人的拯救者之间的关系。

（二）德勒兹哲学思想的块茎

德勒兹和伽塔里合作的名著《千座高原》，特别是其开篇的"块茎"，被誉为"游牧"星球——赛博空间的"哲学圣经"[36]。他说，指引他后来一系列著作中的思路，

---

[36]　Marks，John. Information and Resistance：Deleuze，the Virtual and Cybermetics[M]. Edinburgh：Edinburgh University Press，2006：194.

是他与伽塔里所倡导的"思想的植物模式：以块茎对峙树木，用块茎思维取代树状思维"[37]。"块茎"是德勒兹创造的最重要的概念之一，是其独树一帜的语言风格的重要标识之一，也是他（和伽塔里）所采用的重要论证方法之一。"块茎"没有"基础"，不固定在某一特定的地点。德勒兹用块茎来形容一种四处伸展的、无等级制关系的模型。与根—树模式或胚根模式的二元逻辑的"精神实体"相反，块茎作为一种开放的系统，强调了知识和生活的游牧特征。块茎，从生物学特征来讲，是去中心化和全方位发展的，它是根—树的批判性的对照。[38]块茎没有起点，也没有终点，永远处于中间；它由具有 n 个维度的多样性线构成，没有主体也没有客体，是去中心化的。块茎是反宗谱的，反记忆的。[39]块茎突出的生态学特征是非中心、无规则、多元化的形态，它们斜逸横出，变化莫测。这很容易使我们联想起传统中心主义的权力空间与离散式的赛博空间的区别与特质。德勒兹（和伽塔里）视块茎为"反中心系统"的象征，是"无结构"之结构的后现代文化观念的典型事例，是反中心的"游牧"思维的具体体现，这与柏拉图以来西方所主导的"树状逻辑"思想形成对照。德勒兹（和伽塔里）认为树状模式宰制了西方的全部思想与现实，因此他们倡导块茎的思维模式：不把事物看成是等级制的、僵化的、具有中心意义的单元系统，而是把它们看作如植物的块茎或大自然的"洞穴"式的多元结构或可以自由驰骋的"千高原"。德勒兹注意的不是辖域之间的边界，而是强调消解边界的"逃逸线""解辖域化"。[40]这里德勒兹所强调的消解方式就是"块茎"。

从生物学到哲学，德勒兹用隐喻的方式形象生动地引导人们理解抽象的哲学概念。生物学意义上的块茎在地表上蔓延，扎下临时的而非永久的根，并借此生成新的块茎，然后继续蔓延。如同马铃薯或黑刺梅树，一旦去掉了地面上的秧苗，剩下的就只有"球状块茎"了。块茎结构不同于树状和根状结构，其结构既是地下的，同时又是一个完全显露于地表的多元网络；它没有中轴，没有统一的源点，没有固

[37] Deleuze，Gilles. Difference and Repetition[M]. Trans. Paul Patton. New York：Columbia UP，1994.

[38] 吴静. 德勒兹的"块茎"与阿多诺的"星丛"概念之比较 [J]. 南京社会科学，2012（2）.

[39] Deleuze，Gilles & Félix Guattari. A Thousand Plateaus[M]. Trans. Brian Massumi. London：University of Minnesota Press，1987：21.

[40] 麦永雄 德勒兹差异哲学与后马克思主义文化观念举隅 [J]. 江南大学学报，2013（9）.

定的生长取向，而只有一个多产的、无序的、多样化的生长系统。[41] 正如程党根对块茎的特征进行概括和归纳的那样，块茎有强烈的反结构、反再现、反中心、反总体、反系谱、反层级、反意指等倾向和随意性、差异性、异质性、多样性、活动性、可逆性等后现代特征。[42]

块茎式思维是德勒兹的哲学图式。在德勒兹差异哲学中，存在着复杂的文化诗学空间，主要包括光滑空间、条纹空间和多孔空间。条纹空间是同质的、辖域化的、科层化、规训的、有固定边界的空间；光滑空间是充满差异的、解辖域化、无中心化组织、无高潮、无终点的游牧空间；多孔空间是鼠洞式或块茎式的多元空间，四通八达，是暗中连通前面两种空间的"第三空间"和"地下"空间。[43] 在德勒兹的差异哲学意义上，块茎意味着一种复杂的文化隐喻和游牧的思维模式。块茎导向一种无限开放的光滑空间。在此意义上，块茎呈现出一种德勒兹式的哲学图式。[44]

杨海鸥和谭惠娟对块茎进行了形象的比喻：块茎之大，一座座高原是它的盘中之弈；块茎之速，流溢的线性方向是它的无所不在的速度。她们认为德勒兹要的就是这样一个消解并超越了时空的浓缩体，不只是一个由人类主宰的全球化的文明体——地球村，而是一个吸纳星河精气并与旷原荒莽相贯通的繁殖体生成物——块茎。[45]

（三）辛德勒的块茎思维

德勒兹式的块茎思维所发挥的功效是开放式的生产性模式，借此随意性的联结和联系共同驱动，调整和理顺各要素之间的关系。[46] "兰黄恋"是德勒兹哲学思想中最经典的块茎。[47] 兰花的授粉结种和黄蜂采蜜生存构成了一个天然的块茎。根据德勒兹思想解读《辛德勒名单》探索辛德勒的思维方式不难发现他思维的构成。他思考问题基于两个方面：一方面作为一个投机商人，他看准了大发纳粹大肆屠杀犹

[41] 同 [4]，第 8 页.

[42] 程党根. 后哲学话语中的哲学合法性质疑——以德勒兹为例 [J]. 南昌大学学报，2006（7）.

[43] Bonta，Mark & John Protevi. Deleuze and Geophilosophy：A Guide and Glossary[M]. Edinburgh：Edinburgh University Press，2004.

[44] 麦永雄. 光滑空间与块茎思维，德勒兹的数字媒介诗学 [J]. 文艺研究，2007.

[45] 杨海鸥，谭惠娟. 德勒兹《千座高原》的哲学叙事探析 [J]. 当代外国文学，2010.

[46] Parr，Adrian. The Deleuze Dictionary[M]. Edinburgh：Edinburgh University Press，2005.

[47] 同 [4]，第 12 页.

太人的赚钱机会，利用他们当中身强体壮的廉价劳动力，在自己的工厂里劳动，这样他便可以赚得巨额财富——他的真实目的；另一方面他可以让这些犹太人在他的工厂里生产军需产品——搪瓷器皿，德国士兵战争中生活必需品，这样他可以以国会党党员的身份，服务于国家的需要——为他攫取巨额利润找个合理的借口。拯救如此多的犹太人只是辛德勒块茎思维模式的意外收获，只是他的无心插柳所为。

块茎式思维方式遵循着联系性、异质性、多样性、反意指脱裂性、绘图性和贴花转印性原则。我们从块茎的这六条原则出发考察小说中辛德勒的思维与块茎的暗合之处。

所谓联系性，是指块茎上的任何一点都能够与外界连接。这与按照固定模式有固定分叉点和分节点的树状植物和根状植物是不同的。块茎不停地建立联系，把各种各样的符号链、权力组织和相关的环境与艺术、科学和政治斗争联系起来。[48] 小说中的辛德勒在其块茎式思维的支配下块茎行为五花八门——嗜赌成性，贪图享乐，花天酒地，放荡不厝……为了能够让犹太人快速投入劳动，辛德勒行贿纳粹头目常是一掷千金，看似挥金如土。这一切貌似恶棍的表象的下面掩盖着的是犹太人的救世主。它们紧密地联系在一起构成了辛德勒的块茎人格。

与联系性原则联系最密切的是异质性原则。在《千座高原》中，这两条是放在一起讨论的。它们既是两条原则也称作一条原则的两个方面。所谓异质性，是指从块茎脱裂出来的"子体"与"母体"中间的迥然不同。它也指两个联系在一起组成新的"块茎"的构成要素在本质上的迥异。不同的付款方式是从购物方式中脱裂出来的衍生物，作为子体块茎的付款方式与作为母体块茎的购物方式迥然不同。小说中辛德勒块茎思维的产品——救助犹太人，与上述辛德勒的各种放荡行为之间存在着迥然不同的区别。但是，这一产品是从他的块茎思维的母体当中脱离出来的。

块茎的多样性又可以理解为繁殖性，指的是，不论是自然领域还是精神领域，不论主观世界还是客观世界，块茎从不把"唯一"当作主体或客体。虽然树状植物也有好多分叉，客体也不是唯一的，但不是块茎，因为它有唯一的主体，所有枝权都是从同一个主体分离出来的。树状植物的生长遵循着根—干—枝—权—叶顺序。在块茎的主体中没有扮演中枢角色的统一体来指挥如何向外分叉，在块茎的客体中也没有主导分叉行为的中枢控制系统。块茎没有主体，也没有客体。根—树生长规

---

[48]　同 [4]，第 7 页．

律强调固定的定位、量值和维度。块茎则不同。从树状模式思维的人的思维产品中，人们总可以顺藤摸瓜，找到产品产生的根源。辛德勒的救人行为则不然。因为对于块茎思维的人的思维产品中人们是找不到这种根源的。他块茎思维的繁殖性，使他的思想无限制地蔓延，所以也就找不到追踪的痕迹。

块茎的反意指裂变原则，是指块茎"子体"从"母体"脱裂而不留任何痕迹，悄无声息。它是针对将一个固定结构分裂开来的，或将一个单一结构从中间横断切开的过分张扬行为而言的。可以在某一处块茎打碎或碾碎，但它可以在原有的线上或新的线上重新生长，恢复其原貌。这就是说新诞生的块茎是旧体块茎的基因突变，从新变体中筛查不出原体的基因。从小说中辛德勒这位纳粹精英的身上我们怎么也找不出他与犹太人有什么渊源，更不能推断出他为什么要耗尽全部财力，甚至冒着生命的危险来拯救那些与他毫无关系的犹太人。

块茎的绘图性是指块茎的延伸和生长具有绘图性的特征。任何绘图都有随意性，绘图纹理的走向的任意性和随意性与块茎的生长和延展规律高度契合，各条纹理会根据需要随时任意延展。这让观图者不可捉摸。整个一张大图上的任何一点都可以是中心，因为整张图也没有中心。任何一点都可以开始，没有终结点。我们可以任意截取一个点，以该点为中心向外绘图，可以勾勒出一张完整的图，满足定位者的需求。任何一位不熟悉交通线路的司机都可以借助导航到达目的地。导航为每个司机提供不同的导航，准确地引领其到达目的地。从辛德勒名单上的任何一个人在辛德勒的搪瓷厂的经历出发向前后绘图，都可以勾勒出辛德勒拯救犹太人的拯救大行动的全貌。1949年，美国联合配给委员会执行副主席 M. W. 贝尔克曼签署了一封信。信中写道："美国联合配给委员会已经彻底查清辛德勒先生在德国占领期间的所作所为……辛德勒先生以开设纳粹劳役工厂的名义，雇用并保护了大量犹太男女，否则他们早就惨死在奥斯维辛和其他臭名昭著的集中营了……有很多亲历者纷纷向联合配给委员作证，他们说，'辛德勒设在布伦利茨的集中营是整个纳粹占领区内绝无仅有的唯一一个从来没有一个犹太人被杀害甚至被鞭打的地方，他把所有的犹太人都看作有尊严的人类兄弟来对待'。"[49]

块茎的贴花转印原则即移画印花原则，或贴花转印原则，是一种民间沿用的贴

---

[49] 托马斯•基尼利. 辛德勒名单 [M]. 冯涛，译. 上海：上海译文出版社，2016：467.

纸法。德勒兹（和伽塔里）还用"tracing"（溯源，摹写）[50]来更加详尽地描述贴花转印。在他们看来，块茎的生长和延展的规律可以隐喻为贴花转印，即一个块茎衍生出另一个块茎过程如同贴画转印。一个块茎和另一个块茎之间的关系如同两个被转印的贴花，转印过程是通过对原花样图案进行多道工序的加工处理。这样转印前后的两张图之间出现了本质的差异和迥然的不同，我们也就无法再从转印后的图案追踪溯源到原始图案，因为经过转印之后母体与子体之间会发生巨大的变化。它所强调的仍然是字体和母体之间所发生突变的非遗传性相似，将其比喻为拓印等技术之下所产生的产物。辛德勒多次的拯救行动都与其极其相似。

因为它们都是其块茎式思维的产物——个人目的是赚钱，集体目的是满足纳粹侵略战争的需要。这是当时纳粹铁蹄践踏下的占领区放之四海而皆准的真理，再冠冕堂皇不过了。而且，只要他赚了钱，那些党卫军的头目就有源源不断的外财，所以他们也会暗地里支持和帮助辛德勒维持他的工厂。所以辛德勒的救人行为成为当时特殊历史环境下的必然。这种行为辛德勒需要，党卫军头目需要，时刻受死亡威胁的犹太人更需要。这主要还是历史的需要，甚至可以说辛德勒就是为拯救犹太人而生的。德国电视台1973年拍摄过一个纪录片，记者采访到辛德勒的结发妻子、独居在布宜诺斯艾利斯小房子里的埃米莉时，她平静地说起奥斯卡和他的布伦利茨，语气中没有一毫弃妇的酸楚和怨恨。她颇具洞察力地指出，奥斯卡不论在战前还是在战后都没有成就什么惊人的业绩，他的黄金时代正是在战时。从这一点上说他是幸运的，在1939到1945年这段短促的极端岁月里他遇到了激发出他内在潜能的那一群人。[51]《辛德勒名单》小说的作者本人基尼利在1995年接受《出版人周刊》的西碧尔·斯特恩伯格的采访时也一语道破天机："我对这个故事中的道德力量深信无疑……堕落之人跟他们身上向善的力量之间的斗争总是让人着迷。（辛德勒的时代）正是历史上曾不止出现过一次的特殊时代：在那些时代，圣人已经完全无能为力，对你已经没有任何好处，唯有那些讲求实际的无赖汉才能担当起拯救灵魂的重任。"[52]

在被占领的波兰，犹太人是最便宜的劳工，因此这位精明的发战争财的辛德勒在他新创办的搪瓷厂只雇用纽伦堡种族法中规定的牺牲者。这些人得到搪瓷厂的一

---

[50]　同[4]，第12页.

[51]　同[14]，第474页.

[52]　同[14]，第482页.

份工作，因此也就得到暂时的安全，没有受到杀人机器的肆虐，辛德勒的工厂成了犹太人的避难所。在他那儿工作的人都受到从事重要战争产品工作的保护：搪瓷厂给前线部队供应餐具和子弹。到了1943年，克拉科夫犹太人居住区遭受到的残酷血洗，使辛德勒对纳粹的最后一点幻想破灭了。从此他思想上开始发生了变化。

他早就知道德国人建造的火葬场及煤气室，早就听说，浴室和蒸气室的喷头上流出的不是水，而是毒气。从那时起，辛德勒只有一个想法：尽可能更多地保护犹太人免受死亡。于是，他制定了一份声称他的工厂正常运转所"必需"的工人名单，通过贿赂纳粹官员，使这批犹太人得以幸存下来。他越来越受到怀疑，但他每次都很机智地躲过了纳粹的迫害。他仍一如既往地不惜冒生命危险营救犹太人。当运输他的女工的一列火车错开到奥斯威辛—比尔肯利时，他破费了一大笔财产把这些女工又追回了他的工厂。不久，苏联红军来到了克拉科夫市，向在辛德勒工厂里干活幸存的犹太人宣布：战争结束了。辛德勒向工人们告别，获救的1 200多名犹太人为他送行，他们把一份自动发起签名的证词交给了他，以证明他并非战犯。同时，他们用敲掉自己的金牙和私藏下来的金首饰，把它打制成一枚金戒指，赠送给辛德勒。戒指上镌刻着一句犹太人的名言："救人一命等于救全人类。"辛德勒忍不住流下眼泪。他为自己还有一颗金牙而懊悔，因为这样一颗如果将它卖掉的话至少可以多救出一个人。辛德勒为他的救赎行动已竭尽自己一切所能。他在战争期间积攒的全部钱财，都用来挽救犹太人的生命……战后，辛德勒在瑞士的一个小镇隐居下来，身无分文，靠他曾经救助过的犹太人的救济生活。过了几年，辛德勒在贫困中死去。按照犹太人的传统，辛德勒被作为"三十六名正义者"之一安葬在耶路撒冷。拯救犹太人的行动成就了辛德勒的伟大，也创造了人类残酷大屠杀历史上拯救的奇迹。

（四）结语

运用德勒兹哲学视阈下的块茎思想，探究《辛德勒名单》中主人公辛德勒的块茎思维支配下的一切块茎行为，探寻在特殊历史环境下特殊人物取得特殊成就的特殊原因。块茎思维方法的隐蔽性和实用性、灵活性和多样性符合后现代主义的各种特征。辛德勒在这一思维方式支配下创造了人类历史上的事实再一次雄辩地证明了块茎作为最基本的思维方法有着极其广阔的空间和潜能，传播着无限的正能量。它是医治"西方思维领域长久以来一直存在的弊病，即对存在形态与同一性的倚重与偏执"[53] 最有力的武器。

二、《白鲸》的"块茎"解读

（一）引言

　　《白鲸》（*Moby Dick*）是由 19 世纪美国浪漫主义代表作家赫尔曼·梅尔维尔（Herman Melville）创作的海上悲剧传奇小说。许多文学批评者从不同角度审视和研究过这部作品，如邹渝刚等从生态角度[54]，曹琳等从伦理学角度[55]，孙筱珍等从宗教角度[56] 对《白鲸》进行了透视；肖谊等抓住了小说的浪漫主义色彩[57]，容新芳和李晓宁等抓住了小说的悲剧色彩[58] 对《白鲸》进行解析；周文革和刘平等从作品的词语意义[59]，何海伦等从作品的象征意义[60] 对小说进行分析。纵观大多数研究成果，从精神分裂分析角度来研读该作品的研究还鲜有涉及。法国后现代主义哲学家德勒兹和加德里的哲学中关于"块茎"的思想可以为我们换一个角度来解读《白鲸》。

　　"块茎"（rhizome）是精神分裂分析的最重要概念之一。在《千座高原》的引言中，德勒兹和伽塔里以"块茎"为章节题目，用一章的篇幅专门研究了块茎。"块茎"用隐喻方式来表述迥然不同的事物、地点和人物之间所发生的关系，也可以是最为相似的事物、地点和人物之间所发生的关系。[61] 德勒兹和伽塔里从认识论角度出发，创造了"块茎"这个概念。块茎是指由两个不同事物上分离出来的脱裂物所组成的与原母体性质迥然不同的子事物。块茎的生长遵循六条原则，它们是块茎的

[53]　同 [11].

[54]　邹渝刚 .《白鲸》的生态解读 [J]. 山东大学学报，2006（1）：98-102.

[55]　曹琳 .《白鲸》中的伦理思想冲突 [J]. 辽宁大学学报，2003（2）：24-27.

[56]　孙筱珍 .《白鲸》的宗教意义透视 [J]. 外国文学研究,2003（4）：24-27.

[57]　肖谊 . 超越浪漫主义的史诗——简论《白鲸》的现代性 [J]. 四川外语学院学报，2004（5）：61-64.

[58]　容新芳，李晓宁 . 从人生·悲剧·启示——论《白鲸》中的死亡象征 [J]. 四川外语学院学报，2004（2）：25-29.

[59]　周文革，刘平 . 从《白鲸》中译本看词义、形象和情理选择 [J]. 湖南科技大学学报，2009（3）：104-106.

[60]　何海伦 .《白鲸》的象征意蕴探源 [J]. 华南师范大学学报，2000（2）：59-64.

[61]　Parr，Adrian. The Deleuze Dictionary[M]. Edinburgh：Edinburgh University Press，2005：231.

联系性 —— 块茎上的任何一点都能够与外界连接；块茎的异质性 —— 块茎脱裂的"子体"与"母体"中间的迥然不同；块茎的多样性 —— 块茎都从不把"唯一"当作主体或客体；块茎的无痕脱裂性 —— 块茎"子体"从"母体"脱裂不留任何痕迹；块茎的反图绘性 —— 块茎的生长方式不能用遗传基因图谱方式来描述，它是基因图谱断裂或遗传基因突变的结果；块茎的反溯源性 —— 块茎的生长方式不是树状化的，人们不能按照叶—叉—枝—干—根的顺序从叶溯源到根。[62] 从块茎式思维方法出发研读《白鲸》，可以发现这是一部由许多块茎一起建构起来的小说。整部小说就是若干个独立的块茎通过几组块茎盘根错节，纵横交错，形成的块茎组合体，建构成一个完整的整体。

（二）小说《白鲸》的块茎叙事

《白鲸》的第一个块茎是"'鲸鱼'一词的探源"。这部分写在整本书的开篇之前，很像是一个序言。但是它独成体系，是整个小说的一部分。作者先从字典的词义开始讲起，然后是世界主要国家文字关于"鲸"的拼写。接下来，第一行便是《创世纪》中的"上帝就造出一头头大鲸"[63]。这里作者用了很大篇幅，从词源学角度对"鲸"进行典籍叙述。这十分详细的叙述使我们感觉这很像是一本鲸的研究专著，而不是一部小说。

事实上，这块内容是整部小说的基石。它是一块表面上似乎与其他部分联系不是很密切但是又独立的块茎。块茎就是看上去不相关联的普遍联系。它的一部分从作者图书研究成果中脱裂出来，另一部分从作者的航海经历中脱裂出来。这两部分脱裂组合在一起形成了一个全新的块茎。它与整个故事、作者、读者以及社会的方方面面之间形成了普遍的联系。但是，这部分典籍中的经典提炼，是一个典籍专家所完成的工作，又像是一个长期埋头苦读的书生的收集成果，不像是出自一个下级水手和有军旅生涯的人的手笔。从作者的人生历程中也无从探寻这部分内容的踪迹。它同时也暗合了德勒兹哲学术语中的块茎的反图绘性原则和反溯源性原则。

《白鲸》第二块块茎是季奎格的故事。《白鲸》的前 20 章都围绕着一个重要人物 —— 季奎格在进行叙述。尽管在作者的精心策划下，上船后他的精彩表演不多，

---

[62]　Deleuze，Gilles & Félix Guattari. A Thousand Plateaus：Trans. Brian Massumi[M]. London：University of Minnesota Press，1987：7-12.

[63]　转引自梅尔维尔 . 白鲸 [M]. 成时，译 . 北京：人民文学出版社，2011：210.

甚至销声匿迹，但是在小说的第一大部分中，季奎格是绝对的中心人物。几乎没有读者在读到这里时不认为他就是整部小说的最重要人物之一。他是一个十分有个性的印第安酋长的加冕继承人。也就是说，他随时可以回到自己的部落去当部落首领。可是他却千方百计加入了镖枪手行列，成为一名普通水手。原因很简单：“这是一个彼此依存、合股经营的世界，到处都是如此。我们食人生番必须帮助这些基督徒。”[64]他是到外边来闯荡世界，通过帮助别人来帮助自己的。他是仗义疏财、原始淳朴的典型代表，不知什么是罪恶，也不会做什么罪恶之事，却被冠上“食人生番”的恶名，在捕鲸船上与单身汉和流浪汉并称为乌合之众。[65]他怀抱着对基督徒的敬仰加入他们的行列之中，可是最终得到的竟然是幻想的破灭。这个故事既是主题曲的序曲，也是以点带面的描写，接下来作者不再详细描写任何其他水手的经历。读者可以通过推理来想象他们的经历。

这个块茎是整个大故事的一部分，它既独立于大故事，又是大故事中的一个子故事。来自原始社会淳朴憨厚的季奎格没有像人们想象的那样被鱼龙混杂的捕鲸船所同化，他仍然保留着原始的本性。所以，在后来的社会化的各种舞台上已经没有他的空间。接下来，也只有其他人不愿意做的、不要命的救人傻事才能轮到他登场表演。从作者的航海经历中更难以溯源到印第安人的粗犷言行。季奎格的神秘成为这个块茎的神奇。他悄悄地从神秘的部落深处走来，走到了以实玛利身边，又和埃哈伯一起走入大海深处，成为莫比·迪克的陪葬。

《白鲸》构成的第三块块茎是关于鲸和捕鲸的知识。《白鲸》是一部研究鲸的百科全书。关于鲸的一般知识的介绍是随着捕鲸船捕鲸作业的进一步深入而逐渐展开的。所以这部分内容虽然与整个故事穿插在一起，在时间和空间上纵横交错，但它是完全独立的。“每一个块茎一旦形成就既是主体也是客体。”[66]这些关于鲸和捕鲸的知识既是小说的主要内容之一，也是一个独立的部分。它既是梅尔维尔对鲸的主要研究成果，即通过向读者介绍鲸的常识，他逐渐引导人们熟悉这类动物，从而喜欢并保护它们。因为这些海上“怪兽”夺去了许多捕鲸手的生命，长期以来人们对鲸怀有刻骨的仇恨。但是悲剧的根源是人们对鲸油的需求。人们残酷地猎捕鲸鱼，

[64]　同 [10]，第 83-84 页．
[65]　同 [10]，第 210 页．
[66]　同 [9]，第 21 页．

鲸鱼出于本能才攻击人类。通过描述鲸的数量大量减少，体型在逐渐变小，梅尔维尔告诫人们鲸即将被人类捕杀殆尽，暗示了保护海洋濒危动物的紧迫性。

这个块茎的一部分脱裂于梅尔维尔航海经历及对海洋的观察研究，另一部分脱裂于作者的图书文献研究和个人的心得体会。它的形成符合块茎形成的各种特征，其最典型的特征就是块茎的无痕脱裂原则。"与其说它是一本小说，倒不如说它是一本捕鲸手册。"[67]

《白鲸》的第四块块茎是"披谷德号"捕鲸船的全体船员。这是作者梅尔维尔对这个微型社会长期观察和研究的成果。"披谷德号"捕鲸船是一个独立完整的块茎，它既是小说的主体也是它的客体。作者对捕鲸船的构造、船上的社会分工、每一位船员工作的性质和内容都进行了详细的描述。作为更深层次的描述是船上的每个人因社会地位的不同、责任的轻重、贡献的大小以及风险的高低而分得的利润份额（lay）的不同，折射出整个社会的全貌。通过一系列的描述，作者阐释了船上成员们之间的各种社会关系。哪里有人的存在，哪里就是社会，哪里就有复杂的物质利益关系。只有三四十人的捕鲸船就如同一个庞大的社会，各种关系十分复杂。

"块茎是去中心化的，块茎生长过程中没有一个处于中心地位的中央控制系统。块茎的生长机理是一个没有预先设定生长线路，没有总控，没有层级，没有组织记忆或者自动控制装置的系统。"[68]这个块茎本身就是一个独立系统，它是自己的中心，此外它不再有别的什么中心或中央控制系统。它是一部分脱裂于作者作为下级水手的航海经历以及他对航海生活的研究，另一部分脱裂于作者多年的社会经历以及他对社会生活的研究。从这个块茎上我们看不见它与它所脱裂的两个前母体的任何痕迹。我们也不能从"披谷德号"捕鲸船上船员们的生活溯源到作者本人的社会生活，它符合块茎的反溯源性原则。这个块茎虽小却折射出大千世界的方方面面，将整个捕鲸船与外面世界联系起来，这正是块茎的联系性原则和多样性原则。

《白鲸》的第五块块茎是关于凶兆的预言。这主要包括两部分：人的预言和物的预言。从季奎格和以实玛利上船路上两次遇到以利亚开始，小说关于凶兆的预言几乎就没有停止过，一直持续到小说的结束。以利亚是这些凶兆预言家中最典型的一个，他的叫花子模样增添了预言家神秘的色彩。"他的那种含含糊糊、遮遮闪闪、

---

[67]　同 [10]，第 7 页.

[68]　同 [9]，第 21 页.

又暗又明的言辞不由得使我们生出某种隐约模糊的猜想和担心，而所有这些都跟'披谷德号'有关，跟埃哈伯船长、他的被咬掉的一条腿以及霍恩角的风波有关。"[69]当"披谷德号"与"耶罗波安号"相遇，听完"耶罗波安号"的故事，该船争强好胜的大副梅塞违背船长梅休的意志，擅自召集了五名水手去挑战莫比·迪克，其他人均毫发无损，只有梅塞葬身大海。埃哈伯船长从自己身上取出从家乡带来的信，原来竟是梅塞妻子写给梅塞的。埃哈伯想把这信交给该船二副迦百列。迦百列得知埃哈伯要找莫比·迪克寻仇，于是预言埃哈伯也会因此丢命。他坚持将信留在埃哈伯手里，也好在他死后，将信送往阴间的梅塞。在两船错身的一刹那，风一吹，信被吹回到了埃哈伯手里。[70]此事令人毛骨悚然。前两个预言家发表言论后就消失了，而捕鲸船上小黑人比普从小说的93章开始，由于不慎坠入大海变成了不折不扣的疯子，然后也成了预言家。物的预言就更多。不论是名叫"棺材"的老板，还是水手"墓碑"，或者捕鲸人难得一见的大乌贼都是凶兆。接下来，先是雷击而改变了罗盘的指向，以及船上设施的莫名其妙失灵，救生艇也被做成了棺材样，悬挂在船上。各种凶兆组合在一起，独成体系，构成了小说的主要组成部分。

　　这块内容的一部分从作者的航海经历中脱裂出来，另一部分从千百年来关于大海的各种神秘传说中脱裂出来。它与水手生活，与捕鲸行业等各方面建立了广泛的联系，成为整部小说最神秘的部分之一。每个预言都是突如其来，每个预言家都是高深莫测，每件预言的事件都是那么偶然，然而人们无法将这些预言与作者的经历和身世联系在一起。它是无痕脱裂，人们更难以找到这些凶兆预言的来龙去脉。

　　这些块茎各自独立，又彼此联系，构建了整个小说。德勒兹后结构主义视野有助于我们认识这些部分彼此的关系。纵观小说全貌，第一个块茎——"'鲸鱼'一词的探源"，是小说庞大建筑结构的地下工程。鲸应该和人享有同样的待遇，人类不该为自己生活得更好而杀掉其他动物。人类文明进步如同建筑房屋，世间万物平等相处，文明大厦才有牢固的基础。第二个块茎——季奎格的故事，是该地面建筑的基础，从中可以看出个体与集体的关系。集体是个体施展才能的舞台，它可以使个体成为天才，也可以把个体彻底掩埋。在集体中找到适当的位置才能使可能的天才成为现实的天才。每个个体在集体中充分展示，集体的架构才能牢固。第三个块

　　[69]　同[10]，第117页.

　　[70]　同[10]，第346页.

茎——关于鲸和捕鲸的知识，是整个建筑物。爱与恨来自远与近。离鲸远而畏，近而敬。远而恨，近而爱。走进鲸的世界，目睹鲸湖中那和谐的社会，让捕鲸手望而退却，为人类的捕鲸行为而羞愧难颜。在这里梅尔维尔在呼唤着对这濒危的海洋生物的保护。保护好地球大家庭的每一位成员，仁爱满屋，文明大厦才能其乐融融。第四块块茎——"披谷德号"捕鲸船的全体船员，是该建筑物里生活与活动着的主人。有人的地方就有竞争，有竞争的地方竞争的就是体力和脑力。人群中，最终鹤立鸡群者一定是体力和智力超群的人。积极参与竞争，在竞争中充分展示自己，人才能获得自我价值的最高实现。但如果竞争不择手段，最终毁人毁己，也毁掉了集体所构建的建筑。第五块块茎——关于凶兆的预言，是这个建筑物投下的阴影，忽明忽暗地预示着大楼主人的命运，增加了小说的神秘色彩，加深了大自然的深不可测之感，为小说披上了神秘面纱，让人们不由自主地有一种在无限的自然力面前，人的苍白无力之感。间或地退却，领悟自然的启迪，可以使我们的通天塔永久屹立。

（三）主人公埃哈伯的块茎人格

《白鲸》的核心角色埃哈伯船长的人格也是出几个密切联系在一起的块茎组成的，具体表现为块茎思维和块茎行为。前者令全体船员觉得他思想如同大海那样深不可测；后者让所有水手感觉他的行为像六月飘雪无根无据。他的块茎人格，让船员们感觉他近在咫尺远在天涯。

1. 埃哈伯的块茎式思维方式

所谓块茎式思维方式是指思考问题时，人不按照常规的方式进行逻辑推理。这种方式依据线而不是点进行思考和推理。由于这种思维方式的反图绘性和反溯源性，其他人难以探究这种思维方式的人的思维线路；由于它的无痕脱裂性，结论和依据没有必然联系，人们也不能沿其结论去找寻其依据。也就是说，他的思维"子体"和思考问题的依据也就是思维"母体"之间没有必然的"血缘关系"。这样的人在别人看来有些"神经病"或者"偏执狂"。实际上，在精神分裂分析学看来他们是精神分裂者，也就是少数派。少数派追求异质性和多样性、可变性和创造性，不认同任何被抽象地假定为具有普遍性的东西。[71]少数派的思维往往是常人所想不到的。

[71] Deleuze，Gilles & Félix Guattari. Anti-Oedipus：Capitalism and Schizophrenia. Trans. Robert Hurley，Mark Seem，and Helen Ro Lane. London：Continuum，1983.

作为少数派的块茎式的埃哈伯船长就是这种人,他的思维方式是块茎式的。

首先看一看是什么让他决定将价值高达 16 美元的西班牙金币拿出来,钉在捕鲸船的桅杆上。他叫来全体全员,宣布谁能亲手杀死莫比·迪克他就把这枚金币赏给谁。埃哈伯此举首先将自己的复仇行为转化成了集体捕杀的行为。这样,他把整个集体的目标凝聚在了一起,既巩固了自己的地位,不再担心有人造反,也通过收买人心遮掩了自己的真实目的。

这枚金币现在大约价值是 2600 美元。本来捕鲸是每一位镖枪手应尽的职责,只有卖力他们才能拿到自己的份额。镖枪手做了本职工作还能得到那么一大笔赏钱,令人不可思议。而船长的真正想法是自己亲手捕获莫比·迪克,不希望别人得到这枚金币,这是他毕生最高的追求。"不过几乎每一个人都以为埃哈伯的这种不寻常的周密准备只是为了好最后追猎莫比·迪克。因为他早就透露了他要亲自逮住这伤人害命的畜生。"[72] 有充分信心和把握的埃哈伯一定要亲自杀死莫比·迪克,这样既可以报仇,也可以领取自己为自己发的奖金。

这一决定就是块茎思维方式的产物。它一部分脱裂于超强的信心 —— 一定亲手杀死莫比·迪克,一部分脱裂于恐怖的担心 —— 领导核心地位有可能不保,体现了块茎的全部六个原则。这个决定把埃哈伯与全员的目标利益绝对联系在了一起。同时,这种做法与全体船员眼中的偏执狂船长之间有着天壤之别。此外,这个决定也包含了多种可能性,可能出现多种结局。人们也看不出这个决定和他内心的想法之间有何关系。关于埃哈伯要亲手杀死莫比·迪克之事,也是这个决定做出之后很久人们才开始猜测的事。还有,从这个决定中难以绘制出埃哈伯心理活动的线路图。人们更难以循着这个决定追溯到埃哈伯的思想根源。

埃哈伯的块茎思想还有许多。"白鲸成为偏执狂所有恶毒力量的化身,有些深沉的人感觉的这种力量一直在腐蚀他们的内脏,直到最后他们只剩下半颗心半叶肺活着。"[73] 此前关于莫比·迪克伤人的事件屡屡发生,人们"把莫比·迪克当作荒唐无稽的传说加以嘲笑,更糟也是更可恨的是把它看作是一个可憎可恶不能忍受的寓言"[74]。它是"一头特别白、出了名的、动不动要人命可又总逮不住(immortal,

---

[72] 同 [10],第 256 页.

[73] 同 [10],第 207 页.

[74] 同 [10],第 230 页.

不死的）的恶鲸"[75]。人们甚至将它神化，认为它是神灵转世。"这白鲸非别，乃是震教上帝的化身。"[76]"因此在许多种情况下它最终竟引起了这样的恐慌，以致在听到过白鲸的故事或至少是流言的人以及在猎鲸人中，极少有人甘愿冒和它的血盆大口遭遇的风险。"[77]这不失为明智的选择。但是成长经历、生活经历和航海经历都和其他捕鲸手不一样的埃哈伯的思想和别人完全不一样，"埃哈伯并不像他们那样向蛇顶礼膜拜，而是精神错乱地把恶意这个观念化作那可恶的白鲸；他不惜以自己伤残之躯与白鲸为敌……它的滚烫的心便是一颗炮弹，他要用这个炮弹来轰它"[78]。他要挑战其他所有人都不敢挑战的海上巨无霸。

这个思想一部分脱裂于埃哈伯对莫比·迪克的复仇心理，另一部分则脱裂于他多年来捕鲸的成功经验和自信心。在拖着一条鲸骨腿的花甲老人和挑战海上巨无霸之间，人们难以建立任何必然的联系，除埃哈伯以外不会有人如此思考问题。

2. 埃哈伯的块茎式行为方式

埃哈伯的块茎式思维方式决定了其块茎式的行为方式。所谓块茎式行为方式是指人的行为举止在其他人看来很奇怪，在他人理解起来似乎"此举非此人所为"。因为通常情况下人们是树状化思维，遵循着根—干—枝—叉—叶，或反向思维，遵循叶—叉—枝—干—根的思路。相反块茎思维方式支配下人们的行为具有跳跃性。这给旁观者的印象很像"神经病"。因为块茎式行为方式的无痕脱裂性、异质性、反图绘性和反溯源性使人们难以把这一行为与这个行为执行者联系起来。

埃哈伯所有为复仇所采取的行动都是块茎式的行为。他是一名优秀的镖枪手和船长，长年捕鲸的他也应积累了一些财富，可是他直到年逾五旬才结婚成家。新婚第二天就上船出海。像狮子般向二副斯德布怒吼的埃哈伯有时也会有柔弱的心肠。"借着压到他眉眼边帽子的掩护，埃哈伯让自己的一滴眼泪掉入海中。整个浩瀚无涯的太平洋也难以盛下这一颗如此珍贵的泪珠。"[79]从埃哈伯这滴掉入大海中的泪水中折射出了女人般的脆弱和温柔慈善的一面。如果不是大副斯塔伯克目睹这一切，他怎么也不会相信，拥有钢铁般意志的船长还会有这么柔软的一面。这与平日里疯

---

[75] 同 [10]，第 284 页.
[76] 同 [10]，第 344 页.
[77] 同 [10]，第 203 页.
[78] 同 [10]，第 207 页.
[79] 同 [10]，第 573 页.

狂追捕莫比·迪克铁石心肠的复仇者简直判若两人。年近花甲的他单腿出征，出海捕鲸，总是战斗在捕鲸最前线。正如二副斯德布和三副弗兰斯克所说的那样："谁能想到这呀，弗兰斯克！我要是只有一条腿，你绝不会看见我在一艘艇子里……啊！他真是一个了不起的老头儿！"[80] 埃哈伯的手下不能理解他的行为，有些行为读者也是难以理解的。如，"上帝啊，这个为未能实现的报复心费尽了心机的人受了多大神志昏迷的折磨啊。他睡觉时还是紧握着拳头，醒来发现自己的指甲陷进了掌心而鲜血淋漓"[81]。正常人谁会鲜血淋漓而不感觉得疼痛？再看追赶莫比·迪克的第一天，"埃哈伯被拖进斯德布的艇子时，两眼充血，失去了视觉，脸上皱纹里结着雪白的盐花，他的体力由于长时间紧张过度，已告衰竭……像一个象群践踏过的人，发出一声莫名其妙的仿佛来自远方的哀哭声，一种像是从谷底里传出来的凄惨的声音"[82]。不一会儿他就起来寻找自己的镖枪，又开始准备投入战斗。谁也不能猜到他这把年纪的人是哪里来的这股力量。他的这些行为是典型的块茎式行为。

（四）结语

小说《白鲸》用块茎叙事方式讲述埃哈伯的块茎人生。块茎思维和块茎行为构成了埃哈伯的块茎人格。埃哈伯最终以生命为代价征服了代表自然神秘力量的莫比·迪克。正如天使圣师托马斯·阿奎纳在他的代表作《神学大全》的第三卷第四十八章中所说的那样："人生最大快乐不在于对生命的追求。在满足对自然的征服之后，人不再有别的欲望。"[83] 埃哈伯杀死莫比·蒂克之后，已经完成人生夙愿，得到了人生的最大快乐。埃哈伯块茎人生来自自然，又回归了自然，并在那里找到了永远的回归和最大的快乐。读者从故事中获得了启示，汲取了革命的力量。

---

[80]　同 [10]，第 254 页 .

[81]　同 [10]，第 226 页 .

[82]　同 [10]，第 583-584 页 .

[83]　Sigmund，Paul E. St. Thomas Aquinas on Politics and Ethics[M]. New York：W. W. Norton & Company，Inc. 1988：8.

第三章　脸面性与文学批评

　　德勒兹这位法国后现代哲学家，世界公认的隐喻大师，将新奇的概念巧妙融入丰富的隐喻里，在不同领域之间追踪概念。他与伽塔里共同创建了哲学体系——精神分裂分析。它是革命的唯物主义精神分析，是德勒兹差异哲学的进一步发展。它以弗洛伊德的俄狄浦斯情结作为主要目标，对精神分析进行批判。从社会无意识中的欲望流动透视社会意识和个体心理，这种新的透视法有助于揭示出个体心理中欲望的受压抑性和颠覆性，体现文学的功能性。它继承了马克思主义理论，从社会和历史角度解释认知和行为，吸收了弗洛伊德尤其是拉康的思想，在对社会结构和社会发展的解释中融入了利比多和符号学因素，借鉴了尼采对虚无主义和禁欲主义的批判。它以"差异"与"生成"作为两大基石，以"块茎"作为思维方式，通过"去疆域化"和"再疆域化"，形成"无器官身体"，找到"逃逸线"，线化"白墙"，冲出"黑洞"，去除"脸面性"等一系列的具体方法促进"欲望流"在"欲望机器"之间的流动，借此创造希望和可能，让生产力的发展超越资本界限，让权力意志的扩张超越虚无主义的界限，给人更大自由，摆脱无休止的奴役。这一哲学思想方法从后结构主义角度微观地剖析了作为欲望机器的人与环境之间的辩证关系：经济结构和权力结构的变化使人们为了获取最大的利益形成了各种各样的利益群体——"脸"，"脸员"必须接受"脸面性"规制——白墙冗赘，不得不将自己的主体锁藏在"黑洞"之中，完全失去自我。德勒兹哲学思想为人们提供了"块茎"式的思维方法，通过不断地生成——生成女人，生成植物，生成动物，生成不可知，成就无器官身体，通过一次又一次地去疆域化，找到逃逸线，冲出黑洞，拆除"脸"，实现欲望的自由流动，找到自由，重拾自我。

第一节　德勒兹哲学之脸面

一、"脸"概念的由来

在《千座高原》的题为"零年：脸面性"（Year Zero：Faciality）一章中，德勒兹和伽塔里专门论述了"脸"。社会经济结构和权力结构变化引发了一系列与其相对应的德勒兹称之为"脸"的社会组织机构的形成。[1]"脸"（face）是由"白墙"与"黑洞"构成。"黑洞"排列在白墙上，洞口紧锁在白墙之上，洞体横向无限延伸。"白墙"是展示"表征"的场所。根据德勒兹和伽塔里，"表征"（significance）相当于"能指"（signifier）和"所指"（signified）之和。简言之，"表征"是"脸"这一体系能够展示以及希望人们所能看到的。白墙上所陈示的一切还称之为"冗赘"（redundancy）。因为这些陈示是用来起修饰或掩饰作用的，虽表面富丽堂皇，却由于过剩而显多余。

与"脸"密切相关的另一概念是"脸面化"（facialization）。根据德勒兹和伽塔里的解释，"当头不再是身体的一部分，不再接受身体的指令，当包括头在内的身体被解码，或被我们称作'脸'的东西给予过度编码时，脸就产生了"[2]。这就是说，当我们言不由衷、表里不一的时候，就开始成为"脸"的成员了。因为我们的"言"和"表"都已经不再是自己的。整个身体都已经去除了原有的生理与心理编码。"脸"的编码取代了个体的编码，个体成为集体的一部分。言行举止都已不再代表真实的意志，整个人都已经被"脸面化"了。这就是说，"脸面化"实际上是一个"社会化"过程。在这个过程中，个体放弃了"自己"，接受了"集体"，接受了"脸面性"规制，成为"脸面性"成员。

"脸面化"的运行不是遵循着相似性规律，而是理性的选择秩序。"脸面化"

---

[1]　Deleuze，Gilles & Félix Guattari. A Thousand Plateaus[M]. Trans. Brian Massumi. London：University of Minnesota Press，1987：175.

[2]　同 [1]，第 170 页 .

不能以"物以类聚人以群分"来定义。"脸"的成员是经过慎重的理性思考才加入进来的。在这个"脸"中，各成员间的经济状况和权力地位并不相同。它如同一个高速运转的圆形平面，有经济地位和权利掌控力来决定"中央化"或是"边缘化"。即使被边缘化的成员也会经过权衡"在脸"与"不在脸"的利弊之后，选择"在"。所以，它是一种不由自主的和机械的过程，是成员"无奈"的选择。在这当中，人的身心都被拖拽到布满黑洞的白墙上来。加入"脸"意味着全身心的投入。三心二意的成员是不会被"脸"所接受的。"脸"所发挥的作用不是模型（model），也不是影像（image）。[3] 它既不是一个模型，要求"脸"这一组织机构的参加者来效仿，也不是一个影像，要求组织成员朝这一方向约束和规范自己。真正发挥"脸面化"作用的是对已经去除了原有编码的参加者的各个器官进行的重新编码，而且是过度编码。[4]"脸"体系中的成员被过度编码之后，被驯化成为满足所有脸面性要求的脸面成员了。它们温顺地固着在白墙上，龟缩在黑洞中，把主体性牢牢锁藏。

"脸"本质上不是个性化的。[5]"脸"不是出于个人需求，也不是以个人目标的实现为目的建立起来的。它体现的是集体的、集团的、社会的特征。经常接触，有共同利益、目标和志趣的人们才能组成一个群体。约束这个群体的机制就是"脸"。它规定了频率（frequency）和概率（probability）的区域。[6] 任何个体，如果不肯接受"脸"的预先规制，就没有资格成为这一社会组织结构的成员。因为脸面性系统界定了一个领域，这个领域在成员加入之前就已经中和（neutralize）了任何不肯接受（unamenable）"脸面性"所认可的核心思想的观点或成员。[7] 从这个意义上说，"脸"具有排他性。它先过滤，再屏蔽；先约己，再排他。

致使这一切自然发生的是"脸面性"（faciality），或"脸面性机器"（machine of faciality），一个既看不见又无处不在的抽象概念。它首先从潜在构成成员的思想观念中，筛出能够被大多数认可的，可以感觉到的或者精神上的真实存在，并将其与占主导地位的真实存在聚敛起来，形成一个共鸣场（locus of resonance），即为所有成员都能接受的表征性所提供的精神空间。这个共鸣场上的冗赘就是脸面性规制。

---

[3]　同[1]，第170页.

[4]　同[1]，第170页.

[5]　同[1]，第168页.

[6]　同[1]，第168页.

[7]　同[1]，第168页.

接受这些规制意味着获取了加入这张"脸"的门票，但也意味着放弃了自己原来的思想观念。如果它们与共鸣场的观念不同，那么这一成员就要做出巨大的牺牲，从此放弃个性，主体也就被锁藏在黑洞中，禁锢在白墙上；如果不能接受这些规制，也就不能加入共鸣场，因而无法成为脸面性体系中的成员，无法获取因经济结构的变化而导致的权力更迭所带来的各种利益，即"脸面性"成员所拥有的各种待遇。巨大的利益诱惑使得潜在成员千方百计地想成为"脸"的成员。不能成为"脸面性"体系成员的那些个体的主体性无论以意识形式存在，还是以激情形式存在，对于"脸"来说都忽略不计。[8] 因为这一个体被排斥在"脸"之外，他的一切都与这张"脸"毫无相干。任何毫不相干的外来"入侵"（intrusion）都会受到表征性和主体性的联合抵制。[9] 它们共同形成一个屏障，挡住了不能接受共鸣场冗赘的申请者"入脸"的道路。

　　"脸"不是现成的，而是抽象的脸面性机器生产而来的。在脸面性机器生产"脸"的同时，赋予白墙以表征性的特征，赋予黑洞以主体性的特征。这台抽象的脸面性机器依据其可变的纯齿轮组生产了各种各样的"脸"。而这机器就是"黑洞/白墙"系统。这台机器和它所生产出来的"脸"之间没有任何相似之处 [10]，更没有血缘关系的母子关系。"脸面性机器"只存在于人们想象中：它如同编码机，对接受脸面性共鸣场冗赘的参加者进行重新编码；如同播种机，在每个社会成员的生长基因中播下社会普遍认可的种子；如同传真机，向社会每个角落传递着白墙上的信息。"脸面性机器"只有一台，可是它的产品遍天下。"脸面性机器"虽然存在于人们的想象中，可是作为它的衍生物的"脸"，却是有形的实体。这台机器决定着"脸"的生产过程，也决定着"脸"的特征 —— 表征性和主体性。

　　"脸"的形成是经济的发展以及相应的权力组织形式变化共同作用的结果。经济是基础，离开它，一切意识形态都无法存在。社会的经济结构一旦发生改变，政治就会随之发生变化，而且有什么样的经济结构就要求有什么样的政治形式与之相适应。经济对政治的决定作用集中反映在政权组织结构与经济结构的对应性。每次权力分配形式的变化会决定利益分配形式。为了在权力分配形式中获取最大利益，社会中的个体成员会积极行动起来，依据所处环境的频率与概率，即时间和空间上

---

[8]　同 [1]，第 168 页.

[9]　同 [1]，第 179 页.

[10]　同 [1]，第 168 页.

的可能性和可行性，加入某个属于自己的社会组织结构当中，经过一番取舍后从集体接受一些因政权更迭而带来的重新进行的利益分配。

一些社会组织形式需要"脸"和"脸"所在的全景舞台得以充分地展示。[11] 这个"脸"需要进行粉饰，以期在形式上与社会上其他组织形式从外表上有相同的可接受性，因为每个社会组织都要用华丽的外表来粉饰和美化其真正的经济目的，从来不会公开直白地讨要好处。没有形式的内容和没有内容的形式同样是不可想象的。

那么，究竟环境中的哪些要素发动了"脸面性"机器，催生了"脸"和"脸面化"的趋势？这要看"脸"的本质属性。诚然，"脸"产生于人的需求，是人类为了适应因经济结构和权力组织形式变化的需要，自愿形成的结构组织。但是，这一需求并没有代表"最广大人民"的利益。虽然"脸面性"中体现了人性化的一面，但它的生产并未出于人性化的考量，甚至我们在"脸"上还能看出纯粹的非人性化的一面。[12] 它把人性主体牢牢锁藏在"黑洞"之中，把"黑洞"紧紧固着在"白墙"之上。"黑洞"之中的个性成为"虚无"，"白墙"之上的"冗赘"代表了自己。这就是"脸"的本质属性 —— 人群中建立起来的非人性的社会组织机构。它自始至终都是这个样子。

于是，"入脸"，加入"白墙／黑洞"体系中来意味着放弃许多原本属于自己的思想意识，甚至完全放弃自我。这对"脸"的成员来说是巨大的牺牲。如果"脸"的诱惑力不够大，个体就不会付出许多代价以换取成为"脸"的成员资格。对于局外人来说，每张"脸"的背后都隐藏着一个完全陌生的、从未被发现的梦幻般的景色。所以，心仪者都魂牵梦绕般地景仰他们的目标"脸"。[13]

那张"脸"中梦幻般的景色如同一片汪洋大海，它可以碧波荡漾，给人无限遐想，幽深莫测，孕育无限生命；它也可以波涛汹涌，吞食无数的生灵，给人类带来无数灾难。那张"脸"又犹如一座座雄伟的高山，它可以高耸巍峨，蕴藏不尽的矿藏，彰显无限风光；也可以让无数行者望而生畏，让力拔千钧的力士感到身单力孤。因此，想象与期盼中的"脸"和现实生活中的实际情况对比，会有天壤之别。这也可以解释

---

[11] 同 [1]，第 180 页.

[12] 同 [1]，第 170-171 页.

[13] 同 [1]，第 172 页.

为什么个体一开始都争先恐后地加入"脸"的组织，心甘情愿地接受白墙冗赘的束缚。但最终又都千方百计地要挣脱出去，经历"脸"的历练。

这种历练是精神分裂者（schizo）革命历程中不可或缺的环节。加入"脸"，品尝过白墙和黑洞的苦楚，主体体味了自由的甘甜，也重新审视了自由的本质，认识自我。经过"脸"的洗礼，主体发生了"破茧"之蜕变。没有白墙冗赘的束缚，就没有精神分裂者的坚忍，没有黑洞主体冗赘的桎梏，就没有革命者的不屈。主体就如同深海中的墨鱼，没有压力，就没有了生命力。

二、"脸"的特征

"脸"是不人道的，这是它的本质特征。"脸"的形成有其道，但因不人道，此道非常道。从内部看，"脸"不会在建立之前就确定其表现形式以及成员[14]，更不会为成员的前途和利益负责。"脸面化"是一个抽象的运行机制，按照社会发展的客观规律运行，藐视任何个体诉求。因为不是参加者选择了"脸"，而是"脸"选择了参加者。[15]更确切地说，是参加者被吸到"脸"这个社会组织形式中来。"脸"如同一块巨大的磁铁，参加者如同微小的铁分子颗粒。因此，参加者都是不情愿的，但又别无他法。所以在建立之前，参加者就清醒地知道"脸"的专断与独裁。"脸"的组织过程遵循着这样的逻辑：专横的独裁主义权力聚合体发动抽象的脸面性机器，即"白墙与黑洞"，在布满黑洞的白墙表面重新粉饰表征性和主体性。"脸"的建立过程始终在处理着两对关系："脸"与生产了它的抽象机器之间的关系以及"脸"和需要这个社会生产过程的权力聚合体之间的关系。[16]

"脸"是动态的。"脸"因将其最吸引人的特征展示在最耀眼的地方而得其名，但作为历史发展的产物，此名非常名。从外部看，"脸"是社会经济发展到一定阶段的产物，属于一定社会的意识形态，其产生和发展是受经济结构和权力结构的变化影响和支配的。"脸"可以是议会、党派，也可以是婚姻、家庭。这里所说的权力是指社会传统文化赋予权力聚合体的，对聚合在它周边的成员的强制约束力。这种约束力得到了社会全体成员的一致认可。权力聚合体是"脸"的核心与大脑。它

---

[14]　同[1]，第181页.

[15]　同[1]，第180页.

[16]　同[1]，第181页.

就如同蜂巢中的蜂王或蚁穴中的蚁后，是整个组织结构的心脏。当它停止跳动时，整个有机体也会随之死亡。权力聚合体的生命决定着"脸"的生命，它的变化意味着"脸"的解体。变化了的权力聚合体将按照自身的需要重新组建"脸"。权力聚合体受经济结构的变化约束，是政治和经济的集中表现。"脸"虽然也属于社会意识形态，却受政治制约，并服务于政治，随着政治的变化而变化。核心"脸员"和边缘"脸员"的位置也不是一成不变的。随着他们对"脸"的贡献大小的变化，他们在"脸"上的位置也在进行着相应的调整。有些"脸员"经过不断边缘化之后会被开除"脸籍"，失去从这个利益团体中分得一杯羹的权利。同样，生产力的发展会不断催生一些新的"脸"，社会进步的浪潮也会淹没一些不合时宜的"脸"。"脸"的生存既要遵循自然法则，也要遵循社会法则。

　　"脸"的矛盾性。矛盾是普遍存在的，"脸"也不例外。在"脸"的内部，表征性和主体性之间也密不可分。没有不为主体性种子生长的表征性，同样，也没有不包含表征性残留物的主体性。"白墙"包括"黑洞"，"黑洞"是"白墙"的一部分。两者紧紧固定在一起，构成了一个不可分开的"白墙"和"黑洞"体系。它们通过相互作用，相互融合，彼此互相渗透，构成了如同希伯来语与埃及法老之间的关系（"法老"一词是埃及语的希伯来文音译）。[17]主体性与表征性的关系是由"白墙"与"黑洞"的关系决定的。黑洞的深浅难料（dimensionless）与白墙的宽窄不测（formless）紧密地联系在一起。[18]它们是统一在一起的，如同白昼与黑夜构成了一天的两个部分，相互依存。没有"白墙"就没有"黑洞"，同样没有"黑洞"也就没有"白墙"。黑洞成为白墙的黏合剂，因为它的存在，白墙才有了张力；白墙为黑洞提供了栖息的场所，并最终通过自身的线化使黑洞的主体获得解放。它们又是对立的：它们的力量并不均衡，此消彼长。要么"白墙"力量大于"黑洞"，这时"白墙"紧紧将"黑洞"禁锢其上，将其团团围住，直至其完全接受共鸣场冗赘，被同化为"白墙"的一部分；要么"黑洞"力量大于"白墙"，"白墙"被"黑洞"绕散开来，在"黑洞"吸引力作用下向"黑洞"移动，然后猛烈撞击，使这些"黑洞"上下起伏，如同"波浪翻滚"。最终就会出现两种结果：当"白墙"力量大于"黑洞"力量时，"脸"现身于"白墙"之上，墙上布满了"黑洞"；反之，"脸"现身于"黑

---

[17]　同 [1]，第 182 页.

[18]　同 [1]，第 168 页.

洞"之中，周围是线化了的"白墙"。[19] 这就出现了另一种相反的局面：黑墙 / 白洞体系。[20] 这是因为这时线化了的"白墙"，被主体吸入"黑洞"之中，其原来的粉饰作用已经荡然无存。而这时"黑洞"的性质也已经发生了本质的变化，主体在线化了的"白墙"作用之下，最终会冲出"黑洞"。主体，首先线化了"白墙"，摆脱了表征冗赘的束缚，然后又冲出"黑洞"，摆脱主体性冗赘的桎梏。先去表征冗赘，再弃主体冗赘，完全获得解放，找到了属于自己的逃逸线路，成功地完成了去疆域化过程（deterritorialization）。这就是因移动（物质的或精神的、身体的或心理的）而带来的变化（积极的或消极的）[21]。

三、"脸"的拆除

"脸"的拆除是历史的必然。它的不人道性，动态性和矛盾性决定了"脸"的拆除（dismantling）[22] 是必然的。由于"脸"的不人道和霸道，为了集体利益而过分强调共性，忽略个性，使每个个性失去了创造性，因而它将终究被拆除。紧紧固着在"白墙"上的主体不仅失去了自由，失去了主动性，更失去了创造性。人们深知，从主体性"黑洞"中，从意识（consciousness）和记忆（memory）的"黑洞"中挣脱出来比登天还要难[23]。"意识"是束缚主体的最强力量。人的主体意识对"脸"是十分依赖的，在人的意识中，主体是墙上的草，树上的叶和天空的云。"脸"是墙、树和天空。离开墙、树和天空，草、叶和云就会飘忽不定，难以主宰自己的命运。所以，在主体意识中，是"脸"给了主体立足之地，攀缘之壁，甘雨之云。只有进入一种无意识状态（unconsciousness），主体才能摆脱自我束缚，从"黑洞"中挣脱出来。"记忆"紧随其后。主体每次在"脸"的体系中所获得利益，主体意识都会强化他的记忆。记忆越深，主体对"脸"的依赖越大。这不难理解。吃惯了计划经济的"大锅饭"的人们，尤其是获取远远大于给予的那些人，永远都不会体会到那些给予大于获取的人们的感受。前者的记忆牢牢把他们留在主体"黑洞"中，"黑洞"给他们提供

---

[19]　同 [1]，第 168 页 .

[20]　同 [1]，第 169 页 .

[21]　Parr，Adrian. The Deleuze Dictionary [M]. Edinburgh：Edinburgh University Press，2005：67.

[22]　同 [1]，第 188 页 .

[23]　同 [1]，第 187 页 .

了安乐窝：尽管摧眉折腰事权贵，却也得来全不费功夫。后者的记忆同样也会把他们留在"黑洞"里，"黑洞"给他们提供了安全感：尽管没有广厦千万间，却也并非"可怜身上衣正单"。记忆是很可怕的东西，因为它在驱使我们不断重复着昨天的故事。所以，只有失去记忆（memoryless）[24]，主体才能从"黑洞"中挣脱出来。

　　要把握自己的命运，最好的办法就是挣脱"脸"的束缚。拆除"脸"，去除"脸面化"，生成不可知，生成私密，穿过"白墙"，冲出"黑洞"。在精神上生成动物，生成植物。当我们说"寒蝉凄切"的时候，这其中我们已经把蝉"人化"了。蝉不知道自己生命的短暂，蝉鸣之中也没有对这短暂生命的眷恋。当章鱼为抚育后代而耗尽全部生命力的时候，它不知道自己为了新生命的出现而牺牲了自己，这一切只是本能。笼中之鸟也不知道自己被剥夺了自由，如果它真的失去了自由的话，那自由也只是人类所理解的自由。当我们杀死某个动物的时候，它不会因为我们要杀掉它而恨我们，或者希望它的后代来为它报仇，那是我们人类强加给它的感觉。鲜花和草木，吸收了二氧化碳，释放出氧气，但它们不会感觉到为了人类的生存和环境的美丽奉献了自己，这些都只是人类强加给它们的感受。一切本来就是自然。世间之万物皆为自然的一部分。生成私密（clandestine），生成不可知（imperceptible）。只有这样，我们才不会将我们的一切都表露在外，不再在"白墙"上尽力地粉饰我们自己，也不会再将自己的主体紧紧地禁锢在"白墙"之上的冗赘之中，身受日常生活之中的千百万冗赘之牵累。在"白墙"上脱离自我本来面目的粉饰，使我们完全脱离了自然，失去了我们本原的面目。"脸面性"的粉饰冗赘导致了"白墙"之上，千人一面。复杂的大千世界，在这里已经无根可寻。所以，只有通过生成私密，生成不可知，我们才能找回原本属于我们自己的属性，找到属于自己的逃逸线路，成功地摆脱表征的拖累，去除表征性（asignifying）。

　　中国古代文化经典《道德经》把最高尚的道德品质比喻为水，"上善若水"看中的就是"水利万物而不争"。在精神上生成动物和植物，我们就会失去主体意识，失去对过去的记忆。我们就会摆脱主体性的桎梏，回归本然，大步踏上去除主体性（asubjective）之路。这样忘了"我是谁"，使自己无家可归。就像哲学那样使自己无家可归，并最终四海为家。这便是德勒兹哲学的最高境界——游牧艺术。

---

　　[24]　同 [1]，第 187 页.

四、结语

法国哲学家和思想系统的历史学家米歇尔·福柯在《哲学剧场》一文给予法国后现代哲学家德勒兹极高的评价，他预言"德勒兹的世纪"即将到来——"或许有一天，这个世纪将被认为是德勒兹的世纪"[25]。德勒兹一生致力于以差异和生成来改造正在不断走向趋同性的世界，并为此创造了无数新的哲学概念，作为改造趋同世界的具体方法。"脸面性"这个看不见又无处不在的魔力正是使世界走向趋同的黑手，每个人都在不知不觉中沦为"脸面性"的受害者。整个世界成为一个舞台，每个人都在演戏，不再是真实的自我。万人一面究可哀。天堂之中的德勒兹在呐喊：联合抵制"脸面性"的驱动，不为经济利益所动，确保自我岿然不动，维持个体的纯洁性，还世界以创造性。可以预测，一个去除"脸面性"的世界即将来临。

第二节　脸面性在文学批评中的应用

一、霍桑《拉帕西尼的女儿》的"脸面性"解读[26]

（一）引言

美国浪漫主义代表作家纳撒尼尔·霍桑的中篇小说《拉帕西尼的女儿》享誉世界文坛。小说中拉帕西尼女儿比阿特丽斯之死令无数读者扼腕叹息。从法国或现代主义哲学家德勒兹的哲学体系的"脸面性"角度解读比阿特丽斯的死因更能得出两强相争无辜者牺牲的历史结论，从而进一步深入地认识"脸面性机器"的杀人本性。

---

[25]　Foucault，Michel. Language，Countermemory，Practice：Selected Essays and Interviews [M]. Trans. Donald F.Bouchard. Ithaca：Cornell University Press，1977：165.

[26]　李尔萍，康有金.霍桑《拉帕西尼的女儿》的"脸面性"解读 [J].长江大学学报（社科版），2015（3）.

（二）"脸面性"的概念

法国后现代哲学家吉尔·德勒兹是世界公认的隐喻大师，在他与伽塔里的哲学体系——精神分裂分析学中，"脸"其成熟的政治哲学的核心概念之一。只要人们为了共同目的或利益，愿意接受约定俗成的脸面性共鸣场的规制，无论规模大小都可以组成一个"脸"。"脸"的形成是经济的发展以及相应的权利组织形式变化共同作用的结果。

与"脸"密切相关的另一概念是"脸面化"。"当包括头在内的身体被解码，或被我们称作'脸'的东西给予过度编码，'脸'就产生了。"[27]"脸面化"的运行有其自身的规律。"在这个"脸"中，各成员间的经济状况和权力地位并不相同。经济地位和权利掌控力决定着"脸"构成各成员位置的"中央化"或是"边缘化"。

"脸面性"不仅使主体失去了自由和主动性，更失去了创造性，但"脸"集体中的每个成员都以牺牲主体行为为代价换取了一定的经济利益。所以，潜在"脸员"均会争先恐后地"入脸"。

（三）拉帕西尼的入"脸"

在霍桑的《拉帕西尼的女儿》中，来到帕多瓦大学求学的意大利南部青年乔万尼与拉帕西尼医生女儿美丽的比阿特丽丝坠入爱河。为了满足对科学的狂热追求，拉帕西尼医生不惜把亲生女儿作为实验品，将其身上培植了致命的毒素。不知情的乔万尼在与她的接触中也不幸身染剧毒。在巴格里奥尼的怂恿下，乔万尼把解药交给了比阿特丽丝。比阿特丽丝喝下后，死在父亲和乔万尼面前。

"脸"是经济的发展以及相应的权力组织形式变化共同作用的结果。《拉帕西尼的女儿》所折射出的真实的社会经济状况便是驱动拉帕西尼至之"脸"形成的"脸面性"机器。长期以来围绕着疾病的本质和治疗方法一直存在两派不同的学说，即小说中拉帕西尼所代表的顺势疗法和巴格里奥尼所代表的对抗疗法。在19世纪40年代的麻省医学界，正统的方法是对抗疗法。这种方法认为，病原要么肝火过旺，致使患者精神亢奋；要么激素水平低下，致使患者体弱无力。对于前者，治疗方案

[27]　Deleuze，Gilles & Félix Guattari. A Thousand Plateaus：Capitalism and Schizophrenia [M]. Trans. Brian Massumi. London：University of Minnesota Press，1987：170.

是适当放血和通便；而对于后者，则是补充激素，如鸦片。[28] 顺势疗法理论倡导者们认为生命运行机制能够驱除体内的病态紊乱，但是它的自然恢复趋势因疾病的袭击而临时处于瘫痪状态。霍桑在心理上更倾向于顺势疗法。

科学技术是第一生产力。当时医学界为争夺医疗市场所进行的孰强孰弱的竞争，也就是对患者之争，就是用科学实验成果来向患者证明自己所倡导的疗法的有效性和可靠性，以获取最大的经济利益。经济利益的驱动使拉帕西尼放弃了"自己"，接受了"集体"，接受了"脸面性"规制，加入"脸面性"集体中来成为这张"脸"的主要成员。在这张"脸"上，拉帕西尼处于核心地位。他所从事的科学实验研究的成功与否将标志着这张"脸"的生死存亡。他是顺势疗法学派最优秀的医学家。所以，能力越大，使命感越强。

拉帕西尼被牢牢地困在他所位于的这张"脸"上，完全失去了自由，失去了主动性。科学研究的唯一目的就是合成与培植毒性越来越强的植物，以实现顺势疗法的最高宗旨——以毒攻毒。女儿比阿特丽丝生长在他的医学实验环境中，在一个满是父亲培植的各种剧毒植物园中长大，整天呼吸有毒气体。她看上去拥有超常的生命、健康和能量，但因长期接触这些致命的植物，她的体内也充满了大量毒素。但是，顺势疗法是要治病，它要使病人对病毒产生免疫，而不是感染病毒，更不是使患者本身成为病毒源。拉帕西尼的研究超出了顺势疗法所要求的治疗过程要遵循自然法则的界限，他要使女儿成为超自然的产物。他认为，只有这样，才能摆脱"一个软弱女人受到一切罪恶摆布而无能为力"的状况。如果仅仅从这一个角度来考虑的话，那么他可以被理解为世界上保护意识最强的父亲了，他甘愿用一生的科学研究成果来保护自己的女儿。事实上，他是打着强调人的价值的旗号做着反人性的实验。他所在的这张以极端手段排他、不择手段地巩固自己地位、以占据麻省医学界主导地位的"脸"本质上是反动的。这预示着这张脸必将被拆穿的历史必然性。

女儿之死使拉帕西尼的科学实验彻底失败，也导致他所在的这张"脸"的彻底崩塌瓦解。极力维护自己所在"脸"的存在，并不惜任何代价使之得到发展和壮大，这位"护脸将军"赔了女儿又丢"脸"。

---

[28] Kett, Joseph F. The Formation of the American Medical Profession[M]. New Haven: Yale University Press, 1968: 156.

（四）巴格里奥尼的入"脸"

巴格里奥尼的入"脸"，是致使拉帕西尼之"脸"崩塌的最重要因素。他是占主流地位的对抗疗法医生的代表。在顺应疗法不断挑战对抗疗法，威胁到他们在医疗界的统治地位的时候，巴格里奥尼所在的"脸"变得前所未有的团结。巴格里奥尼作为经济利益的捍卫者，在这张"脸"上处于核心地位。他能否成功地阻止拉帕西尼的实验关乎其所在"脸"的生死存亡。所以，他会不择手段，挖空心思地达到目的。

一方面，巴格里奥尼想去除比阿特丽丝身上的剧毒，同时戳穿拉帕西尼的全部实验过程，以证明对抗疗法的优越性；另一方面他因自己在医疗职业上的成就远不及拉帕西尼而产生的嫉妒心理远远强烈于去除比阿特丽丝体内毒素的愿望。此外，作为对抗疗法倡导者，巴格里奥尼深信只有大剂量服药才能根除比阿特丽丝身上的毒素。作为医生，他应该知道大剂量服药会带来致命的后果。虽然拉帕西尼的实验使比阿特丽丝浑身充满剧毒，但这些剧毒并没有导致她的死亡，却使她拥有了超常的生命、健康和能量。巴格里奥尼本来想用自己发明的药去去除比阿特丽丝身上的剧毒，并以此来证明对抗疗法优越于顺应疗法。巴格里奥尼的失败加剧了他对拉帕西尼的嫉妒和报复，阻止了顺势疗法学派的实验进程，为对抗疗法倡导者赢得了面子。急功近利的他迫不及待地用极端的手段来证明自己比他所嫉妒的对象更优秀。经验老到的巴格里奥尼说服了涉世不深、头脑简单的乔万尼，让他帮助自己完成复仇计划，使他相信他所提供的解毒药"非常有效，简直灵验非凡……它是由神圣的草药提炼而成"[29]。乔万尼不仅自己相信它可以彻底解除比阿特丽丝身上的毒素，使她恢复常态，他还劝说比阿特丽丝，使她也相信了巴格里奥尼的话。"如果在小说中有个恶魔角色的话，那么这个恶魔是巴格里奥尼，而不是拉帕西尼。"[30]

巴格里奥尼用卑鄙的手段打败了科学研究上的竞争对手——拉帕西尼和潜在对手比阿特丽斯，他不仅维护了自己所在"脸"的政治经济利益，还进一步确立了自己在这张"脸"上的核心地位。巴格里奥尼的嫉妒之心和复仇心理使他动了杀机。客观上，是他配置的"解药"杀死了比阿特丽斯。然而，杀人不是他的最终目的，

[29]　霍桑.霍桑短篇小说精选 [M].青闰，丹冰，译.北京：外文出版社，2012：313.

[30]　Sidney，P. Moss. A Reading of Rappaccini's Daughter[J]. SSF，1965：150.

只是他为维护他其所在"脸"的经济利益而不得不采取的手段。因此，可以说，"脸"杀死了比阿特丽斯。

（五）乔万尼的入"脸"

应该说乔万尼的入"脸"完全是在其本人不知情的情况下进行的，直至故事结束，乔万尼还完全蒙在鼓里。他如同吃了迷幻药，迷迷糊糊地游荡于拉帕西尼所在"脸"和巴格里奥尼所在"脸"之间。

乔万尼的出现及其对比阿特丽斯的一见钟情，为拉帕西尼的科学实验的最后成功带来了希望，为拉帕西尼通过实验来去除女儿身上的毒素提供了最后的机会。被比阿特丽丝的美貌所吸引，加上对她体内毒素的好奇，经丽莎贝塔指路，乔万尼频频出入花园。通过一次次与这些有毒植物的接触，潜移默化之中，乔万尼身上的毒素也开始增加。和比阿特丽丝一样，他的生命机能也在一天天增强。他发现自己的"眼睛从来没有这样活泼愉快，脸颊也从来没有这样热情洋溢，呈现出活力过剩的色调"[31]。如果拉帕西尼只是想利用乔万尼来再次证明自己顺应疗法复制功效的话，那么，他是很成功的，他创造了两个同样有剧毒的人物。如果以毒攻毒可以成立，那么，他们两人的结合就应该可以为彼此去除对方体内的剧毒，而这也恰好就是拉帕西尼所预想的。

如果花园科学实验是在完全可控下进行的话，那么，拉帕西尼的操作是安全可行的。但是这次实验的成功还受到来自两个方面的威胁：其一，拉帕西尼试图把自己的理论设想用到人类身上，研究的领域是在当时人类尚无法控制的人的精神，拉帕西尼违背了科学研究的可控性原则。在研究过程不能被控制的情况下，人们就无法指望成功的研究成果。其二，他的科学实验对于另外一个人，也就是他看不见的竞争对手是公开的，而他自己对此却一无所知。他的实验过程并不是他所想象的那样置身于世外桃源，最终是一个躲在黑暗之处的旁观者终结了此次实验，所以导致他失败的另一个原因是他的竞争对手身处暗处。[32]

乔万尼成为双重实验对象，既被拉帕西尼作为实验对象，也被巴格里奥尼当作破坏拉帕西尼实验的工具。结果，他不仅没有得到真正的爱，还害得比阿特丽斯丢

---

[31]　同 [28]，第 303 页.

[32]　Margaret Dickie Uroff. The Doctors in "Rappaccini's Daughter" [J]. Nineteenth-Century Fiction，1972，27（1）：61-70.

了性命。这位在无意中被生拉硬拽地扯进"脸"中的乔万尼，完全失去了主动性。他的一举一动完全被"脸面性"机器操控，在全然不知的情况下，被"脸面化"，成为"脸面性"机器的牺牲品。

（六）结语

拉帕西尼抱着使女儿变得强大和自己所在医学流派强盛的双重目的进行科学实验，反而置女儿于死地；巴格里奥尼抱着既能报复又能战胜对手的双重目的配置了解药，反而毒死了比阿特丽斯；乔万尼为满足好奇心和对美的爱欲，带着解药进了花园，反而害了所爱之人。比阿特丽斯之死，三人都脱不了干系。在"脸面性"机器的作用下，三人都身不由己。真正杀人的幕后推手是"脸面性"机器。"脸面性"的本质属性就是以利益相诱惑，以抑制主体个性为手段，以无辜者的生命为代价。

二、揭开罪恶的黑面纱——霍桑《牧师的黑面纱》的脸面性解读

（一）引言

霍桑是美国最伟大的浪漫主义作家之一。在《美国文学》一书中施耐德指出："霍桑是伟大作家时代中的伟大作家。不论作为长篇小说作家还是作为短篇小说作家，他都可与同时期其他作家媲美。就某些方面而言，他更是出类拔萃。"霍桑想象丰富，追求执着，对用语的含隐情有独钟。无论从理论层面还是哲学层面，他的作品都折射出他所处时代的人们的人生态度和生活情趣。[33]

创作于1836年的《牧师的黑面纱》是霍桑所有短篇小说中得到最广泛赞誉和最频繁编选的。从那以后，这个把自己的"脸"藏在黑面纱后面的牧师和这张黑面纱一道启发了文学批评界无数鲜活的灵感，产生了大量的评论。他们主要从历史、传记、心理分析、互文性、信息传递和符号学角度对小说男主人公戴黑面纱的原因分析解读。评论家们还专门就"黑面纱"的意义进行了解读。评论家们或认为它代表着人类的罪孽，或代表着清教复兴的倾向，或透露出宗教绝对主义倾向，或表达了不愿与人交往的孤立主义倾向，或体现了自我牺牲的英雄主义精神，或认为它代表着对

---

[33] 童亮. 夜色朦胧——评霍桑的短篇小说《牧师的黑面纱》[J]. 湖南大学学报（社会科学版），2001（9）：59-61.

性的恐怖，甚至也有人认为它是永远都解不开的谜。[34] 批评界的每一次研究都为揭开这张蒙在胡珀牧师脸上的黑面纱做出一份努力。这张黑色面纱下面一定盖着什么。本节试图借助于法国后现代主义哲学家德勒兹精神分裂分析学的"脸面性"，解读《牧师的黑面纱》，揭开这张罪恶的黑面纱。

法国后现代哲学家德勒兹是世界公认的隐喻大师，在他与伽塔里的哲学体系——精神分裂分析学中，"脸"是其成熟的政治哲学的核心概念之一。在德勒兹哲学体系中，"脸"是由"白墙"与"黑洞"构成。"白墙"是展示"表征"（signifiance）的场所。白墙上所陈示的一切还被称之为"冗赘"（redundancy）。因为这些陈示是用来修饰或掩饰自己的，虽表面富丽堂皇，却由于过剩而显多余。紧紧锁藏在"黑洞"之中的是人的主体性。

与"脸"密切相关的另一概念是"脸面化"。"当包括头在内的身体被解码，或被我们称作'脸'的东西给予过度编码，'脸'就产生了。"[35] 这就是说，当我们言不由衷、表里不一的时候，就开始成为"脸"的成员了。因为我们的"言"和"表"都已经不再是自己的。整个身体都已经去除了原有的生理与心理编码。"脸"的编码取代了个体的编码，个体成为集体的一部分。言行举止都已不再代表真实的意志，整个人都已经被"脸面化"了。这就是说，"脸面化"实际上是一个"社会化"过程。"脸"本质上不是个性化的。[36]"脸"不是出于个人需求，也不是以个人目标的实现为目的建立起来的。它体现的是集体的、集团的、社会的特征。约束这个群体的机制就是"脸"。任何个体，如果不肯接受"脸"的预先规制，就没有资格成为这一社会组织结构的成员。因为"脸面性"系统的界定了一个领域，这个领域在成员加入之前就已经中和了任何不肯接受"脸面性"所认可的核心思想的观点或成员。[37]

对于局外人来说，每张"脸"的背后都隐藏着一个完全陌生的，从未被发现的梦幻般的景色。所以，心仪者都魂牵梦绕般地景仰他们的目标"脸"。[38]

---

[34] Judith P. Saunders. Hawthorne's Theory of Mind：An Evolutionary Psychological Approach to "The Minister's Black Veil"[J]. Style，2012(46)：420-438.

[35] Deleuze，Gilles & Félix Guattari. A Thousand Plateaus[M]. Trans. Brian Massumi. London：University of Minnesota Press，1987：170.

[36] 同 [35]，第 168 页 .

[37] 同 [35]，第 168 页 .

[38] 同 [35]，第 172 页 .

在小说《牧师的黑面纱》所发生的这个 18 世纪马萨诸塞州小镇米尔福德社会经济结构的现实使胡珀牧师自己一人形成了一个独立的"脸"。他以自己作为本教区地位最高的唯一的神职人员的身份，享受着特有的权利。这张维护自己特权的"脸"同样有它的"白墙"与"黑洞"，在"白墙"和"黑洞"中隐映和隐藏着深重的罪恶。

（二）"白墙"隐映下的罪恶

无论埋藏多深，总会见到阳光。既是"面纱"，总是可以揭开。《牧师的黑面纱》之所以被许多评论家看作是永远解不开的谜，是因为能够解开这个谜底的人在胡珀戴着黑面纱出现在世人面前的同时永远地离开了人世。这位无名女子和《拉帕西尼的女儿》中的比阿特丽斯、《胎记》中的乔治亚娜一样成为男人罪恶的牺牲品。

卡尔·奥斯托洛夫斯基认为，胡珀牧师向伊丽莎白撒了谎。他披戴面纱有更加现实的目的，而不是他所讲的那样。胡珀牧师经受着身体和道德上的双重煎熬。他的脸因受梅毒病菌的侵害留下了疤痕。因为担心米尔福德镇上的人们知道此事，他戴上了黑面纱。[39] 黑面纱是掩人耳目、遮挡罪恶的工具。

故事以 18 世纪马萨诸塞州小镇米尔福德为背景，以胡珀牧师的出场为开端。一个星期天早晨，胡珀牧师戏剧般地戴着黑色面纱出现在社区教众面前。这一面纱遮住了他脸的绝大部分。他的这一出场立刻引起在场教众的轩然大波。这天，这位大约三十岁、一副绅士风度、身着礼服一尘不染的牧师，所布道的内容"主题涉及隐秘的罪孽，以及我们对最亲密的人、对自己的良心都想隐藏的那些秘密，甚至忘了上帝能洞察到一切"[40]。在他布道的过程中有一种微妙的力量注入了他的言辞之中，每一位会众成员，无论是天真烂漫的少女，还是铁石心肠的男子，仿佛都感觉到躲在可怕的面纱后面的牧师已经悄悄地逼近了他们，并发现了他们思想或行为中的邪恶。[41] 胡珀牧师是位才华横溢的演说家，也可以说是一位心理学大师。在潜移默化中，他的话如同润物细无声的春雨，渗透到了每一人的骨子里，让他们将他的话与本人联系起来，从自身内心深处寻找隐秘的罪孽。这让在场的所有人都认为戴上面纱的应该是他们，而不是胡珀牧师。而戴着黑色面纱的胡珀牧师正是集体罪孽的替罪羊，

---

[39]　Ostrowski, Carol. The Minister's "Grievous Affliction"：Diagnosing Hawthorne's Parson Hooper[J]. Literature & Medicine，1998（17）：197-211.

[40]　霍桑 . 霍桑短篇小说精选 [M]. 青闰，丹冰，译 . 北京：外文出版社，2012：7.

[41]　同 [40]，第 9 页 .

替教区全体教众承担着他们的罪孽。一些文学评论家，如布恩认为，如同替罪羊一样，胡珀在为其他人承担的责任，甚至不惜为他们承担罪孽。[42]这样，胡珀牧师误导了教众，误导了读者，甚至包括文学批评界的一些学者。

教众们因受到了胡珀话里话外的恐吓，没有人敢直接当面质疑牧师为什么戴上黑面纱。可见，胡珀牧师对这次布道进行了精心的准备，甚至每句话，每个语调都进行了巧妙的设计和安排。他收到了预期的效果。布道结束走出礼拜堂，没有人像以前那样渴望和牧师并肩而行，并以此为荣。[43]从胡珀牧师角度而言，不希望有人如此靠近他，因为他一方面担心他们会密切窥视黑面纱下面的秘密，另一方面担心梅毒会带来接触性传染。从教众角度而言，他们更不愿意近距离暴露在牧师跟前，而被窥见其内心的罪恶。一箭双雕，两相情愿，胡珀牧师初战告捷。从第一次戴着面纱与教众见面，直至死亡，他始终没有摘下过这张黑面纱。这天登场等于公布了他的药方，此后一生全然照方抓药。

即使与他订下婚约的伊丽莎白也同样不能劝他当她面摘下面纱，哪怕是一秒钟，为此他甘愿放弃与她的关系。也许，这正是他的初衷。在他那黑面纱下面掩盖着不可告人的秘密。他告诉她这是"一种哀伤的标记"。他要"和其他大多数人一样有种种隐秘的哀伤"，他要"用黑面纱作为记号"。[44]这里胡珀在向伊丽莎白撒谎。整个与伊丽莎白接触过程中胡珀牧师所说的唯一一句真话就是"就算我因隐秘的罪恶而遮住脸，哪个人不可以这样做呢？"[45]他的意思是所有人都有隐秘的罪恶，所有人都需要带上面纱来遮掩他们的罪恶。

这是搪塞、挡箭牌，也是真心话。他的罪恶就是他不检点的性行为导致了梅毒感染。我们不难发现，胡珀牧师的一系列行为体现为感染了梅毒的症状。首先，初戴面纱出现在教众面前的胡珀牧师"步态缓慢"，"微微弯腰，两眼看地"[46]。这时的他可能进入梅毒感染的第二阶段，伴有骨关节的疼痛。其次，黑面纱"裹在他

　　[42]　Boone，N S. "The Minister's Black Veil" and Hawthorne's Ethical Refusal of Reciprocity: A Levinasian Parable[J]. Renascence Essays on Values in Literature，2005，57（Spring）: 165-176.

　　[43]　同[40]，第9页.

　　[44]　同[40]，第19页.

　　[45]　同[40]，第21页.

　　[46]　同[40]，第5页.

的额头上，垂下来遮住他的脸"[47]。他的脸上可能长满了痘疮，破坏了他的眉毛，甚至是鼻梁。再次，伊丽莎白所担心的"说不定是精神病的一种症状"[48]。教众们把他戴面纱的行为理解为"古怪的念头"，"不可救药的怪物"。[49]这些都话里话外地暗示胡珀牧师多少有些神志不清。选择戴上黑面纱来遮盖梅毒脓包的决定本身就或多或少有些精神不正常。

　　胡珀牧师感染了梅毒并且病毒已经发展到了第二阶段的可能性为进一步厘清了他与他所主持葬礼仪式的那位青年女子之间可能存在的暧昧关系。这是他戴上面纱的第一天的事。送葬队伍中有一位女子和同伴说，"牧师和这个姑娘的魂儿手拉手一块走"。而她的同伴说她也有同样的感觉。[50]霍桑的这一叙事手段显然是当时流行的美国超验主义手法。受爱默生和玛格丽特的影响，他相信一种理想的精神实体，超越于经验和科学之外，通过直觉得以把握。霍桑通过这两位送葬者的超验感觉暗示给读者在这个下葬女子和胡珀牧师之间一定存在着某种关联。并且她的死与胡珀的黑面纱之间也存在着必然的联系。重要信息一次暗示是不够的。"胡珀牧师俯身在棺材上面，向死者做最后的告别时，面纱从额头上垂下来，要不是死去的姑娘永远合上了眼睛，就可能看到他的脸庞。"[51]"有个目睹了这场生者与死者的会面，毫不忌讳地断言，在牧师露出容貌的一瞬间，姑娘的尸体微微战栗，使得寿衣和薄纱帽沙沙作响，尽管面容保持着死的安详。一位迷信的老太太是这个奇观的唯一目击者。"[52]无论如何，沉睡的女子是唯一目睹黑面纱后面的胡珀之人。女尸的反应该引起我们的认真思考：通过尸体目睹牧师病害的脸庞所发出的战栗，霍桑运用先验主义思想暗示出她非常厌恶这张满是脓包的面孔。这也正是她的死因，她是通过与他的性接触感染了梅毒才致死的。

　　在霍桑的逻辑中，先辈的罪孽由后辈偿还，男人制造的罪孽更多是由女人承担。在继《牧师的黑面纱》之后的《拉帕西尼的女儿》中拉帕西尼和巴格里奥尼在科学实验方面无序的竞争所制造的罪孽以拉帕西尼的女儿比阿特丽斯的死为代价；《胎记》

---

[47]　同 [40]，第 5 页 .

[48]　同 [40]，第 21 页 .

[49]　同 [40]，第 23 页 .

[50]　同 [40]，第 13 页 .

[51]　同 [40]，第 11 页 .

[52]　同 [40]，第 11-13 页 .

中艾尔默为去除新婚妻子乔治亚娜脸上的胎记所做的实验也致她死亡；《红字》中丁梅斯代尔牧师与海斯特·白兰通奸的罪孽由后者一人承担。当然拉帕西尼也会很痛苦，艾尔默同样也会难过，丁梅斯代尔内心也在煎熬。但在这其中女人承载的更多，付出的代价更大。

送葬者关于牧师与该女子的鬼魂手牵手一起走的超验臆想暗示出生前他们曾一起分享过浪漫的时光。考虑到胡珀牧师已经与伊丽莎白订下婚约，这一浪漫折射出不合法的色彩。伊丽莎白来到胡珀牧师的住所，专门就他的面纱和他进行了一次深入的交谈，亮出了她的底牌：要么摘下面纱，要么就此分手。胡珀牧师选择了后者，这是不二的选择。因为即使摘下面纱，暴露出梅毒感染的罪恶痕迹，他们还是要分手的。这样的分手责在胡珀，作为神职人员他的行径是卑鄙的。而不摘面纱条件下的分手情况就不同了，胡珀一直在向外界传递着一个重要信息，也是唯一的他想传递的信息：教区的每个教众都罪孽深重，他在为集体承担罪孽。为了集体利益牺牲了个人的利益的行为是伟大的。事实上，胡珀牧师的"皈依者们对他有一种异常的恐惧，他们断言——尽管只是象征性——在他把他们带到天堂的光明之前，他们都是和他　起同在那块黑面纱的后面"[53]。这表明教众们都以敬而远之的方式接受了他的信息。而因为他代他人受过而与他断绝了关系的伊丽莎白的行为则是卑鄙的。胡珀的这一选择更有他的难言之隐，或者是说，伊丽莎白提出分手正中他的下怀。他正求之不得，只是无法提出，因为分手的理由是难言之隐：他已经将梅毒传给了某一无辜的女子并因此而间接导致了她的死亡。尽管梅毒感染的初期还不至于直接导致该女子之死，更大的可能是她无法接受满脸脓包的事实。在羞愧难颜和悔恨交集的情况下选择了自杀。他居高临下，在高贵的位置做出下贱的勾当，将梅毒传染给教区民众，已经无颜面对广大教众，所以掩面度过余生是他的最好选择。作为神职人员的他已经致一无辜者于死地。洁身自好，不再伤害更多的人，应该是站在下葬女子遗体前胡珀内心的承诺。当胡珀紧握伊丽莎白的胳膊，求她不要离开自己的时候，他想象的世界里一定是那位刚刚下葬的女子的形象又浮现在自己的眼前。这无疑在暗示与胡珀的性接触是致命的。当他向伊丽莎白道出心声，"你不知道，我独自呆在面纱后面，是多么孤独，多么可怕，不要把我永远留在这痛苦的黑暗之

---

[53]　同 [40]，第 25 页．

中！"[54]前半句话是他的真心话，但是，他必须自作自受。后半句话是假的，是他自己选择了"永远留在这痛苦的黑暗之中"。在霍桑看来，人必须为自己的罪恶行径付出代价。只是不同的人选择了不同的方式。霍桑笔下的男主角选择为自己罪恶付出代价的方式通常是内心无休止的谴责和煎熬。他常用女人之死来教训男人，以此提醒他认识自己深刻的罪孽。男人也会因心爱的女人因自己的罪孽而死幡然醒悟，从此在内心的谴责中领悟和思考人生。

主持完葬礼之后，故事中维续着一个矩阵影像，把胡珀、性欲、死亡和婚姻四者紧密地结合在了一起。胡珀牧师接下来要做的事是主持一对年轻人的结婚仪式。看见这张让人联想到疾病与死亡的黑面纱，这对新婚夫妇心中充满了恐惧，"新娘冷冰冰的手指在新郎颤抖的手里哆嗦，脸色惨白，引起一阵窃窃私语，说几个小时前下葬的那个姑娘走出坟墓要结婚了"[55]。主持结婚完仪式后，胡珀端起酒杯，举到嘴边，来向新婚夫妇祝福。突然间，"牧师从镜子里瞥见了自己的样子，黑面纱使他自己的灵魂也陷入压倒众人的恐惧之中。他浑身颤抖，嘴唇发白，葡萄酒一滴未沾失手泼在地毯上"[56]。霍桑应该读过莎士比亚对梅毒感染的描写。荷兰天文学家约·法布里休斯在《莎士比亚的英格兰》里这样写道："中世纪时期城里的公共浴池、理发店，还有家里和酒馆里共用过的酒杯，到处都很危险，都可以传染病毒。"[57]看见镜子中的自己、手中的酒杯，联想起传染病毒的危害，还有眼前婚庆的现场，只有把酒泼在地上才可以阻止自己已经感染的病毒不再继续传染给别人。这里霍桑精心巧妙的设计，恰如其分的遮掩，通过细微的描写，将看上去支离破碎的细节惟妙惟肖地串联在一起，勾勒出一个完全不为人知的内心世界：这便是难能可贵的职业良知对罪恶行径的内在谴责。罪孽深重者仍在坚守着自己的道德底线。无论罪孽如何深重都不该放弃顽强的坚守，并在坚守中赎罪。

胡珀牧师戴上黑面纱后第一次布道现场，"还有几个人自作聪明摇头晃脑，明白表示他们能看穿这个秘密"[58]。这些人相信牧师面纱下面所掩盖的秘密答案很简

---

[54] 同 [40]，第 21 页 .

[55] 同 [40]，第 15 页 .

[56] 同 [40]，第 15 页 .

[57] Fabricius, Johannes. Syphilis in Shakespeare's England.[J]. Syphilis in Shakespeares England, 1994: 10.

[58] 同 [40]，第 9 页 .

单，只有一个。在伊丽莎白和胡珀牧师谈话期间，说起村里已经四下流传的谣言时，她脸色通红。[59] 她的脸色暗示出谣传很有可能是与性有关的绯闻。这也印证了"胡珀先生因为犯了某种极大的罪恶，极为可憎，难以完全隐瞒，也无法和盘托出，只能含糊暗示，所以他的良心受到了折磨"[60]。无论霍桑等批评者怎么看待这张黑面纱，米尔福德的村民都认定它的存在是胡珀性行为不检点的符号。

伊丽莎白在与胡珀交谈，还有在胡珀病榻前对他的照料期间所表现出来的行为表明，她很有可能已经了知道了胡珀秘密的全部真相。她要求他摘下面纱，他的回答是：总有一天人们都要摘下面纱。伊丽莎白要求胡珀进一步解释，可是他却言辞躲闪，说它是一个标志，也是一种象征。当伊丽莎白问起是什么极其痛苦的折磨降临到了他的身上，他没有正面回答，默认了自己在承受着痛苦的折磨。他用"罪孽"和"悲伤"回答了她的问题。胡珀在下葬女子身上犯下了罪孽，在为她的死而悲伤。在伊丽莎白看来是搪塞的话事实却是发自胡珀的心底的肺腑之言。然而，在两位订婚者之间的遮遮掩掩又能说明什么呢？两人之间的这一话题虽然没有挑明，但彼此之间早已心知肚明。"一种新的感觉马上代替了忧伤：她的眼睛不知不觉注视着那块黑面纱，这时黑面纱的恐怖就像空中突然出现的一道微光，倾斜下来罩住了她。她起身，站在他面前浑身哆嗦。"[61] 伊丽莎白什么都知道了。现在她终于核实并接受了村里人的谣传，两人就此诀别。然而，伊丽莎白并没有向任何人说起她所核实的结论。这使得胡珀能够在无数种猜疑中度过了余生。这正是他所期待的。他的公众接受底线是教众们不把他当作乱性者，不把他当作下葬女子的间接谋杀者。但是为了能够达成这一目的，直至死，他必须确保无人掀开他的面纱。于是也就不难理解为什么临终前他是为什么那么强调任何人不能掀开他的面纱。这样，他就把自己的秘密带进了坟墓，成就了牧师黑面纱的千古之谜。

胡珀牧师的"白墙"最终困死了他的主体性。他始终没有摘下面纱，向公众承认自己的罪孽。或维护自己的"面子"，或捍卫牧师神圣的"尊严"，他"高尚"地结束了自己罪恶的一生。

---

[59]　同 [40]，第 21 页 .

[60]　同 [40]，第 23 页 .

[61]　同 [40]，第 21 页 .

（三）"黑洞"隐藏着的罪恶

要知道胡珀为什么会成为那个时代的牺牲品，还需以当时的历史背景作为抓手来探寻"黑洞"之中的胡珀是如何无奈地选择余生躲在黑面纱之后。

腓特烈·纽巴瑞认为霍桑从格林利福和艾登那里获得关于胡珀牧师的创作原始素材。[62]一位名为约瑟夫·穆迪的历史人物与"牧师的黑面纱"直接相关。霍桑情不自禁地在故事题目的脚注中把他与胡珀牧师等同起来："还有一位新英格兰牧师，大约八十年前去世的缅因州约克镇的约瑟夫·穆迪先生。他与众不同的离奇古怪和胡珀牧师相得益彰。只不过是导致他们怪癖原因的不同而已。他早年失手杀死了一个自己钟爱的朋友。从那一刻起，直到死亡，他从未在世人面前抛头露面。"[63]关于霍桑小说材料出处，爱德华·道森提出了独到的理论：19世纪20年代，霍桑在往返鲍登学院期间，途中在缅因州约克镇停留，很有可能曾听到过有关"手帕"穆迪的故事。[64]霍桑还有可能从住缅因州妈妈的家人那里，或者从鲍登学院人们那里了解到关于穆迪的事情。考虑到霍桑曾广泛阅读过新英格兰历史，还有他个人对缅因州的特别兴趣，在他于鲍登学院学习期间，很有可能接触到了出版于1821年的《缅因州教会史》的作者乔纳森·格林利福。在这本书的脚注中格林利福描述了约瑟夫的苦楚："穆迪先生的不正常行为属于神经系统的。他认定自己身上背负着无法饶恕的罪孽，配不上自己神圣的职位，更没资格与他人待在一起。他对人情世故的评判力遭到了损害。他常私底下拜访病人并与他们共同祈祷。但是他很少在公共场合抛头露面。他怀着极大的热情，有明确的工作目标和无私的奉献精神。可是，在这些场合他总是声称他只不过是其他人的代言人而已。"[65]他辛勤地工作就是一种为自己的过失杀人赎罪的行为。他越是努力地工作就越能从中获得释罪感。《牧师的

---

[62]　Newberry, Frederick. The Biblical Veil: Sources and Typology in Hawthorne's "The Minister's Black Veil" [J]. Texas Studies in Literature & Language, 1989 (31): 177.

[63]　Hawthorne, Nathaniel & Charvat, William & Pearce, Roy Harvey, et al. The Centenary Edition of the Works of Nathaniel Hawthorne[M]. Columbus: Ohio State University Press, 1962: 37.

[64]　Dawson, Edward. Hawthorne's Knowledge and Use of New England History: A Study of Sources Nashville[M]. Nashville: Vanderbilt University, 1939: 26-27.

[65]　Greenleaf, Jonathan . Sketches of the Ecclesiastical History of the State of Maine, Portsmouth, Maine[M]. Harrison Gray, 1821: 13.

黑面纱》中的胡珀牧师正是这样的人物。

此外，霍桑还有可能从提摩太·艾登的《美国墓志和碑铭集》（1814）获取了一些关于穆迪牧师的信息。在叙述穆迪的墓志铭时，艾登加了个注。他宣称："这位杰出人物系塞缪尔·穆迪之子，约克第一教堂的第二任牧师。早年他曾不慎误杀了他所挚爱的一位年轻人。这一悲哀的事件对他的心理产生了十分敏感的影响。年轻人之死成为他忧郁的根源，他决定戴着面纱度过余生。于是，从此后他便将一个绸缎手帕戴在脸上。此举众所周知。人们也就习惯上以'手帕穆迪'来对他加以区别对待。"[66]

霍桑把身体作为罪孽的承载实体来惩罚道德上的堕落者。最能说明这一点的就是《红字》中罗杰·奇林渥斯所实施的铁石心肠的对丁梅斯代尔的报复而给他带来的心理折磨。丁梅斯代尔法衣下胸前所戴的和海斯特·白兰示众受辱时所戴的完全相同的 A 字（"Adultery"的首写字母，"通奸"义）。《红字》可以理解为十四年后又一张"黑面纱"。

当最初于 15 世纪晚期梅毒在欧洲开始出现的时候，医学界很快发现了它的性传播属性。僧侣们接受了医生们的观点，并把梅毒在人们身上留下的大脓包归罪为上帝对放荡不羁者的裁决。[67]英语国家的清教徒更倾向于支持把性传播疾病看作是上帝对人们不良性行为的惩罚。社会学家斯坦尼斯拉夫·安德烈斯基认为，16 和 17 世纪梅毒的传播决定了清教徒对婚外性行为的态度。[68]尽管总体上讲霍桑对清教徒关于上帝在个人层面意愿的解读持批评态度，其《红字》中丁梅斯代尔的通奸性行为导致了他身心受到了严重的伤害。这与清教徒关于性传播疾病的看法大致是相同的。霍桑的这一态度足以暗示他很有可能把梅毒作为自己作品中隐匿的罪恶。

19 世纪美国社会生活的实际状况使霍桑不可能公开地把梅毒作为一个开放的创作主题。按照美国生物学家西奥多·罗斯伯里的总结，从莎士比亚离世到 19 世纪后期"性传播疾病作为文学创作的主题似乎在委婉而客气的掩映下销声匿迹，但是出

[66] Alden，Timothy. A Collection of American Epitaphs and Inscriptions，2d ed.[M]. New York：Arno Press，1977：45.

[67] Quetel，Claude. History of Syphilis[M]. Trans. Judith Braddock and Brian Pike. The Johns Hopkins University Press，1990：4.

[68] Andreski，Stanislav. Syphilis，Puritanism and Witch Hunts[M]. New York：St. Martin's Press，1990：15.

版管理部门仍然没有放宽检查的尺度"[69]。所以，19世纪的美国作家处理这一创作主题时都倍加慎重。作家们在处理这一主题时十分慎重的另一个原因无疑与梅毒相关联的耻辱实在是太严重了。阿兰·布兰特曾这样写道：在十九世纪末期的美国"性传播疾病被看作是蓄意违反社会道德准则者所为，是对不负责任者的惩罚"[70]。霍桑正是这类作家中的佼佼者。他的谨慎小心成就了"牧师的黑面纱"的千古之谜。

梅毒一期的特点只是一些感染的红斑点。进入二期（通常是3—5年）后，病毒就会遍布周身，浑身上下长满痘疮，并伴有骨和关节的疼痛。然后就会进入潜伏阶段。这一阶段甚至最长可以持续20年，感染者没有明显的反应症状。发展到后期，梅毒可以给骨头带来毁灭性伤害，伴有轻度瘫痪、麻痹性痴呆、中风，甚至还会对大脑构成损伤。在莎士比亚的《雅典的泰门》中梅毒的症状是感染者的癫狂。

对于熟知19世纪30年代到60年代期间正在走向不断纯净化和反对自我淫荡文学的读者来说，把精神错乱和性生活放荡联系在一起是再熟悉不过的话题了。当时医生、性改革论者，还有骨相学家反对在性行为方面的过于沉湎，告诫人们这种沉湎会对人们的身心带来极大的危害。[71]罗纳德·伯特霍夫曾说："十九世纪的精神病院中住着无数的精神病患者，他们的不幸来自于自我淫荡或性行为'过度'。"[72]通过把不健康的性行为与疾病和疯狂联系在一起，并以此把胡珀牧师作为梅毒感染者来描写，霍桑是要借此提醒人们关注不断令人焦虑的维多利亚时期美国中产阶级性行为及其不良后果。

这样，就有足够的相关的历史材料作为佐证，霍桑很有可能把梅毒作为《牧师的黑面纱》的隐匿罪恶。但是由于种种历史原因，霍桑不得不把这种隐匿深深地埋藏起来。胡珀的主体性最终没有冲出"黑洞"，线化"白墙"，而是被锁死在"黑洞"之中。

为揭开《牧师的黑面纱》的神秘面纱，我们还需要借助于作者在其之后14年出

[69] Rosebury，Theodor. Microbes and Morals[M]. New York：The Viking Press，1971：76.

[70] Brandt，Allan M. No Magic Bullet：A Social History of Venereal Disease in the United States Since 1880[M]. New York：Oxford University Press，1985：5.

[71] Rosenberg，Carroll Smith. Sex as Symbol in Victorian Purity：An Ethno-historical Analysis of Jacksonian America[J]. American Journal of Sociology，1978：216.

[72] Berthoff，Rowland. Primers for Prudery：Sexual Advice to Victorian America[J]. History Reviews of New Books，1974（May）：148-149.

版的《红字》。在这部长篇小说中，霍桑设计了一场情景剧场，让罪孽、惩处、鉴别等通过看得见与看不见的方式轮流登场表演。胡珀的梅毒症状可比作丁梅斯代尔法衣下胸前的标志。这不仅仅是因为他们都是因性行为的不检点而遭受着某种身体上或心理上惩罚的年轻牧师，还因为他们的罪孽都被掩藏在公众视线之下。在两种情况下，这两位牧师都通过使用衣物掩盖罪恶的表征来逃避公众的谴责。与此同时，他们的女性性伴侣却无法诉诸相似的手段来逃避惩处。海丝特怀抱三岁的婴儿珀尔接受了在一人多高的示众台上示众的身体惩罚，而"牧师的黑面纱"里的女子却接受了以死作为惩罚的代价。不同的是在《红字》的最后，丁梅斯代尔勇敢地走上示众台，完成了心灵的救赎，承认自己是珀尔的父亲。他勇敢地冲出了"黑洞"，而胡珀却始终没有这种承认自己罪恶的勇气。

霍桑的原罪思想使他选择让胡珀牧师躲在黑面纱后面痛苦地度过余生。在霍桑1843年7月9日的日记中，他记录了他写给妻子的一封信。这是一封祝贺他们结婚纪念日的信。在信中霍桑对妻子说："上帝保佑我们，让我们在一起过得好好的。（我没有给你带来幸福快乐而是悲伤难过）是因为幸福比悲伤更可怕。毕竟悲伤只是世俗和有限的，而幸福则与永恒的物质编织在一起，将人的精神紧紧锁藏其中，瑟瑟发抖。"[73]在霍桑看来，对于承受着原始罪恶的凡夫俗子来说悲伤会令其感觉更舒适一些，而幸福却反过来给他带来很大的精神压力。悲伤者在用悲伤偿还先人欠下的债，而幸福者不仅在逃债，还会欠下新的债。霍桑是要胡珀牧师通过兢兢业业地工作、认认真真地布道、老老实实地赎罪，引领自己的灵魂走向天国。

（四）结语

我们可以不妨这样理解，在《红字》中霍桑否定了"牧师的黑面纱"里胡珀牧师的人生道路，认为真正想获得心灵救赎者要敢于担当，敢于面对自己的罪孽，一味地躲在黑面纱后面是永远无法赎罪的。不仅丁梅斯代尔获得了心灵救赎，海丝特·白兰面对清教的严刑峻法，内心始终平静。她善良宽厚，经常帮助穷人、病人和那些需要抚慰的不幸者。她最终得到了人们的谅解和尊重，人们不再把"红字"看作耻辱的标记，而是乐善好施有德行的符号。《红字》印证了基督教界最常用的格言：

---

[73] Simpson, Claude Mitchell. The American Notebooks of Nathaniel Hawthorne[M]. Columbus: Ohio University Press，1972：390-391.

上帝帮助自助之人。从《红字》的结局我们不难看出霍桑否定了"牧师的黑面纱"中两位当事人的人生选择。尽管霍桑唯心地认为人生而带着罪孽，但他还是为罪孽深重的人们指明了一条救赎之路。"牧师的黑面纱"中男女当事人对待罪孽的态度是消极的。既然胡珀牧师自己不肯揭开他那罪恶的黑面纱，那就让我们来替他揭开吧——历史总会拂去罪恶的面纱，真相总要大白于天下。

三、小说《白鲸》中埃哈伯人格的"脸面性"解读 [74]

（一）引言

《白鲸》是 19 世纪美国浪漫主义代表作家梅尔维尔的海上悲剧传奇小说。专家学者们从不同角度对它进行过研究：象征意义、宗教意义、生态意义、悲剧人物特点、自然主义色彩、叙事特点等等。法国后现代主义哲学家德勒兹和伽塔里在他们合著的《千座高原》中多次提及《白鲸》，把《白鲸》作为他们阐述生成这一哲学思想的典型案例，以精神分裂分析哲学开辟了研究《白鲸》的新天地。本文在德勒兹哲学思想的启示下从"脸面性"角度解读《白鲸》中埃哈伯的人格。

（二）德勒兹哲学思想中的"脸面性"

法国哲学家和思想系统的历史学家米歇尔·福柯在《哲学剧场》一文给予德勒兹极高的评价，他预言"德勒兹的世纪"即将到来——"或许有一天，这个世纪将被认为是德勒兹的世纪。"德勒兹这位法国后现代哲学家，世界公认的隐喻大师，将新奇的概念巧妙融入丰富的隐喻里，在不同领域之间追踪概念。其中"脸"是德勒兹和伽塔里成熟的政治哲学核心。"脸"是由"白墙"（white wall）与"黑洞"（black hole）构成的体系。"黑洞"排列在白墙上，洞口紧锁在白墙之上，洞体横向无限延伸。"白墙"是展示"表征"（signifiance）的场所。"表征"相当于"能指"（signifier）和"所指"（signified）之和。"白墙"上所陈示的一切被称为"冗赘"（redundancies）。"冗赘"因其数量大、真正价值低及其所起到的虚饰作用而得其名。

"脸"本质上不是个性化的。脸面性系统在成员加入之前就已经剔除了不肯接

[74]　康有金，朱碧荣. 小说《白鲸》中埃哈伯人格的"脸面性"解读[J]. 当代外语研究，2015（1）.

受"脸面性"所认可的核心思想的观点或成员。[75]"脸"体现的是集体的、集团的、社会的特征。"脸"具有排他性。它先过滤，再屏蔽；先约己，再排他。虽然"脸面性"（faciality）中体现了人性化的一面，但它的生产并未出于人性化的考量，甚至我们在"脸"上还能看出纯粹的非人性化的一面。[76]它把人性主体牢牢锁藏在"黑洞"之中，把"黑洞"紧紧固着在"白墙"之上。"黑洞"之中的个性成为"虚无"，"白墙"之上的"冗赘"代表了自己。这就是"脸"的本质属性——人群中建立起来的非人性的社会组织机构。"脸面化"是一个抽象的运行机制，按照社会发展的客观规律运行，藐视任何个体诉求。因为不是参加者选择了"脸"，而是"脸"选择了参加者。[77]更确切地说，是参加者被吸到"脸"这个社会组织形式中来。所以在建立之前，参加者就清醒地知道"脸"的专断与独裁。

"脸面性机器"首先确立一个共鸣场（locus of resonance），即为所有成员都能接受的表征性所提供的精神空间。这个共鸣场上的冗赘就是脸面性规制。接受这些规制意味着获得了加入这张"脸"的门票，同时也意味着放弃了自己原来的思想观念。从此放弃个性，主体也就被锁藏在"黑洞"中，禁锢在"白墙"上；如果不能接受这些规制，也就不能加入共鸣场，因而无法成为"脸面性"体系中的成员，无法获取因经济结构的变化而导致的权力更迭所带来的各种利益，即"脸面性"成员所拥有的各种待遇。巨大的利益诱惑使得潜在成员千方百计地想成为"脸"的成员。"脸"的形成是经济的发展以及相应的权力组织形式变化共同作用的结果。每次权力分配形式的变化会决定利益分配形式。为了在权力分配形式中获取最大利益，社会中的个体成员会积极行动起来，依据所处环境的频率与概率，即时间和空间上的可能性和可行性，加入某个属于自己的社会组织结构当中，经过一番取舍后从集体接受一些因政权更迭而带来的重新进行的利益分配。

紧紧固着在"白墙"上的主体不仅失去了自由，失去了主动性，更失去了创造性。"黑洞"给他们提供了安乐窝：尽管摧眉折腰侍权贵，却也得来全不费功夫。"白墙"给他们提供了有安全感的保护伞：尽管没有广厦千万间，却也并非"可怜身上衣正单"。如果随遇而安，"白墙"就是栖息场；如果一生风平浪静，"黑洞"就是避

[75]　Deleuze，Gilles & Félix Guattari. A Thousand Plateaus[M]. Trans. Brian Massumi. London：University of Minnesota Press，1987：168.

[76]　同 [74]，第 170-171 页 .

[77]　同 [74]，第 180 页 .

风港。然而人类要发展，社会要进步。栖息和避风不仅裹足不前，还会倒退。这是反历史的。人类社会必须挣脱"脸"的束缚，必须拆除"脸"，去除"脸面化"。"脸"的拆除是历史发展的必然人类历史的发展正是因社会关系的发展、经济关系的变化，以及由此所导致的一系列权力关系更迭和各种"脸"的出现。随着社会政治经济的进一步发展，这些"脸"还将会被拆除。社会的发展拆除了"脸"，尽管一段时间之后还会有一种别样的"脸"建立起来，但是每一次"脸"的拆除，都释放了大量的能量，促进了社会的飞速发展。"脸"的拆除是革命的进步。

（三）埃哈伯之"脸"

从 18 世纪末到 19 世纪中叶捕鲸业是美国国家经济的支柱产业，捕鲸满足了人们日益增长的物质和文化需要。因为当时"全球点燃的所有小蜡烛和灯盏，与燃点在许多圣殿前的巨蜡一样都得归功于我们（捕鲸人）"[78]。当时的人们对捕鲸业如此依赖，难怪"我们美国的捕鲸人的总数如今比全球其他结伙的捕鲸人加起来还要多……他们的船队数目达七百艘；人员达一万八千人；每年耗费四百万美元；船队以航行开始时的价值计，总值两千万美元；每年运回港口的丰厚收入总值七百万美元"[79]。每当经济结构发生变化，"脸面性机器"就会发挥作用，生产出一系列的"脸"。这次巨大的经济变化相应地带来了以鲸油所带来的利润为核心的权利组织形式的产生。潜在的"脸"成员纷纷加入以捕鲸业为主要特征的"脸"中来，形成新的社会组织结构。比勒达船长和法勒船长到了六十岁就从捕鲸船上退了下来，成为"披谷德号"捕鲸船最大的股东，以他们两个为核心，许多南达科特人入股成立了一个民间私人捕鲸团体。埃哈伯成为他们捕鲸船船长理想的人选。

十八九岁开始，埃哈伯成为一名镖枪手，从此开始了他的捕鲸生涯，成为一名以捕鲸为背景的"脸"的成员，接受了"白墙"之上的表征性，接受了这个组织的规制和约束，将自己的主体性紧紧锁藏在困在"白墙"之上的"黑洞"之中。作为牺牲了主体性自由的埃哈伯获得了令人满意的回报。经过艰苦的努力，在船上的地位越来越高，生活状况也一天天好转，最终他成为船长 —— 捕鲸船上的最高位置。过不了几年他也该退休，告老还乡了。然后再用自己多年的积蓄入股成为捕鲸船的

---

[78]　赫尔曼·梅尔维尔.白鲸[M].成时，译.北京：人民文学出版社，2011：130.

[79]　同[74]，第131页.

股东，雇人为他捕鲸。但是，一次意外事件的发生改变了埃哈伯的命运，他的生活和生命都从此被简单化为两个字——复仇。于是，埃哈伯所在"脸"的"白墙"开始线化。

埃哈伯"白墙"的线化过程是从他被莫比·迪克咬掉一条腿之后开始的。在回来的一路上，他胡言乱语，俨然成了疯子。在昏迷状态下那种蛮力变本加厉，万般无奈他的三个副手不得不用绳子把他绑住，唯恐他过于悲伤跳海，或过于愤怒伤害他人。这时的埃哈伯已经完全不顾"白墙"的约束，开始摆脱"表征性"的束缚，被锁藏在"黑洞"之中多年的主体性开始复活，即将获得涅槃重生。革命的力量正在酝酿，他开始蓄积拆除他所在"脸"的力量。

埃哈伯所在"脸"的"白墙"与"黑洞"同样也是统一在一起的，但它们之间的关系又是对立的。统一只是暂时的，对立才是永恒的：它们的力量并不均衡，此消彼长。结果有两种可能性：要么"白墙"力量大于"黑洞"，这时"白墙"紧紧将"黑洞"禁锢其上，将其团团围住，直至其完全接受共鸣场冗赘，被同化为"白墙"的一部分。巨大的捕鲸利益，从残羹冷炙，到分一杯热羹，再到一大块肥肉，慢慢地在"白墙"之上埃哈伯的主体"黑洞"被越锁越紧。要么"黑洞"力量大于"白墙"，"白墙"被"黑洞"绕散开来，在"黑洞"吸引力作用下向"黑洞"移动，然后猛烈撞击，使这些"黑洞"上下起伏，如同"波浪翻滚"。"脸"现身于"黑洞"之中，周围是线化了的"白墙"。[80] 刚刚被鲸咬伤的埃哈伯就处于这个起伏和翻滚阶段。一方面愤怒使他丧失理智，忘记"白墙冗赘"的存在，完全失态。另一方面，船长的身份使他成为紧锁其他"黑洞"，维护整个"脸"稳定的核心力量。他如果不顾一切地冲出"黑洞"，整个"脸"会迅速瓦解。船长的身份，以及由它带来的使命感和责任感，捕鲸经济利益的诱惑，更主要的是"面子"——"白墙冗赘"，暂时平息了他主体"黑洞"的上下起伏。所以，尽管他脸色苍白，却保持了坚毅沉着的外表，再一次镇定自若地发号施令。但是表面的镇定只是"白墙冗赘"对他的约束，不代表"黑洞之中"主体性不再运动。看得见的是"白墙"，看不见的是"黑洞"。从此埃哈伯开始心理失衡，看不见的东西在悄然变化着。虽然可怕的神经错乱总算过去了，不过埃哈伯的胡思乱想还在继续，他的处于扩张状态的神经错乱症一丁点也没有消失。同时，他那了不起的天生智力也一丁点没有丧失。神经错乱症正在超

---

[80] 同 [74]，第 168 页.

常神智的诱导下策划更大的起伏和翻滚。埃哈伯想要拆除"脸"的欲望越来越强烈。"白墙"力量在消，"黑洞"力量在长。

（四）埃哈伯拆除"脸"的力量来源

主体要从禁锢自己的"白墙"之上挣脱出来，从紧锁主体性的"黑洞"中冲出需要超强的力量才能完成。在"白墙"之上，位置越是靠近中央，线化"白墙"就越是需要更大的力量。作为船长的埃哈伯，是可以使其从捕鲸业中获取很大经济利益的。放弃既得利益的难度之大可想而知。"脸"的颠覆力量是从边缘向中央逐渐递减的。越是边缘化的"脸"员越有可能颠覆这张"脸"，或者是放弃"脸"员资格，成为"浪人"。在这进退维谷之中，正常思维的人不会迈出这一步选择"退脸"的，"白墙"的吸着力总会把他们拖回到"白墙"之上。但是埃哈伯不是常人，他要拆除"脸"，即让"黑洞"的吸力超过"白墙"对其的固着力，"黑洞"线化"白墙"，摆脱"白墙冗赘"，然后主体再从主体性冗赘中挣脱出来，在线化了的"白墙"的拖拽下冲出"黑洞"。埃哈伯线化"白墙"，冲出"黑洞"的力量来自以下几个方面。

1."块茎"的力量

"块茎"（rhizome）是精神分裂分析的最重要概念之一。"块茎"用隐喻方式来表述迥然不同的事物、地点和人物之间所发生的关系，也可以是最为相似的事物、地点和人物之间所发生的关系。[81]德勒兹和伽塔里从认识论角度出发，创造了"块茎"这个概念，指由两个不同事物上分离出来的脱裂物所组成的与原母体性质迥然不同的子事物。块茎的生长遵循六条原则：它们是块茎的联系性——块茎上的任何一点都能够与外界连接；块茎的异质性——块茎脱裂的"子体"与"母体"中间的迥然不同；块茎的多样性——块茎都从不把"唯一"当作主体或客体；块茎的无痕脱裂性——块茎"子体"从"母体"脱裂不留任何痕迹；块茎的反图绘性——块茎的生长方式不能用遗传基因图谱方式来描述，它是基因图谱断裂或遗传基因突变的结果；块茎的反溯源性——块茎的生长方式不是树状化的，人们不能按照叶—叉—枝—干—根的顺序从叶溯源到根。[82]

---

[81]　Parr，Adrian. The Deleuze Dictionary [M]. Edinburgh：Edinburgh University Press，2005：231.

[82]　同 [74]，第 7-12 页 .

埃哈伯的思维方式是"块茎"式，即飘逸和跳跃式的、反常规的。在所有其他人都认为"白鲸成为偏执狂所有恶毒力量的化身"[83]，"一个可憎可恶不能忍受的寓言"[84]，"一头动不动要人命可又总逮不住（immortal，不死的）的恶鲸"[85]，人们甚至有人将它神化，认为它是神灵转世，"这白鲸非别，乃是震教上帝的化身"[86]。在"极少有人甘愿冒和它的血盆大口遭遇的风险"[87]，人们都畏而远之的情况下，与众不同的埃哈伯却甘愿用他的滚烫的心作为一颗炮弹，"他要用这个炮弹来轰它"[88]。

这种思维方式使埃哈伯开始重新审视自我，考察自我，认识自我，发现自我，改造自我，从而确立了目标，找到了力量的源泉。"块茎"式思维使埃哈伯与船上所有其他人不同，成为德勒兹哲学思想中的"少数派"（minoritarian）。所谓"少数派"，就是由具有"精神分裂"心理人格的人所组成的集体的总称。它是针对"多数派"（majoritarian），也就是由具有"偏执狂"心理人格的人所组成的集体的总称而言的。"多数派"在一定社会中，把某种特殊的因素抽象出来，再将其放大为普遍恒量（constant），并以此来排斥或压制他们不认可的异质因素（heterogeneity）的人。虽然，"多数派"体现的是统治者的意识形态基本特征。相反，"少数派"追求异质性、多样性和创造性，不会认同于那些被抽象地假定为普遍性的理念或事物。"少数派"不是被动地接受现存秩序并处于弱势地位的群体，而是意味着对现存秩序的不断超越。[89]作为"少数派"要超越当时既定的社会秩序，埃哈伯从他本人的"块茎"式思维方式中获得了线化其所在"脸""白墙"的初始力量。

2. "去疆域化"的力量

概括起来，去疆域化就是生产变化的变动。作为一条逃逸线路的去疆域化，所显现的是主体的创造潜能。[90]通过逃逸，主体离开旧有环境进入新领域，通过创造

[83] 同 [74]，第 207 页.

[84] 同 [74]，第 230 页.

[85] 同 [74]，第 284 页.

[86] 同 [74]，第 334 页.

[87] 同 [74]，第 203 页.

[88] 同 [74]，第 207 页.

[89] 夏光. 德鲁兹和伽塔里的精神分裂分析学（下）[J]. 国外社会科学，2007（3）：36.

[90] 同 [74]，第 67 页.

出新的环境发掘自身的潜能。通过去疆域化，主体以新环境为镜像照出一个全新的自我。去疆域化既是一个创造过程也是一个发现过程。

杀死莫比·迪克是埃哈伯去疆域化的原动力。来自莫比·迪克的挑战，是埃哈伯的力量源泉。所以，他老当益壮，骁勇善战。此次捕鲸航程中，第一次出船猎鲸，埃哈伯船长就身先士卒，以残躯之身，亲自出征。他表现得十分勇敢，他赢得了水手们的一致好评，令他们赞不绝口。在追赶莫比·迪克的第一天，第一次对莫比·迪克发起的攻击严重受挫之后，差一点没死过去。不一会儿他就站起身来寻找自己的镖枪，又开始准备投入战斗。没人知道他这把年纪的人是哪里来的这股力量，他简直就是力壮如牛的大力士。这时的埃哈伯宛如一个超人，超越了自己的身体和年龄，他拥有"比在他神志清醒时用来达到一个合理目标的力量高出一千倍的力量"。[91]他超越了他所处于的时代，在整个大海就是鲸的屠宰场的年代，他已经把它们人性化。这正是尼采哲学视野下的超人，即人生理想的象征，具有大地、海洋、闪电那样的气势和风格，是未来人的理想形象，是人的自我超越。去疆域化进程中的埃哈伯身体力量大增。

与此同时，他的工作精力和智慧也同样得到了巨大的提高和增长。埃哈伯潜心研究航海图，他的研究使他得到巨大收获。于是他了解所有潮汐水流的组合，从而可以算出抹香鲸食物的动向；还可以回想起在某些纬度追猎它的有案可查的正常季节，由此得出合乎情理、几乎近于肯定的揣测：在哪一天到达这一个或哪一个地点对追捕这一猎物最合时机。有了埃哈伯这样的工作精力和劲头，最终找到莫比·迪克就只是一个时间的问题。发现莫比·迪克的当天，他只简单地吸了一下海上的空气就向全体船员宣布白鲸就在附近，他立刻命令全体船员为给莫比·迪克最后一击做好准备。这简直就是神力，一种在惊涛骇浪中翻滚了几十年，并最终实现去疆域化的超自然力量。

去疆域化使埃哈伯体力和智力上都获得了前所未有的增长。自信满满的他因此而找回了因长期困锁在"白墙"之上而被驯化了的原始野性，在"黑洞"之中痛定思痛之后，进一步发掘了自我，重新认识自己的使命：龟缩在"黑洞"之中，任凭"白墙"摆布是绝对不能人尽其才的，冲出"黑洞"，广阔天地大有作为。他就是为杀死白鲸而生的。

---

[91]　同 [74]，第 209 页.

3."生成"的力量

在德勒兹和伽塔里看来，"整个《莫比·迪克》这篇小说就是关于'生成'的一部最伟大作品。埃哈伯船长就是一个不可阻挡的生成之鲸。"[92] 从尼采早期笔记中获得启示，德勒兹用"生成"来表述不断地产生的物质上的或精神上的差异。"生成"是不同事物之间纯粹的运动过程。[93] "生成"是从此物质通往彼物质之间运动过程，经过"生成"一种事物变成了另外一种本质上完全不同的事物。这种"生成"过程可以是物质上的，也可以是精神上的。"生成"不是最终的或间歇性的产品，它是变化的原动力。[94] 这恰好突出地体现了后现代文化是一种没有中心的多元文化，宽容各种不同的标准，为持续开发各种差异并为维护差异性的声誉而努力着。

生产精神上的差异就是在精神意义上主体把自己想象为他者，形成纯粹意义上的移情。如果说生成女人是第一个阶段，生成动物紧随其后，那么，生成不可知就是生成的终极归宿。不可知是生成普遍的终极归宿，这是生成的普遍规律。[95] 《白鲸》中埃哈伯船长历经了这一过程，他与他所生存于其中的所有其他成员之间产生了巨大差异，冲出了主体"黑洞"。埃哈伯在与大副斯塔伯克进行长时间交谈时提到了自己年过五旬才迎娶的年轻妻子，讲起自己长年在外捕鲸不能陪伴在妻儿身旁内心深深的愧疚。情到深处，他潸然泪下。我们看到了这位钢筋铁骨的硬汉的柔弱一面。这意味着他在精神上把自己完全想象为女人。同时也意味着他超越父权制文化和以男人为中心的世界，也超越男人所规定或想象的女人。[96] 这时的埃哈伯已经开始心怡翘首盼夫归的爱妻和襁褓中渴望父爱的爱子，开始对这堵锁困自己的"白墙"生厌，"黑洞"的力量开始增长。这就开始为线化"白墙"积累着力量。

在精神上把自己想象为动物，想象为自己一直要捕获的一头抹香鲸，这是埃哈伯船长与所有其他人不同的地方。这也是大副斯塔伯克永远都无法理解埃哈伯为什么要"向一头没有灵性的牲畜报仇"，"跟一头没有灵性的东西发火"的原因。生成动物和一头没有灵性的畜生较劲，埃哈伯在精神上已经把白鲸人性化，把白鲸看成与自己平等的人。当我们从埃哈伯身上看见动物的一面的时候，他却从动物身上

---

[92]　同 [74]，第 243 页.

[93]　同 [74]，第 21 页.

[94]　同 [74]，第 21 页.

[95]　同 [74]，第 279 页.

[96]　同 [74]，第 31 页.

看见了人性的一面。他已经不再像所有其他水手那样期待多捕鲸，多赚钱。利益和钱财已经开始在埃哈伯思想中失去原有的价值和魅力。这就意味着"黑洞"的力量开始超越"白墙"，彼消此长。因为"脸"经济结构所引发的权利结构变化的衍生物，"脸"员一旦对经济和权利失去兴趣，"白墙"的线化过程也就开始了。

生成不可知，在精神上与天地间万事万物相通，真正做到了天人合一，将自己融入大自然之中，与万事万物之间皆是平等的关系。这就使埃哈伯的思想飘忽于天地之间，这才有"太阳要侮辱了我，我照样揍它；因为太阳可以这样干，我也可以那样干"[97]。这时的埃哈伯已经"不知天高地厚"，"胆大包天"，"欲与天公试比高"。这意味着埃哈伯超越实际存在的或可感知的世界，意味着试图去领悟不可感知的生成过程。[98]"生成不可知意味着生成任何人或任何物（everybody / everything），从而造就一个生成的世界。换句话说，就是一个既近在眼前又模糊不清的世界。"[99]经过生成不可知，埃哈伯"黑洞"的力量超过了"白墙"，他的主体性呼之欲出。万事俱备只欠东风。

4. "无器官身体"的力量

主体性从"黑洞"中挣脱出来与主体成就"无器官身体"是同步的。在去除主体性冗赘和摆脱表征性的同时，主体也形成了"无器官身体"。"无器官身体"的形成给埃哈伯冲出"黑洞"带来了最后决定性的力量。埃哈伯的形象定位、社会评价，甚至他存在的艺术价值都由他的"无器官身体"决定。"无器官身体"指身体处于在功能上尚未分化或尚未定位的状态，或者说身体的不同器官尚未发展到专门化的状态。[100]它是一种实践，一个永远不断接近，又永远无法最终到达的极致目标。[101]德勒兹和伽塔里把"无器官身体"解释为欲望的产物，是欲望的归宿也是欲望的载体。他们把"欲望"定义为"积极的"和具有"生产性"的支撑生活观念的物质流。它能生产出新的物质。他们把人看作是欲望机器，在这部机器的推动下，每个人都由三种不同的"无器官身体"组成，即恶化的"无器官身体"（cancerous body without

---

[97] 同 [74]，第 187 页.

[98] 同 [74]，第 31 页.

[99] 同 [74]，第 280 页.

[100] 同 [74]，第 21-32 页.

[101] 同 [74]，第 150 页.

organs)、干枯的"无器官身体"(empty body without organs)和完整的"无器官身体"(full body without organs)。在具体每个人身上,上述三种所占的比例不一样。

在复仇欲望的驱使下,埃哈伯的无器官身体总体上讲是恶化了的。他出现了信仰危机,不相信上帝,并把自己看成了上帝;他喜怒无常,专横跋扈。他还将自己极端的复仇心理传染给了捕鲸船上每一个人。信仰危机导致了他精神空虚;喜怒无常引起了他人的恐慌;独断专行使他视他人的好言相劝为耳旁风。而这种病态心理的迅速蔓延就给全船人员带来了潜在的危险。欲火烧身不仅恶化了埃哈伯的身体,也殃及了他人。由这样一位恶化了的"无器官身体"内部燃烧着复仇欲望的船长引领航程注定会驶向死亡。在埃哈伯身体发生恶性变化的同时,它也在朝着枯干的方向发展。埃哈伯失去了痛觉,失去了疲惫感,失去了自制力。更悲惨的是,他失去了同情心。没有了痛觉就肆虐他人,没有了疲倦就会累死他人,没有了自制力就不能制他人,没有同情心就不能服他人。

更悲惨的是,他失去了同情心。在一百二十八章,"披谷德号"遇上了"拉谢号"。埃哈伯从该船船长加迪纳那得知此前一天他们见到过莫比·迪克。于是他迫不及待地要追击它。为此,他拒绝了加迪纳船长的哀求:他的两个儿子分别在两艘失踪的捕鲸艇上。他要求埃哈伯帮他联合寻找失踪的小船。然而,埃哈伯心中复仇大于天,其他船上失踪人员与他毫不相干。"对方船长看到自己的恳切请求居然被无条件地一口拒绝,惊得呆若木鸡。"[102] 由这样一位枯干的"无器官身体"的船长来掌舵只能带领全船人驶向深渊。

尽管埃哈伯还保留着人间真情和战友之情,存留着完整的"无器官身体",但与恶化了的"无器官身体"和枯干的"无器官身体"相比是微不足道的。儿女情长之长,战友情深之深,比不上复仇心切之切。恶化了的和枯干的"无器官身体"最终使埃哈伯在完成复仇夙愿的同时,害己伤人,给全船人带来了灭顶之灾。

(五)结语

在"块茎"思想支配下,经过"去疆域化"和不断地"生成",成就了"无器官身体",各种力量汇合在一起,终于埃哈伯完成了线化"白墙",冲出"黑洞"的拆除"脸"的革命过程。拆除了"脸"的同时,埃哈伯杀死了莫比·迪克,实现了人生的夙愿。

---

[102] 同 [74],第 563 页.

但他只完成了第一个夙愿 —— 杀死白鲸，没有完成第二个夙愿 —— 死在它后头。他与全体船员（除以实玛利之外）随莫比·迪克葬身海底，谱写了一曲悲怆的史诗。也许，托马斯·阿奎纳的话能够抚平读者不平静的心："人生最大快乐不在于对生命的追求。在满足对自然的征服之后，人不再有别的欲望。"[103] 我们有理由相信完成人生最大夙愿的埃哈伯临死前是快乐的。

在千万声"极端自私""极端在我""为个人复仇牺牲他人性命"等等的对埃哈伯的谴责之后，读者也该问一问有哪一位"脸面性"成员因长期受集体意志的压迫，不能表达个人意志，一旦个性得到完全释放不会做出极端的反应？埃哈伯，还有你和我，都是"脸面性"的受害者。一个去除"脸面性"的社会必将来临。不可否认的是，作为"脸面性"的牺牲品，他的身上闪烁着未来的曙光，即为个性获得解放敢于抛弃既得利益的牺牲精神。

[103]　Sigmund，Paul E. St. Thomas Aquinas on Politics and Ethics[M]. New York：W. W. Norton，1988：8.

第四章　解辖域化与文学批评

　　解辖域化是生产变化的运动。作为一条逃逸线，它显现的是主体的创造潜能。通过逃逸，主体离开旧有环境进入全新领域，通过创造新的环境发掘自身的潜能。解辖域化是主体从各种桎梏中挣脱出来的过程，是主体为摆脱限制、压抑和枷锁的积极行为。文学创作和文学作品解读为作者和读者在精神层面上实现了解辖域化，通过写与读，作者和读者都从先前各自所处的物质或精神领域中脱离出来，进入了全新的未知空间。

第一节　德勒兹哲学之解辖域化[1]

一、引言

　　"解辖域化"（deterritorialization）是德勒兹成熟的政治哲学之核心。1966年，伽塔里在其著作《精神分析与横断》中首次使用了"辖域化"这一精神分析术语，引进自法国精神分析学家雅克·拉康。拉康用"辖域化"（territorialization）描述儿童性敏感区的成熟过程。其主要顿悟是："辖域化"使主体受到了损伤。由此，"解

---

[1]　康有金.德勒兹哲学之解辖域化[J].武汉科技大学学报（社会科学版），2016（1）.

辖域化"就可以使主体避免受到伤害。[2] 此后，"解辖域化"成为德勒兹和伽塔里两位哲学大师哲学中的核心概念之一。在其代表作《千座高原》中，"解辖域化"一词出现了 458 次，这一核心概念是他们的思想体 —— 精神分裂分析理论的重要支柱之一。

二、"解辖域化"概念的由来

"解辖域化"是德勒兹和伽塔里创造的哲学概念。不同学者对其理解有所不同，也给予了不同的翻译。筱原资明称之为"脱领土化运动"[3]，栾栋称之为"脱领土化"[4]，夏光称之为"非地域化"[5]，更多的学者则理解为"解辖域化"[6]。

随着德勒兹和伽塔里哲学的不断成熟，他们在不同阶段对"解辖域化"进行了不同的描述。在《反俄狄浦斯》中，他们认为解辖域化是在符合社会发展趋势的行动中创造出来的即将揭开的未知世界（coming undone）。[7] 解辖域化是符合自然和社会发展规律的行为，这一运动过程指向的是一个不为人知的世界，一个即将创造出来的崭新世界。在《卡夫卡：走向少数文学》中，他们认为解辖域化是一条逃逸线路。主体通过它不仅自身能够逃逸而且可以彻底与过去脱节[8]实现个性解放。解辖域化强调一条逃逸线，强调脱胎换骨的质变。在《千座高原》中，他们认为解辖域化是锋刃（cutting edge）。[9] 解辖域化就是勇往直前、不断开拓、永无止境的过程。在他们最后的合著《什么是哲学》中，他们认为解辖域化可以是身体上的或物质上的

---

[2] Parr，Adrian. The Deleuze Dictionary[M]. Edinburgh：Edinburgh University Press，2005：68-69.

[3] （日）筱原资明 . 现代思想的冒险家们 —— 德勒兹游牧民 [M]. 徐金凤，译 . 石家庄：河北教育出版社，2001.

[4] 栾栋 . 德勒兹及其哲学创造 [J]. 世界哲学，2006（4）.

[5] 夏光 . 德鲁兹和伽塔里的精神分裂分析学（上）[J]. 国外社会科学，2007（2）.

[6] 麦永雄 . 后现代湿地：德勒兹哲学美学与当代性 [J]. 外国理论动态，2003（7）：39.

[7] Deleuze，Gilles & Félix Guattari. Anti-Oedipus：Capitalism and Schizophrenia[M]. Trans. Robert Hurley，Mark Seem，and Helen Ro Lane. London：Continuum，1983：322.

[8] Deleuze，Gilles & Félix Guattari. A Thousand Plateaus：Capitalism and Schizophrenia[M]. London：University of Minnesota Press，1986：86.

[9] 同 [7]，第 88 页 .

（physical），也可以是心理上的（mental），或精神上的（spiritual）。[10] 这就是说，解辖域化既可以是地理位置的变化，也可以是心理状态的改变，既可以是物质的变化，也可以是精神的改变。

概括起来，解辖域化就是生产变化的运动（movement producing change）……作为一条逃逸线路的解辖域化，所显现的是主体的创造潜能。[11] 通过逃逸，聚合体离开旧有环境进入全新领域，通过创造出新的环境发掘出自身的潜能。解辖域化既是一个创造过程也是一个发现过程。主体以新环境为镜像照出一个全新的自我。解辖域化是把主体从限制其加入新的组织机构的各种固定关系中挣脱出来的过程 [12]，是主体为摆脱某种限制、压抑和桎梏，主动的挣脱行为。它从来都不是外在力量强加给主体的行为。

解辖域化也是一种行动，主体通过这一行动离开其原来生活或活动的区域 [13]，需要借助逃逸线路来完成。解辖域化的实现是一个十分艰难的过程，会受到很多阻力。主体所处的政体（regime）会千方百计避免这一运动过程的发生；一旦运动开始，政体就会想方设法设置各种障碍以阻止其正常进行：要么使这一解辖域化运动相对化，无法实现最初目的；要么通过补偿性再辖域化迅速臣服解辖域化主体，使其再辖域化的对象成为这一政体所期待的内容。这样政体就会钝化解辖域化主体的锋刃，通过驯服解辖域化的主体来维护其一定的社会统治地位。所以，在一些情况下，政治及其裁决都永远是克分子的（代表集体或集团利益的），而分子（代表个体利益的）及其对政治所做出的反应才是最终成就大业并彻底打碎政治对它的桎梏。[14] 一定社会的主导政治永远是这个社会的主宰力量，它会采取一切措施来阻止任何与主流意识相悖的行为。所以它所做出的针对解辖域化的裁决总是以阻止主体解辖域化行为为目的。所以，解辖域化从一开始就注定是十分艰难的。

---

[10]　Deleuze，Gilles & Félix Guattari. What is Philosophy?[M]. Trans. Hugh Tomlinson and Graham Burchell. New Yok：Columbia University Press. 1994：68.

[11]　同 [1]，第 67 页 .

[12]　同 [1]，第 67 页 .

[13]　同 [8]，第 508 页 .

[14]　同 [8]，第 221 页 .

三、解辖域化的类型

在《千座高原》中德勒兹和伽塔里依据解辖域化和再辖域化的力量对比关系四种不同类型，及其结果的性质将解辖域化分负解辖域化和正解辖域化，或者消极性解辖域化和积极性解辖域化；根据去疆域过程的受阻程度，可以分为相对解辖域化和绝对解辖域化。在他们最后的合著《什么是哲学》中，他们又依据具体性和抽象性把解辖域化分为身体上的或物质上的和心理上的或精神上的。所以解辖域化共分为六种类型。具体如下：

（一）负解辖域化

负解辖域化也可以称为消极解辖域化。当阻止解辖域化逃逸线路的补偿性再辖域化淹没了解辖域化的成果，其结果是消极的。这时的再辖域化十分随意，任何东西都可以拿来顶替所失去的东西，一个物体，一本书，一套设备或一个体系。解辖域化过程中取得的积极成果立即淹没在以资产、工作和财富为对象的再辖域化当中。这种情况下的再辖域化体制阻碍了解辖域化的逃逸线路，只为负解辖域化留出了空间。[15] 负解辖域化在解辖域化行为中占有很大的比例，甚至可以说许多解辖域化行为实际上都是负解辖域化。因为这些行为并不彻底，只达到了部分目的，并且往往还可以忽略不计。然而之所以这种非彻底的行为还能被称为解辖域化，是因为主体离开了原来的环境。但是，也只是为了离开而离开，再没有任何其他效果。再辖域化的随意性和补偿性减缓甚至抵消了解辖域化的强度，使之失去了最初的动力以及对自身和对新环境的改造能力。本书认为负解辖域化只能理解为落荒而逃。主体没有开拓，也没有进取，更谈不上创造。简言之，负解辖域化是结果消极的解辖域化，包括负相对解辖域化和负绝对解辖域化。

（二）正解辖域化

正解辖域化也称积极解辖域化。当解辖域化力量远远超越处于次要位置的再辖域化的力量，解辖域化主体能够主宰整个解辖域化的运动进程。但是，通常情况下，解辖域化的逃逸线路会被外在阻力分割成断断续续的许多小段。主体掉入阻力所设

---

[15] 同 [8]，第 508 页.

置的陷阱之中，如同宇宙黑洞把主体吸进去，并牢牢地锁在其中。然而这样的解辖域化是正解辖域化。在该种情况下，主体表征当中包含着自身的情感和意识，即，解辖域化行为是主体意识和情感的集中体现，没有任何其他外在因素的强加成分，所以它只是相对意义上的正解辖域化。[16] 这是因为主体解辖域化的强度并没有被补偿性再辖域化所淹没。也就是说，主体并没有被阻止其解辖域化的力量所臣服，仍然是潜在的积极力量。简言之，正解辖域化是结果积极的解辖域化，包括为正相对解辖域化和正绝对解辖域化。

这两种主要的解辖域化形式之间不存在简单的进化关系。两者是对立统一的关系，一定历史条件下可以互相转化。当负解辖域化主体由于某种觉醒和发现，因不再满接受再辖域化的补偿而"反水"，"浪子回头"，恢复原有的解辖域化强度，仍可以找回失去的潜力和动力负解辖域化可以转化为正解辖域化；反过来，当正解辖域化主体在解辖域化进程中缺乏毅力和耐力，无法继续忍受"苦其心志，劳其筋骨，饿其体肤，空乏其身"，不能继续抵制再辖域化阻力的诱惑，就会重新做出选择，向处于优势地位的外在力量让步，在以资产、工作和财富为对象的再辖域化当中得到补偿。正解辖域化转化成了负解辖域化，没能成为彻底的革命者。

（三）相对解辖域化

无论聚合体数量大小，或其运动速度快慢，只要它是单一的，其运动空间不通畅或者受阻，那么这一运动就是相对的。[17] 因为主体的单一性，使之在遇到外在阻碍时无法与另一条路线连接在一起，无法继续逃逸行为。这就是说，单一性导致解辖域化运动一旦受阻就立刻结束。在哪里受阻，再辖域化就出现在哪里，也就是前文所提到的再辖域化的随意性。主体的单一性与逃逸线路不畅通联系在一起。相对解辖域化运动的目标是固定的，它是朝某一固定目标移动的真实运动，是一种克分子运动。[18] 这一点不难理解，相对解辖域化是看得见的。所谓克分子运动强调的就是宏观的运动。例如，如果某人跳槽的目标就是单一的加薪，那么其解辖域化行为就是相对的。解辖域化的逃逸线路也一定屡屡受阻。因为任何高薪单位都是阻碍。补偿性再辖域化也是随意的，无论哪里，只要薪水高于原单位，就是他的再辖域化

---

[16]　同 [8]，第 508-509 页 .

[17]　同 [8]，第 509 页 .

[18]　同 [1]，第 67 页 .

对象。其逃逸线路受阻的解辖域化就是相对解辖域化，包括负相对解辖域化和正相对解辖域化。

（四）绝对解辖域化

绝对解辖域化运动所表述的并非是超然或是无法区别的东西。它只是从质量上强调不同于自身相对运动。绝对解辖域化也不强调聚合体数量大小及其运动速度快慢，只要它把作为多样性的人或物与畅通无阻的空间联系到一起，解辖域化主体可以在逃逸线路上自由移动，这一运动就是绝对的。这时，解辖域化运动与许多新的逃逸线路连接在一起，产生巨大的能量，汇聚成一条强大的生命线，将一致性位面（plane of consistency）——一个尚未形成固定形状的、未形成组织体系的、未层次化或去层次化的身体或术语[19] 释放出来。所以，绝对解辖域化都是正解辖域化，因为它创造了全新的"空地"和全新的人。[20] 解辖域化的对象是无器官身体（body without organ）——身体处于在功能上尚未分化或尚未定位的状态，或者说身体的不同器官尚未发展到专门化的状态。[21] 在解辖域化运动进行中，多样性的主体之所以与畅通无阻的空间联系在一起是因为每次受到阻碍，多样性主体都会找到另外一条可以与其相连的线路，从而避开障碍，继续逃逸。这就使得逃逸行为一路通畅。这样的运动是内在的，从实体论上讲，先于相对的解辖域化运动，是一种分子运动[22]。说它是内在的是因为它普遍存在。宇宙万物永远在发展变化，不论道路多么曲折，前进永远在进行。说它先于相对解辖域化运动是因为相对解辖域化是暂时的，是解辖域化运动的特殊表现形式，不是普遍形式。普遍先于特殊并存在于特殊之中。说它是一种分子运动是因为它是微观的运动，是看不见的运动，存在于我们想象中。其逃逸线路不受阻的解辖域化就是绝对解辖域化，包括负绝对解辖域化和正绝对解辖域化。

绝对解辖域化和相对解辖域化是对立统一的，密不可分。首先，它们统一是因为绝对解辖域化存在于相对解辖域化之中。[23] 没有后者的存在场地，就没有前者的

---

[19]　同 [1]，第 32 页 .

[20]　同 [8]，第 509-510 页 .

[21]　同 [4]，第 24 页 .

[22]　同 [1]，第 67 页 .

[23]　同 [8]，第 56 页 .

栖身之所。作为拥有解辖域化普遍属性的绝对解辖域化存在于作为拥有解辖域化特殊属性的相对解辖域化之中。再辖域化所依赖的对象是人和环境，而解辖域化所依托的动力是机器。[24] 所有形态和形式的抽象机器都和我们所说的被机器驱动着的聚合体生存在一起。聚合体有两个极，或叫作两个航向：一条航向直指层级，这些层级上布满了辖域、相对解辖域化和再辖域化；另外一条航向直指一致性位面，或者去层化（destratification）——将包裹在无器官身体之外的有机组织（organism）、表征性（signifiance）和主体性（subjectivity）逐层剥去，聚合体将解辖域化过程的各个环节紧密地连接起来，然后直接通向"无器官身体"，完成绝对解辖域化运动过程。[25] 沿着第一条航向所指引的方向解辖域化就是相对解辖域化，沿着第二条航向所指引的方向解辖域化就是绝对解辖域化。绝对和相对统一在聚合体中。其次，它们对立是因为相对解辖域化运动不是通过加速就可以提升为绝对的解辖域化运动。绝对解辖域化也不是因为它有巨大的加速器。其绝对性不是由其速度来决定的。事实上相对慢一些或者是延迟一些还有助于绝对解辖域化的实现。简言之，绝对解辖域化运动是一种虚拟的运动，而相对解辖域化运动是一种实体的运动，前者蕴含在后者之中。前者是内容，后者是形式。[26] 无数次相对解辖域化运动之和就构成了绝对解辖域化。生命从外星陨石到海洋，从海洋到陆地，再到今天的我们，经历了无数的相对解辖域化。生命的进化是绝对解辖域化。

（五）物质解辖域化

物质解辖域化不能说是一个全新的类型，它是对前四种的重新概括。物质解辖域化可以是积极的也可以是消极的，绝对的和相对的。看得见的解辖域化一律是物质的，包括人的身体状况的改变和所处地理位置的改变。人职位的升迁或贬降，工资水平的提高或降低，对于行为主体来说都属于物质上的解辖域化。

（六）精神解辖域化

与物质解辖域化相对立，一切抽象的看不见的变化，主要是心理方面、思想方面和精神方面的变化所引起的对主体的改变统称为精神解辖域化。精神解辖域化也

---

[24]　同 [6]，第 316 页.

[25]　同 [1]，第 145 页.

[26]　同 [1]，第 67 页.

可以是积极的，也可以是消极的，绝对的和相对的。政治立场、宗教信仰和理想追求等各方面的变化所带来的对主体的改变都属于这一范畴。

物质和精神永远都是统一在一起的。物质上的解辖域化必然会带来主体在精神上相应的变化。物质上积极的解辖域化往往会带来精神上积极的解辖域化，如工作条件的改善、工资待遇的提高，会相应带来主体工作热情的提高和更高的幸福感体验。但是，物质积极解辖域化带来的精神消极解辖域化的例子也不少。权力滋生腐败就是再恰当不过的例子。通常情况下物质上消极的解辖域化会带来精神消极的解辖域化。但是物质上消极的解辖域化带来精神积极的解辖域化的例子也不鲜见。小说《简·爱》中从小失去父母成为孤儿的简·爱在精神上变得十分强大。小说《白鲸》中年近六旬被白鲸咬掉一条腿的埃哈伯船长在身体上和精神上几乎成了超人。这便是物质上的解辖域化给埃哈伯带来的精神力量。[27]这时的埃哈伯犹如一个超人，超越了自己的身体和年龄，他拥有"比在他神志清醒时用来达到一个合理目标的力量高出一千倍的力量"[28]。

以上两种类型的解辖域化概括了大千世界中所有的解辖域化。结合前面提到的四种，解辖域化会有很多亚类型，如物质负相对解辖域化、物质正相对解辖域化、物质负绝对解辖域化、物质正绝对解辖域化、精神负相对解辖域化、精神正相对解辖域化、精神负绝对解辖域化和精神正绝对解辖域化等。

四、解辖域化定律

德勒兹和伽塔里在《千座高原》的第七章"脸面性"和第十章"生成"分两次，每次四个，论述了八个"解辖域化定律"（theorems of deterritorialization）。通过这些定律可以帮助我们进一步认识解辖域化的本质。

（一）独木不成林

任何人或事物的解辖域化都不是孤立的。解辖域化过程至少需要两个要素，如人的手和它所接触的物体，婴儿的嘴和母亲的乳房，一张照片上的脸和它所处的背景。它们之间都构成了解辖域化的两个要素，并且，这两个要素之间彼此以对方作为再

---

[27] 康有金.小说《白鲸》中埃哈伯人格的"脸面性"解读 [J].当代外语研究，2015（1）：67.

[28] 赫尔曼·梅尔维尔.白鲸 [M].成时，译.北京：人民文学出版社.2011：209.

辖域化的对象。[29] 这就是说，解辖域化的这一概念之中包含至少两个要素，否则就称不上是解辖域化。也就是说，一个要从另一个掌控中挣脱出去。只有一个要素就不存在约束，更不存在挣脱。再辖域就是限制和约束，彼此以对方为再辖域对象实际上就是彼此之间互相约束。

（二）欲速则不达

解辖域化速度最快的要素未必是强度最大的要素。解辖域化的强度不能与速度混为一谈。速度越快往往强度越小。[30] 婴儿从母乳喂养中挣脱出来需要一段时间。人要想脱离一个环境，必须首先适应这个环境。而当这个环境已经不再适应进一步发展的时候，人才能为离开这一环境、进入新的环境准备条件。这一切都是需要时间的。不积累必要的力量，没有足够的强度，人是不能从现有的环境中脱离开来的。已经获得的既得的经济利益和长期以来积累的人脉关系，还有经过长时间的适应已经习惯和熟悉了的生活方式，都是限制他挣脱的要素，也就是德勒兹哲学视域下的再辖域化要素。在这些纠结和矛盾中主体要做出艰难的抉择，这一切都需要很多时间。欲速则不达。

（三）枪打出头鸟

最落后的解辖域化以最彻底的解辖域化为再辖域化对象。[31] 这就是说因为诸多解辖域化运动过程的强度不同，使得这些解辖域化的效果参差不齐。最落后的总要以最先进的为目标。但德勒兹所理解的显然不是最落后的要向最先进的效仿和学习。以富者的富为镜才能照出穷者的穷。尽管不是富者的富直接导致了穷者的穷，但在财富总量固定不变的前提下，富者得到的越多穷者得到的越少。同样，在一片树林中的虫子有限的情况下，先飞至树林的鸟会独自享用更好的美餐。其他鸟的目标就会是阻止先飞鸟独霸鸟林。在所有动物中，人类的解辖域化最为彻底。这致使所有其他动物都"遭了殃"。所以，不难理解最落后的解辖域化主体的感受。德勒兹哲学鼓励彻底的解辖域化，鼓励先驱创造差异，以抵制世界不断走向趋同的现象。

[29]　同 [7]，第 174 页.

[30]　同 [7]，第 174 页.

[31]　同 [7]，第 174 页.

（四）辖域总相异

在一个看不见又无处不在的因经济结构和权力结构变化而引发一系列与其相适应的社会组织结构出现的抽象概念[32]——"脸面性机器"（machine of faciality）的作用下，主体的一切几乎都已经被脸面化了，所以解辖域化过程中主体要按照理智顺序做出合理的选择。[33]"脸"（face）是由"白墙"（white wall）与"黑洞"（black hole）构成。白墙之上的冗赘（redundancies），即集体或集团意志取代了个人意志，导致了白墙之上千人一面。解辖域化就是主体要从白墙所紧锁的黑洞之中挣脱出来，实现线化白墙的过程，找到逃逸线（line of flight）。一定社会的脸面性机器只有一个，但是却有千千万万的"脸"，更有数不清的"脸员"。解辖域化这要结合自己的实际做出合理的选择。每一个体的差异不同，也要选择不同的解辖域化逃逸线。

（五）二量不两立

解辖域化具有二重性。在解辖域化过程中同时存在两个变量——主变量和次变量。解辖域化过程也是两个变量同时"生成"（becoming）的过程。"生成"过程中两个变量不是彼此互换了位置。它们完全不同，彼此间也存在不对称性。[34]德勒兹哲学视域下的"生成"就是生产精神上的差异，在精神意义上主体把自己想象为他者，形成纯粹意义上的移情。[35]通过生成植物，生成动物，生成女人，生成不可知，主体从起初弱势地位的不对称，渐渐聚集力量，不断增加强度，此长彼消，由次变量上升为主变量，实现了优势地位的不对称性。相应地，原来的再辖域化变量就会黔驴技穷无计可施，对解辖域化变量无可奈何，任其振翅高飞，望其项背。

（六）二力总对立

尽管从某一特定时间点或某一特定角度看，解辖域化的不对称性的二元对立中的两个元彼此互换位置，我们还是可以认定它们是两个力——去力和留力。总是最

---

[32]　同[7]，第175页.

[33]　同[7]，第175页.

[34]　同[7]，第306页.

[35]　同[26]，第68页.

小的留力引发最强的解辖域化的去力。[36] 也就是说，在同一社会背景下，相比之下，哪家工作单位的待遇最差，这一单位工作人员跳槽的动力就最大。各种福利待遇和工作条件的总和是一个单位的留力，留力越大，在这家单位的工作人员的去力就越小。同样，一个国家的公民社会福利越高，向国外移民的就越少。反之亦然。

（七）去留两相异

解辖域化去力有相对合理的理由，其留力也自有其相对合理的道理。[37] 落花有意流水无情。去者有去者的道理，留者有留者的理由，这都是相对而言。去也不总对，留也不总错。离开一个组织机构，对于某一个体来说，是解辖域化过程。但因为解辖域化有正也有负，这一个体既可能上天，也可能入地。抛弃一份无忧无虑工作之后的某一个人，可能很快成为亿万富翁，也可能成为穷光蛋。因为解辖域化的那一刻，一切又回到了原点。然而，正如哲学先置自己于无家可归的境地，才可能四海为家那样，德勒兹哲学鼓励解辖域化，鼓励借此创造差异来遏制这个世界不断走向趋同的态势。

（八）速力各相异

每一个解辖域化的去力、留力以及去速都与其他的解辖域化有本质的不同。[38] 婴儿对母乳喂养的解辖域化，随着婴儿一天天长大而逐渐完成。婴儿生长规律是去力，母亲对孩子成长的关爱是留力。断奶越早速度越快。然而，现实生活中的"啃老族"甚至一辈子也难以"断奶"。一些人对父母的依赖一直持续到前者的过世。有些人在单位最红火时期就已经跳槽，还有一些人在单位开始出现经济不景气时开始寻找新的出路，更多人则在单位倒闭后开始自谋生路，但是也有一小部分人等吃社会救济。

解辖域化的八条定律从解辖域化的本质属性、特征、要素、去力、留力、速度等方面，从它与"脸面性机器"和"生成"等精神分裂分析的其他方法之间的关系等几个角度，详细地对解辖域化进行了质和量的规定。这对我们理清解辖域化提供了保证。

---

[36]　同 [7]，第 306-307 页．

[37]　同 [7]，第 306 页．

[38]　同 [7]，第 307 页．

五、解辖域化的意义

（一）理论意义

精神分裂分析是革命的唯物主义精神分析。它是对精神分析的批判，以弗洛伊德的俄狄浦斯情结作为主要批判目标。它继承了马克思主义理论，从社会和历史角度解释认知和行为；吸收了弗洛伊德尤其是拉康的思想，在对社会结构和社会发展的解释中融入了利比多和符号学因素；借鉴了尼采对虚无主义和禁欲主义的批判。精神分裂分析的最终目标是要创造希望，让生产力的发展超越资本界限，让权力意志的扩张超越虚无主义的界限，给人更大的自由，摆脱无休止的奴役。具体说就是，在现有条件下，通过"少数派"，找到"逃逸线路"，跨过"白墙"，冲出"黑洞"，形成"无器官身体"，实现"解辖域化"，用"块茎化"方式，连接"欲望机器"，释放"欲望流"。"解辖域化"是精神分裂分析理论体系的重要支柱。它和其他概念一起构成了精神分裂分析的理论体系。德勒兹和伽塔里从全新的视角重新审视大地间万物从简单到复杂，从低级向高级不断发展变化的过程，重新诠释了自然和社会发展的一般规律，具有重大的理论意义。

（二）社会意义

世间道路千万条，条条大路通罗马，何必一条道跑到黑？人间思路千万个，谁知哪个最适合？行不通，想不通，要变通。退一步才能海阔天空。很多时候退也是进。在日新月异变化万千的今日大世界，具有高度的适应性、灵活性和应变性，才能立于生存的不败之地。变则通，通则立。当外部环境发生变化时，主体选择更加明智的办法逃逸，找到一条最为适合自己的逃逸线，不失为妙计。这也正是"三十六计"中的"走为上"。通过一次次的生成，生成少数派，生成植物，生成动物，生成不可知，生成私密，经过一条条的逃逸线路，主体在解辖域化中无限接近最完善状态。在移动中创造，在创造中移动。主体开拓并改造新环境，自身也得到了改造。通过解辖域化，不断发掘自身的潜能。每一个个体可以从中最大限度感觉"天生我材必有用"，将自我价值融入社会价值中。用不断变换的镜像审视自我，认识自我，发掘自我，改造自我。从而，在改造客观世界的同时改造主观世界。解辖域化运动指导人们更加自觉地进行改造客观世界和主观世界的实践，在社会生活实践中具有十分重要的意义。

（三）文学意义

哲学是思维的科学。以哲学为基础的精神分裂分析无疑为文学批评拓宽了视野。文学艺术本身和音乐艺术以及绘画艺术一样，是解辖域化的结果。它是对原始岩画和文字的解辖域化。文本解读过程是读者从文本中汲取革命力量的过程[39]。以《哈克·贝瑞芬历险记》的解读为例：马克·吐温成功地塑造了哈克这个人物形象。在与吉姆沿密西西比河顺流而下的逃逸途中，每次逃逸线受阻，聪明睿智的哈克都能成功地与其他逃逸线连接，继续前行。他们组成了一个多样性聚合体，连接了不受阻碍的逃逸线路。他们成功地改造了社会环境，也使自身得到了改造。最终黑人奴隶吉姆获得了身体自由。哈克，通过一次次的解辖域化运动，自身也得到了脱胎换骨的变化。

六、结语

接受一个崭新的哲学概念如同推开一扇大门，新鲜的空气沁透着我们澎湃的心扉；如同敞开一片蓝天，蔚蓝的天空煽动着我们理想的翅膀，如同驶入一汪浩瀚的海洋，汹涌的波涛拨动着我们奋进的心弦。"解辖域化"就是这扇大门，这片蓝天，这汪大海。

第二节　解辖域化在文学批评中的应用

一、德勒兹的解辖域化与杰克·伦敦的《野性的呼唤》

（一）引言

《野性的呼唤》是杰克·伦敦重要的代表作之一。它主要讲述的是一只强壮聪明的狗巴克从人类文明社会回到荒野的故事。根据联合国教科文组织发表的调查，

---

[39]　同 [6]，第 106 页 .

杰克·伦敦是其作品在整个欧洲被翻译最多的美国作家之一。而《野性的呼唤》又居其 50 部作品之首。《野性的呼唤》已被译成 80 多种不同的文字，在中国也有 30 多种译本。足以见得，《野性的呼唤》是美国文学史中最有资格被称作世界名著的作品之一。足见《野性的呼唤》的分量之重。[40]

美国著名诗人卡尔·桑德伯格十分有力地指出《野性的呼唤》是一部有史以来最伟大的狗的故事，同时也是对人类灵魂最深处那奇异而又捉摸不定的动机的探讨。张加生认为《野性的呼唤》探讨环境伦理思想在人与人、人与动物、人与自然关系道德关怀的拓展过程，同时阐释作品中共通的人类中心主义批判与荒野回归的环境伦理思想内涵。[41]孙先洪认为，巴克回归荒野不是一次蜕变，而是一种在经历了磨难之后的大彻大悟，是真正的自我实现。[42]寻阳认为，《野性的呼唤》是对世界和人类命运浸满终极关怀的深沉思考和热烈表达。在杰克·伦敦看来，文明就是一种特殊的野蛮，野蛮则是另一种形式的文明。小说对狼的由衷赞美深刻地反映出作者对所处时代人类文明的疑虑和人生存境遇的关注。呼唤狼，怀念狼，都是在呼唤与怀念健康强健的人的生命力和他们理想中的人类文明。[43]颜娟霞从三个方面即被驯化的狗、被排斥的异类、回归野性的狼来探讨巴克的狼性归宿，最终对作品传达出的人与自然的关系和人的归宿等问题做了初步探索。[44]阿德尔·塔伊尔运用荣格的集体无意识学说对"野性的呼唤"进行心理分析，认为主人公巴克是在其自性的引导下，经过艰难的个性化过程，从其有意识的自藐中解脱出来并达到自我实现的。[45]常润芳把野性对巴克的呼唤与美国社会的现实生活联系了起来，认为随着生存环境的不断变迁，巴克最终却变成了一个任意杀戮、残忍无比的野兽。这是野性对巴克产生的强烈呼唤，也是美国社会现实生活的真实写照：崇尚暴力，弱肉强食，适者

[40] 李爱群.现实主义、自然主义和浪漫主义相融合的巅峰之作——《野性的呼唤》[J].浅析时代文学，2011（8）.

[41] 张加生.《野性的呼唤》与《狼图腾》的环境伦理解读[J].外语研究，2013（3）：87-91.

[42] 孙先洪.返璞归真回归自然——重读杰克·伦敦《野性的呼唤》有感[J].时代文学，2009（12）：83.

[43] 寻阳.杰克·伦敦小说创作中的"狼"情结[J].齐鲁学刊，2007（4）：105-106.

[44] 颜娟霞.论《野性的呼唤》中巴克的狼性归宿[J].时代文学，2011（8）：145-146.

[45] 阿德尔·塔伊尔.荣格的集体无意识学说与杰克·伦敦的《野性的呼唤》[J].河南师范大学学报，2000（2）：66-69.

生存，竞争普遍存在。[46]光峰、张辉辉则认为，杰克·伦敦批判了根深蒂固的人类中心主义思想，间接地肯定了动物的理性、目的性和主体性，从而为人们对动物权利的认知、合理对待动物提供了影响深远的范式。认为动物除了工具价值还有不受外在影响的内在价值，理应受到人们的尊重与保护。[47]

综上所述，国内外研究者对《野性的呼唤》的研究成果丰富，研究仍未止步，还在进一步深入。但是，后现代主义中后结构主义的研究成果还不多，尚未有学者利用德勒兹和伽塔里精神分裂分析学理论对该作品进行解读。本文运用精神分裂分析学中的"解辖域化"解读《野性的呼唤》。

（二）德勒兹的"解辖域化"

"解辖域化"是精神分裂分析学的最重要的组成部分之一。精神分裂分析是革命的唯物主义精神分析，它以弗洛伊德的俄狄浦斯情结作为主要目标，对精神分析进行批判。从社会无意识中的欲望流动透视社会意识和个体心理，这种新的透视法有助于揭示出个体心理中欲望的受压抑性和颠覆性，体现文学的功能性。精神分裂分析继承了马克思主义理论，从社会和历史角度解释认知和行为；吸收了弗洛伊德尤其是拉康的思想，在对社会结构和社会发展的解释中融入了利比多和符号学因素；借鉴了尼采对虚无主义和禁欲主义的批判，创造希望和可能，让生产力的发展超越资本界限，让权力意志的扩张超越虚无主义的界限，给人更大自由，摆脱无休止的奴役。[48]精神分裂分析学有其巨大的文学批评价值。德勒兹和伽塔里边分析文学作品边对精神分裂分析学进行阐释。在《千座高原》中他们使用来大量的文学案例来阐释它的哲学内涵。

德勒兹和伽塔里对"解辖域化"（deterritorialization）进行了系统的描述。在《反

[46]　常润芳.从野性对巴克的呼唤解读美国社会的现实生活[J].河南师范大学学报，2007（7）：140-142.

[47]　光峰，张辉辉.杰克·伦敦小说中的动物权利探究——以《野性的呼唤》《白牙》《褐狼》为例[J].湖北社会科学，2012（12）：134-136.

[48]　Parr，Adrian. The Deleuze Dictionary[M]. Scotland：Edinburgh University Press，2005：236.

俄狄浦斯》中，他们认为解辖域化是正在拓开的未知疆域。[49] 在《卡夫卡：走向少数文学》中，他们把解辖域化看作是一条主体借以逃逸并彻底摆脱过去的线路。[50] 在《千座高原》中，他们把解辖域化理解为主体向未知疆域的不断开拓。[51] 在最后的合著《什么是哲学》中，他们进一步认为解辖域化可以是身体上的（physical），也可以是心理上的（mental），或精神上的（spiritual）。[52] 至此，他们的解辖域化的科学概念最终得以完善。

概括起来，解辖域化就是生产变化的变动……作为一条逃逸线路的解辖域化，所显现的是主体的创造潜能。[53] 通过逃逸，主体离开旧有环境进入新领域，通过创造出新的环境发掘出自身的潜能。解辖域化既是一个创造过程也是一个发现过程，主体以新环境为镜像照出一个全新的自我。

（三）《野性的呼唤》主角巴克的解辖域化过程分析

巴克从住在美国南方的米勒法官家被一名嗜赌如命的园丁助手曼纽埃尔于1897年秋天以50美元的价格卖给狗贩子。后来经过几次倒手，辗转几千英里，来到了阿拉斯加，经过无穷无尽的折磨和3000英里的雪橇苦役，最后在野性的呼唤下回到了大森林的狼群中，实现了从狗到狼的蜕变。这种因地理位置的变化而产生的物质和精神的变化就是德勒兹和伽塔里哲学体系精神分裂分析学中的解辖域化。应该说是文明社会的野蛮诱使已经文明化的野蛮弃文明回归野蛮。这种回归是抵挡不住的诱惑和抑制不住的渴望。这种回归的过程是通过一系列的解辖域化而完成的。

解辖域化进程遵循着这样一条循环线路。首先是物质或身体体上的，物质变化会相应带来精神上或思想上的变化，精神上的变化又反过来进一步促进物质上或精神上的新变化。公式化概括起来就是物质—精神—物质—精神……

[49]　Deleuze，Gilles & Félix Guattari. Anti-Oedipus：Capitalism and Schizophrenia[M]. Trans. Robert Hurley，Mark Seem，Helen Ro Lane. London：Continuum，1983：322.

[50]　Gilles Deleuze & Felix Guattari. Kafka：Toward a Minor Literature[M]. Trans. Dana Polan. London：University of Minnesota Press，1986:86.

[51]　Gilles Deleuze & Felix Guattari. A Thousand Plateaus[M]. Trans. Brian Massumi. London：University of Minnesota Press，1987:88.

[52]　Gilles Deleuze & Felix Guattari. What is Philosophy?[M]. Trans. Hugh Tomlinson and Graham Burchell. New Yok：Columbia University Press. 1994:68.

[53]　同 [48]，第 67 页.

1. 巴克的物质解辖域化

所谓物质解辖域化，是在地理上或在空间上的移动所产生的物质上的变化，包括主体离开某一特定的生活或工作环境，到一个新的环境，这个新的环境给主体带来的物质变化。这些时间、空间和环境的改变都有可能给主体带来重大的物质变化，这些物质变化统称为物质解辖域化。

生活环境的改变使巴克改掉了许多原来不良的习惯，并养成了很多新的习惯。"巴克很快改掉了以前生活里养成的挑三拣四的毛病……为了补救，它从此和它们吃得一样快；而且即使它受到如此大的饥饿感的压迫，它也没有去吃不属于自己的东西。它观察着，学习着。它看见新狗派克，一个聪明的装病者和窃贼，在波洛特狡猾地偷走了一片熏肉。于是第二天巴克也这么干，它侥幸成功地偷走了整个块肉。"[54]它不断地适应环境，驾驭环境，离开环境，然后再来到新的环境。

新的环境激发了巴克争强好胜的本性。"对领导地位的争夺是不可避免的了。巴克渴望拥有领导地位。他的这种渴望完全出于一种本能，它被那种无法言说，难以理解的可以套上挽具在雪地里驰骋的自豪感牢牢吸引住了。正是这种自豪感支撑着狗队在最艰苦的路途坚持到最后；正是这种自豪感诱惑着它们宁愿死在挽具下，而如果解下了它们的挽具，它们会悲痛欲绝。这种自豪感让压阵狗戴夫为之振奋，让橇前狗索尔莱克斯为之鼓舞；这种自豪感在营地遭受入侵时形成了凝聚力，这种自豪感使得这些性情乖戾的野兽变得机灵警觉、积极进取、野心勃勃；这种自豪感白天激励它们一刻不停地奔跑，晚上又让它们辗转难眠……同样地，这种自豪感使得斯佩茨担心巴克有一天会取代它成为领头狗。当然，这也是巴克的自豪感。"[55]很快它找到机会利用自己的想象力和智慧，还有它的体力，打败了斯佩茨，成为狗队的领袖。但它只会比斯佩茨表现得更加优秀，不让主人也不让听自己调遣的队友们失望。"尽管赶狗人之前对巴克的评价很高，认为它是魔鬼的魔鬼，但很快就发现，他还是低估巴克了。很快，它就很好地担当了领导的角色。在需要快速思考和行为敏捷的时候，它比斯佩茨表现得还要高明。弗兰克斯也从来没有见过一只可以与它

---

[54] 杰克·伦敦.杰克·伦敦小说选：野性的呼唤·海狼[M].盛世教育西方名著翻译委员会，译，上海：上海世界图书出版公司，2010.

[55] 同[54]，第40-41页.

匹配的狗。"[56] 榜样的力量是无穷的,它既要带好整个团队,同时还要为队友们做出良好的表率。

解辖域化过程使巴克变得异常强大。"它有狼的野性的狡猾,又有牧羊犬和圣伯纳犬的智慧,再加上它在野蛮凶残的生存学校里所获得的实战经验,使得它成了荒野中不可战胜的动物。作为靠肉来生存的动物,它现在正处于生命的巅峰,精力旺盛,年富力强。"[57] 它利用自己聪明的头脑和丰富的想象力杀死了身高有 6 英尺的驼鹿群首领——一头巨大的公驼鹿。它还三次机智勇敢地救了主人约翰·桑顿的命。这使它的大名传遍了整个阿拉斯加州。它还拉着 1000 磅重物前行了 100 码,拖着本该由 10 只狗才能托得动的重物,帮助约翰·桑顿赢了一场赌局,只用了 5 分钟时间就为主人赢得 1600 美元。为此在场围观的人群中有人愿意出价 1200 美元来购买巴克。这是它最初被卖给狗贩时价格的 24 倍。但无论多么高的价格约翰·桑顿都不会出卖巴克的,因为它是无价之宝。这就是解辖域化给巴克带来的价值。

然而,巴克登峰造极的表演还没有被真正地呼唤出来。它回应野性呼唤去森林旅行,但是对约翰·桑顿的深情厚谊使它又回到了文明社会中来。当它回来时得知主人已经被伊哈特人杀死,它生命中最后一次让盛怒代替了狡诈和理性,对约翰·桑顿的爱让它失去了理性。它像一阵狂暴的飓风一样向他们席卷而去,要将他们毁灭,将他们撕碎。巴克首先扑向印第安人的首领,撕开了他的喉咙,使他的喉咙管像泉涌一样向外喷血。接下来它又一跃而起撕开了第二个人的喉咙。没人能抓住它。它冲进这些人的中间撕咬着,抓扯着,毁灭着。"巴克真的成了魔鬼的化身,它对他们穷追不舍,就像对待跑过树林的麋鹿一样把他们从树丛里托拉出来。这是伊哈特人灾难性的一天。"[58] 直到一周后侥幸逃脱者才在低谷中聚集,计算他们的损失。巴克"有生以来第一次如此强烈地感受到对自己深深的自豪和骄傲。它杀了人,这所有猎物中最高级的一种,而且它还是面对棒子和牙齿法则杀死了他们。"[59]

巴克的自豪和骄傲是对文明社会的巨大讽刺,因为是文明世界的野蛮让已经被文明驯化的野蛮用野蛮的手段来报复文明社会。棒子和牙齿法则之下压榨出来的文明实际上是换了个名字的野蛮。巴克的解辖域化过程为这种换了名字的野蛮正了名,

---

[56] 同 [54],第 54 页.

[57] 同 [54],第 115 页.

[58] 同 [54],第 123 页.

[59] 同 [54],第 124 页.

使其恢复了本来的面目。

这些由于地理位置所发生的改变给巴克身体上带来的一系列重大变化为它回到大自然，回到狼群中，既回应大自然野性的呼唤，也回应自身天生野性的呼唤，做好了充分的物质准备。这使它有足够好的身体素质，使它在弱肉强食的狼群中独占鳌头，独领风骚。

2. 巴克的精神解辖域化

在德勒兹的哲学词典中精神解辖域化、思想解辖域化，或心理解辖域化实际上是同一个概念。所谓精神解辖域化是指由于物质上、身体上、空间，或者生活环境上的变化给主体带来的精神上、思想上或心理上的改变。

经过解辖域化过程，巴克练就了许多品质，各方面的精神素质都得到了巨大的提高。"巴克还有一种品质，可以创造出伟大的素质，那就是想象力。它靠本能作战，但它也利用头脑。"[60] 它就是凭借这种想象力，逐渐学会适应环境，学会和其他狗和平共处，学会讨主人的欢心。

长年的拉雪橇作业不仅没有使它厌恶这项工作，反而使它产生了强烈的使命感和高尚的奉献精神。巴克"惊讶地发现，整个狗队都因对这项工作的热切渴望而显得生机勃勃，因而它也感染了这份热切；更让它惊讶的是发生在戴夫和索尔莱克斯身上的变化。它们都被绳索改造成了新狗。消极被动和漠不关心已经从它们身上消失不见，它们变得机敏、活泼，焦急地想把活儿干好，对任何妨碍工作的耽搁和混乱都感到出奇的愤怒。这一路上的苦役和辛劳似乎都是它们存在的最高价值，它们生活的全部目的，以及它们唯一的欢乐"[61]。它从雪橇团队那里学到了团队精神、合作精神和奉献精神。巴克"坚持好好工作，并向戴夫和索尔莱克斯学习，以苦役为荣"[62]。它兢兢业业、坚持不懈地工作，即使断了一根肋骨也要坚持劳作，渐渐地养成了牺牲精神。当主人"把雪橇停下来，把它从队伍中拉出来，让紧挨着它的索尔莱克斯顶替它的空缺。赶狗人本意是让它休息一下，让它跟着雪橇轻松地跑。尽管它病了，但它还是很气愤把它从队伍中拉出来。它不停地咆哮着，看到索尔莱克斯被安排在了它劳役了这么久的位置上，它伤心地呜咽起来。因为这份挽具和雪

---

[60]　同 [54]，第 50 页.

[61]　同 [54]，第 25 页.

[62]　同 [54]，第 56-57 页.

道带来的骄傲是属于它的，哪怕他病得要死，它也不能忍受其他狗取代它应受的劳役"[63]。

当劳动已经变成一种习惯，当奉献已经变成一种追求，当牺牲变成一种美德，它已经成为杰克·伦敦自性的投影。此时作为超级狗的巴克俨然成了作者超人理想的化身。

它甚至练就出超级洞察力，能洞察到潜在的危险并加以回避。即使主人的棍棒像雨点般地重击在它身上，它仍然一动也不动。这时"它横下心来，就是不起来；它模糊地感觉到，末日就在眼前。这种想法一直很强烈地出现在它的脑海里。当它拉着雪橇上了河之后，这种感觉就一直在那儿。脚底下那薄薄的已融化了的冰似乎告诉它，灾难就在咫尺之间，就在主人逼着它去的地方。因此它拒绝站起来。它受的苦难太多、太深，以至于此刻慢慢感觉不到鞭打带来的痛苦了……这肉体似乎也不再是它的，而是属于遥远的地方"[64]。最后，实在不忍看下去的约翰·桑顿出面干预："如果你再打这条狗，我就杀了你。"巴克才幸免一死。可是，他们没走多远，三个主人连同他们的狗和雪橇们还有他们的一切家当都堕入了冰河。巴克生平第一次拒绝本职工作，却为此救了自己一命。也许它与大自然形成了天与狗的感应，它不能死去，因为它还没有回应野性的呼唤。

巴克的解辖域化过程为它找到了真爱。约翰·桑顿将他救下来后不久，"在无忧无虑的玩耍中，巴克渐渐地恢复了健康，获得了新生。它有生以来第一次感受到了爱，真正的充满激情的爱……爱，热烈的燃烧的爱，那种崇拜、那种疯狂是约翰·桑顿点燃的"[65]。不仅如此，"这个男人救了它的命，这是它永不会忘记的；但更重要的是，他才是理想的主人。别人照看狗一般出于责任或是考虑到经济利益；他把狗看成是自己的孩子一样关心它们，他必须要好好对它们，不是为了什么目的，而是非要这样不可"[66]。巴克第一次在它和主人之间建立起人畜平等的关系。狗的权利第一次得到了平等的尊重。桑顿对它也有极高的评价："上帝呀！你除了不会说话之外什么都懂啊！"[67]它们之间的爱达到了一种特有的默契："有时候它专心的

[63] 同 [54]，第 61 页．
[64] 同 [54]，第 83 页．
[65] 同 [54]，第 87 页．
[66] 同 [54]，第 123 页．
[67] 同 [54]，第 123 页．

凝视会让主人回过头来，同样回报以深情的凝视。此时无声胜有声，他们对彼此深厚的爱都从眼神里传达了出来。"[68]

就是这种爱将沉睡在巴克本性最深处的原始野性呼唤出来，使之出类拔萃。这促使它完成蜕变，完成了自我价值的最高实现。"有一种狂喜意味着达到了生命的极致，没有这种狂喜生命也得不到升华。而这正是生命的矛盾之处，这种狂喜只有最富生命力的时候才会产生。有了这种生命的狂喜，我们甚至忘了自己的存在。"[69]解辖域化过程让巴克感受到了这种狂喜，让它的生命得到了升华，使它成为超级狗，这种狂喜使它甚至忘掉了自己。此时的巴克正是杰克·伦敦超人理想的投影。它具有大地、海洋、闪电那样的气势和风格。

这些由于地理位置的变化给巴克精神上所带来的变化为它回应野性的呼唤，实现从狗到狼的蜕变做好了精神准备。如果说物质方面的解辖域化为巴克准备好了硬件，那么精神方面的解辖域化就为它置备齐了软件。这只超级狗就要飞了。

（四）结语

"它对约翰·桑顿深沉的爱，似乎受了温柔的人类文明的影响。但是它在北极地区被唤起的原始血性仍然存在着，并且还很活跃。产生于火和住宅的忠诚与奉献精神在它身上有体现，但仍然保留着它自身的野性和狡猾。"[70]对约翰·桑顿的爱是回归大自然之前唯一的纠结。经过解辖域化过程，巴克已经完全看透了文明社会。"它从大棒和牙齿法则那里学到了很多……它知道，没有中间路线线可以走，要么支配别人，要么被别人支配……杀死敌人或被敌人杀死。吃或被吃，这就是生存法则；而巴克愿意遵守这来自历史深处的法则。"[71]所以，主人死后，为主人报了仇，了却了最后的心愿，割断最后对文明社会的牵挂，巴克回归了自然，回应了野性的呼唤，回到狼群中。身体上的解辖域化，使巴克变得无比强大，成为超级狗，这为它回应野性的呼唤打下了坚实的物质基础。精神上的解辖域化使它把奉献和牺牲看成了习惯，这为它回应野性的呼唤做好了充分的精神准备。

---

[68] 同 [54]，第 88 页．
[69] 同 [54]，第 46 页．
[70] 同 [54]，第 89 页．
[71] 同 [54]，第 90 页．

二、《白鲸》的解辖域化解读

（一）引言

《白鲸》是由 19 世纪美国浪漫主义代表的作家梅尔维尔创作的海上悲剧传奇小说。故事讲述了"披谷德号"捕鲸船船长埃哈伯因被一条头名为莫比·迪克的白鲸咬掉了一条腿而誓死疯狂复仇，最终导致了"披谷德号"捕鲸船上除了小说的叙述者以实玛利外的其他所有船员和白鲸的同归于尽。许多文学批评者从许多角度审视和研究了这部作品。他们有的，如邹渝刚等从生态角度 [72]，曹琳等从伦理学角度 [73]，孙筱珍等从宗教角度 [74] 对《白鲸》进行了透视；有的，如肖谊等抓住了小说的浪漫主义色彩 [75]，容新芳和李晓宁等抓住了小说的悲剧色彩 [76] 对《白鲸》进行解析；还有的，如周文革和刘平等从作品的词语意义 [77]，何海伦等从作品的象征意义 [78] 对故事进行解读。纵观大多数研究成果，从精神分裂分析角度来研读该作品的研究还鲜有涉及。法国后现代主义哲学家德勒兹和伽德里的哲学中关于"解辖域化"的思想可以为我们换一个角度解读《白鲸》。

法国后现代主义哲学家德勒兹和伽德里在不同时期对"解辖域化"（deterritorialization）进行不同的描述。在《反俄狄浦斯》中，他们认为解辖域化是正在拓开的未知疆域。[79] 在《卡夫卡：走向少数文学》中，他们认为解辖域化是主

---

[72] 周渝刚.《白鲸》的生态解读 [J]. 山东大学学报，2006（1）：98-102.

[73] 曹琳.《白鲸》中的伦理思想冲突 [J]. 辽宁大学学报（哲学社会科学版），2003（2）：24-27.

[74] 孙筱珍.《白鲸》的宗教意义透视 [J]. 外国文学研究，2003（4）：24-27.

[75] 肖谊. 超越浪漫主义的史诗——简论《白鲸》的现代性 [J]. 四川外语学院学报，2004（5）：61-64.

[76] 容新芳，李晓宁. 从人生·悲剧·启示——论《白鲸》中的死亡象征 [J]. 四川外语学院学报，2004（2）：25-29.

[77] 周文革，刘平. 从《白鲸》中译本看词义、形象和情理选择 [J]. 湖南科技大学学报，2009（3）：104-106.

[78] 何海伦.《白鲸》的象征意蕴探源 [J]. 华南师范大学学报，2000（2）：59-64.

[79] Deleuze，Gilles & Félix Guattari. Anti-Oedipus：Capitalism and Schizophrenia[M]. Trans. Robert Hurley，Mark Seem，and Helen Ro Lane. London：Continuum，1983：322.

体借以逃逸并彻底与过去脱节的一条逃逸线路。[80] 在《千座高原》中，他们认为解辖域化是主体向未知疆域的不断开拓。[81] 在最后的合著《什么是哲学》中，他们认为解辖域化可以是身体上的（physical），也可以是心理上的（mental），或精神上的（spiritual）。[82] 这就是说，解辖域化既可以是地理位置的变化，也可以是心理状态的改变，既可以是物质的变化，也可以是精神的改变。至此，他们的解辖域化的科学概念最终得以完善。

概括起来，解辖域化就是生产变化的变动……作为一条逃逸线路的解辖域化，所显现的是聚合体的创造潜能。[83] 通过逃逸，聚合体离开旧有环境进入全新领域，通过创造出新的环境发掘出自身的潜能。解辖域化既是一个创造过程也是一个发现过程。聚合体以新环境为镜像照出一个全新的自我。解辖域化是把主体从限制其加入新的组织机构的各种固定关系中挣脱出来的过程 [84]，是聚合体为摆脱某种限制、压抑和桎梏，主动的挣脱行为。它从来都不是外在力量强加给主体的行为。

（二）埃哈伯行为的解辖域化属性

埃哈伯向莫比·迪克的复仇行为属于解辖域化行为。解辖域化就是生产变化的变动。致残前后的埃哈伯判若两人。被莫比·迪克咬掉一条腿之后，"回来路上他成了胡言乱语的疯子……而在昏迷状态中这种蛮力更是变本加厉……三个副手不得不用绳子把他紧紧绑住" [85]。他完全进入了癫狂状态。然而，"他尽管脸色苍白，却保持了坚毅沉着的外表，再一次镇定自若地发号施令" [86]。埃哈伯变得有些让其下属看不懂。"人的疯狂往往是一种狡诈而极其阴险的毛病。有时你以为它已经远走高飞，其实它也许只是摇身一变，成为一种更加不易辨认的形态。埃哈伯的十足

---

[80]　同 [8]，第 86 页 .

[81]　Deleuze，Gilles & Félix Guattari. A Thousand Plateaus：Capitalism and Schizophrenia[M]. London：University of Minnesota Press，1987：88.

[82]　Deleuze，Gilles & Félix Guattari. What is Philosophy?[M]. Trans. Hugh Tomlinson and Graham Burchell. New Yok：Columbia University Press. 1994：68.

[83]　同上，第 67 页 .

[84]　同上，第 67 页 .

[85]　赫尔曼·梅尔维尔 . 白鲸 [M]. 成时，译 . 北京：人民文学出版社，2011：208.

[86]　同 [85]，第 208 页 .

的疯狂并没有消退，而是收敛得越来越深。"[87] 这种癫狂转换成了复仇的欲望，从此他发生了天翻地覆的变化。在这个欲望的推动下，他踏上了复仇之路，开始了他的解辖域化过程。

这条复仇之路也是一条与过去彻底决裂的逃逸线路。这一逃逸线路分为两部分，即追捕莫比·迪克的航海线路和埃哈伯一系列心理变化的心灵逃逸线。前条线经由四大洋，航行几万里。后一条线他经受了一系列的心灵煎熬。

这条复仇之路同时也通向正在拓开的未知疆域。正如埃哈伯自己所说的那样："对我来说白鲸就是那堵墙壁。"[88] 墙的后边的一切都是未知的。他捕获莫比·迪克是为了通往未知的世界。对于他自己和莫比·迪克的最终对决，埃哈伯自己心里是没有底数的。埃哈伯对自己的胜算也是未知的。在最后一章埃哈伯最后出征的时候他和大副斯塔伯克的对话中我们可以得知"有些船开出它们的港口以后就再也回不来了，斯塔伯克"。"这是实话，长官，顶顶叫人伤心的实话。""有些人在退潮中死了，有些人死在浅水里，有些人则死在白浪滔天的潮水中 —— 这会儿我觉得自己像汹涌升起的一排巨浪，斯塔伯克，我老了 —— 跟我握握手吧，好伙计。"[89] 埃哈伯知道自己此次出征凶多吉少。那是埃哈伯葬身大海的三天对斯塔伯克说："不，不！你留在船上，留在船上！我下去的时候你千万不可下去，让额头上打了烙印的埃哈伯去追莫比·迪克。你不该冒这个风险。不，不！我从你的眼神里看到了远在天边的家，就为了这，你也不能下去。"[90] 埃哈伯想自己慷慨赴死，让斯塔伯克带全船人员返回家乡南达科塔。所以，他绝对不知道他的一意孤行会最终连累了一船人。

那么，他为什么明知不可为而为之？为什么一定要将探寻未知世界进行到底？或者说他为什么不自己主动终止他的解辖域化过程呢？请看埃哈伯向全体水手说："杀死莫比·迪克！我们要不捕到莫比·迪克，宰了它，上帝便要猎捕我们大家！"[91] 他把杀死莫比·迪克看作是上帝交给他和全船人员的神圣使命。当大副恳请他调转船头回乡守着妻儿一享天伦之乐的时候，埃哈伯说："假使伟大的太阳不是自己在运转，而是天上一个跑腿的小厮，而是背后有某种看不见的力量使然；那么，我这

---

[87] 同 [85]，第 208 页.

[88] 同 [85]，第 187 页.

[89] 同 [85]，第 599 页.

[90] 同 [85]，第 575 页.

[91] 同 [85]，第 191 页.

一颗小小的心怎么能自己跳动呢；我这一颗小小的脑子怎么会自己思想呢；除非跳动的不是我的心，思想的不是我的脑子，活着的不是我这个人，而是上帝。"[92] 埃哈伯心中想的一定是：天生我才必有用，上帝要我捕白鲸。他是不会终止自己的解辖域化进程的。

（三）埃哈伯的解辖域化过程

解辖域化进程遵循着这样一条循环线路。首先是物质或身体体上的，物质变化会相应带来精神上或思想上的变化，精神上的变化又反过来进一步促进物质上或精神上的新变化。公式化概括起来就是物质—精神—物质—精神—物质……。需要详尽说明的是，物质和精神变化既可能是正向的也可能是负向的，或积极的和消极的。

1. 埃哈伯的物质解辖域化

所谓物质解辖域化，首先是在地理上或在空间上的移动所产生的物质上的变化，包括主体离开某一特定的生活或工作环境，到一个新的环境，这个新的环境给主体带来的物质变化。其次是身体上改变而带来的物质变化。这些时间、空间和环境的改变都有可能给主体带来重大的物质变化，这些物质变化统称为物质解辖域化。物质解辖域化分为积极的和消极的。

既然解辖域化是一个向未知疆域拓展的行为，在这一拓展中创造出了一个崭新世界，解辖域化是一个创造过程。小说《白鲸》的创作过程是作者梅尔维尔的创造过程。他通过塑造莫比·迪克这个海上巨无霸，再通过塑造一个敢于挑战它对手——埃哈伯船长，成功地塑造了这个海上悲剧传奇。

如果把埃哈伯船长的捕鲸生涯看作是他向未知疆域的不断拓展过程，那么白鲸莫比·迪克就是一堵墙，这堵墙挡住了埃哈伯向未知疆域开拓的道路。所以他的目标就是要推倒这堵墙，为自己走向未知的世界扫清障碍。"除非冲破墙壁，否则因犯如何才能到外面去？对我来说白鲸就是那堵墙壁……我看着它全身力大无穷。"[93] 埃哈伯想推倒这堵墙，知道墙的那边有什么。为实现这一理想所做出的一切努力都是他的解辖域化进程。这种想法就是他去疆域的原动力，而在解辖域化的进程中所遇到的各种挑战又在不断强化这种初动力。来自莫比·迪克的挑战，是埃哈伯的力

---

[92]　同 [85]，第 576 页 .

[93]　同 [85]，第 187 页 .

量源泉。所以，他年近花甲，仍骁勇善战。此次捕鲸航程中，第一次出船猎鲸，埃哈伯船长就身先士卒，他拖着一条鲸骨腿，亲自出征。他表现得十分勇敢，他赢得了水手们的一致好评，令他们赞不绝口。"谁能想到这呀，弗兰斯克！"二副斯德布对三副弗兰斯克大声说道，"我要是只有一条腿，你绝不会看见我在一艘艇子里……啊！他真是一个了不起的老头儿！"[94] 他简直就是一个当打之年的壮小伙子。再看追赶莫比·迪克的第一天，第一次对莫比·迪克发起的攻击严重受挫之后，"埃哈伯被拖进斯德布的艇子时，两眼充血，失去了视觉，脸上皱纹里结着雪白的盐花，他的体力由于长时间紧张过度，已告衰竭……像一个被象群践踏过的人，发出一声莫名其妙的仿佛来自远方的哀哭声，一种像是从谷底里传出来的凄惨的声音"[95]。不一会儿他就起来寻找自己的镖枪，又开始准备投入战斗。没人知道他这把年纪的人是哪里来的这股力量，他简直就是力壮如牛的大力士。就是那堵高高耸立在他面前的墙，那堵阻挡他去探寻未知世界的墙，或者用德勒兹的话说就是挡在埃哈伯解辖域化征程上的障碍物，给了他无穷的力量。"所以就这一个目的来说，埃哈伯远不是丧失了他的力量，而是现在有了比在他神志清醒时用来达到一个合理目标的力量高出一千倍的力量。"[96]

身体上的残缺不仅使埃哈伯的体力大增，他的工作精力也同样得到了巨大的增长。埃哈伯潜心研究航海图，他的研究使他得到巨大收获。"在不大熟悉这种大海怪的习性的人看来要在这个星球的没有遮拦的海洋上寻找出一头特定的鲸鱼，似乎是毫无希望、近乎可笑的事。可是在埃哈伯眼里，事情并非如此。他了解所有潮汐水流的组合，从而可以算出抹香鲸食物的动向；还可以回想起在某些纬度追猎它的有案可查的正常季节，由此得出合乎情理、几乎近于肯定的揣测：在哪一天到达这一个或那一个地点对追捕这一猎物最合时机。"[97] 有了埃哈伯这样的工作精力和劲头，最终找到莫比·迪克就只是一个时间的问题。苦心人天不负，他们最后终于追上了莫比·迪克。

很显然，身体上的负向变化，被莫比·蒂克咬掉了一条腿，给埃哈伯体力和精力上带来的正向的变化、积极的变化。他身体素质甚至比他几十年前青壮年时期还

---

[94] 同 [85]，第 254 页 .

[95] 同 [85]，第 583-584 页 .

[96] 同 [85]，第 209 页 .

[97] 同 [85]，第 223 页 .

要好。所以，埃哈伯物质解辖域化是积极的、正向的。

2. 埃哈伯的精神解辖域化

在德勒兹的哲学词典中精神解辖域化、思想解辖域化，或心理解辖域化实际上是同一个概念。所谓精神解辖域化是指由于物质上、身体上、空间，或者生活环境上的变化给主体带来的精神上、思想上或心理上的改变。精神解辖域化也分为两种，即积极的和消极的，或正向的和负向的。

埃哈伯在捕鲸作业中不小心被莫比·迪克要掉了一条腿，这属于物质上/身体上的反向变化，这种身体上的负解辖域化，为他带来的精神上的解辖域化是十分复杂的。大多数读者和文学批评者都认为他精神上的变化是负向的，消极的和反人道的。"自从这次差点送命的搏斗以来，埃哈伯对这头鲸怀下了一种疯狂的报复之心，对此很少有理由可以怀疑；到后来，他终于有一种丧失理性的病态心理，不仅把他的所有身体的伤残，而且把他的心智和精神上的愤怒情绪都算在它的账上，这样一来报复心就更加厉害了。白鲸成为偏执狂的所有那些恶毒力量的化身，有些深沉的人感觉到这种力量一直在腐蚀它们的内脏，直到他们最后只剩下半颗心半叶肺活着。"[98]埃哈伯被咬断腿之后，加上此前关于莫比·迪克伤人的事件的屡屡发生，人们"把莫比·迪克当作荒唐无稽的传说加以嘲笑，更糟也是更可恨的是把它看作是一个可憎可恶不能忍受的寓言"[99]。它是"一头特别白、出了名的、动不动要人命可又总逮不住（immortal，不死的）的恶鲸"[100]。人们甚至将它神话，认为它是神灵转世。"这白鲸非别，乃是震教上帝的化身"[101]。"因此在许多情况下它最终竟引起了这样的恐慌，以致在听到过白鲸的故事或至少是流言的人以及在猎鲸人中，极少有人甘愿冒和它的血盆大口遭遇的风险。"[102]绝大多数人，心知山有虎，绕开虎山行，知难而退，这不失为明智的选择，有所为有所不为。人知道自己能做什么很重要，知道自己不能做什么更重要。但是成长经历、生活经历和航海经历都和其他捕鲸手不一样的埃哈伯，被莫比·迪克咬掉一条腿之后，做出来与其他所有人相反的选择。

---

[98]　同 [85]，第 207 页 .

[99]　同 [85]，第 230 页 .

[100]　同 [85]，第 284 页 .

[101]　同 [85]，第 344 页 .

[102]　同 [85]，第 203 页 .

"埃哈伯并不像他们那样向蛇顶礼膜拜，而是精神错乱地把恶意这个观念化作那可恶的白鲸；他不惜以自己伤残之躯与白鲸为敌……它的滚烫的心便是一颗炮弹，他要用这个炮弹来轰它。"[103] 这里我们知道，身体上的变化，肢体的残缺，给埃哈伯带来了精神上的巨大变化。他调整了人生目标，他的生活和生命都从此被简单化了。他或者只有一个目的 —— 捕获莫比·迪克。

身体的残疾，也就是身体上的负解辖域化，不但没有使埃哈伯精神变得颓废，反而使他的意志变得无比的坚强。身体虽然残疾了，可是埃哈伯却从众多船长和更多的镖枪手中脱颖而出，鹤立鸡群。这是埃哈伯的奇迹、捕鲸业的奇迹，更是物质上的解辖域化给人精神所带来的奇迹，是梅尔维尔通过创作《白鲸》所创造出的奇迹。

（四）埃哈伯解辖域化的性质

解辖域化可以根据积极和消极的目的分为正向解辖域化，即正解辖域化或积极的解辖域化和负向的解辖域化或消极的解辖域化。既然解辖域化就是生产变化的变动，被莫比·迪克咬掉一条腿之后的埃哈伯近似疯狂的复仇行为就是解辖域化的行动。但其解辖域化的性质是较为复杂的。解辖域化还可以分为绝对解辖域化，即其过程没有被再疆域化的补偿抵消其解辖域化功效和相对解辖域化，即其过程被再疆域化抵消其解辖域化功效。

首先，捕鲸船出海目的是捕鲸并获取鲸鱼身上的鲸油。在当时捕鲸业是美国经济的重要支柱产业之一，在不考虑生态平衡的情况下，捕的鲸越多，捕获单个的鲸越大，捕鲸者对社会的贡献也就越大，受到社会的认可程度也就越高。莫比·迪克是海上最大的鲸，当然捕获它可以获得最大的经济效益。如果说埃哈伯的人生目标是捕获莫比·迪克，那他也是将个人目标和集体目标结合在了一起，通过实现集体目标来实现他的个人目的。这是一种把个人理想和集体目标结合在一起的捆绑行为。当人们将自己的理想与人类社会的发展方向和发展规律结合在一起，自己的欲望是社会欲望的一部分时，在达成自己的欲望之时，也为社会做出了贡献，为人类谋了福祉，这样的欲望是肯定的和积极的。通过实现集体目标来实现个人目标的行为应该被看作是积极的和正面的。

其次，作为一个有着四十年捕鲸经历的镖枪手要捕获莫比·迪克这个海上霸王，

---

[103]　同 [85]，第 207 页.

以此来作为自我价值的最高实现的标志，来证明自己的人生价值，这种行为是应该给予肯定的。这个理想应该是大多数镖枪手都会有的。对莫比·迪克的征服既可以为民除害，造福人民，也可以为捕鲸手赢得至高无上的荣誉，这是每位有远大抱负的捕鲸手的最为崇高的理想和不懈的追求。埃哈伯当然也不例外。攀登者的最高目标是征服最高最险的山峰，捕鲸手最高目标是捕获最大最凶猛的鲸也是不言而喻的。所以，心怀凌云壮志，一心想捕获莫比·迪克，并把它确立为人生最高目标。这样的追求对于捕鲸手来说是十分重要的。"有它心灵煎熬，没它生命枯槁。" [104] 五十年前奈桑·斯韦恩从日出到日落捕获十五头鲸的英雄事迹还仍然在镖枪手当中传诵着。[105] 他的那根长矛已经成为参观者的瞻仰品，供人们仰慕。但是，随着残酷的捕杀，鲸鱼数量的锐减，突破这个记录已经是天方夜谭。但如果有哪位镖枪手能捕获海上个头最大的也是伤人最多的鲸，那么他的故事也许会被传颂更长时间。这自然是令所有镖枪手垂涎欲滴的欲望。只是，绝大多数捕鲸手没有那么大的自信，更没有那么大的本领而已。这位拥有极强自信心、认为自己是水手中最强者的埃哈伯有着强烈的使命感。不难看出埃哈伯是梅尔维尔宣扬美国文化的代言人：我是最强者，重任交给我。勇承重载，以社会责任为己任是一种大无畏的牺牲精神。这是埃哈伯要穿越莫比·迪克这堵墙、实现解辖域化的动机，这一动机应该被看作是积极的和正面的。

再次，埃哈伯认为只有铲除莫比·迪克这个海上罪恶根源，消除诸多水手的内心恐惧之后，才会光荣引退，告老还乡。这是一件既为民除害，又为己复仇的英雄壮举。这个欲望与寻仇没有关系。如果一定要把寻仇和捕杀莫比·迪克联系在一起的话，那他寻的是千家万户之仇。莫比·迪克，这个海上霸权的象征，不知夺取了多少捕鲸手的生命，不知让多少年迈的老人膝下失子，不知将多少娇妻沦为寡妇，不知把多少乖巧孩童变成孤儿。在"披谷德号"航行中偶遇的同行中，不乏白鲸的受害者，其程度不比埃哈伯遭受的轻，有的没了胳膊，也有的丢了儿子，甚至还有一艘捕鲸船被莫比·迪克搅得散了伙，船长几乎成了光杆司令。偏颇的性格是埃哈伯的特征，别人不理会、不敢挑战的莫比·迪克，他就越要在这里大显身手。对手的强大会进一步激发他的斗志。埃哈伯把莫比·迪克当成了人生的最大对手，以消

---

[104]　Melville，Herman. Moby-Dick [M]. London：Wordsworth Editions，2002：155.

[105]　同 [85]，第 34 页 .

灭它作为人生的最高追求。对手是自己成长的推手。成就我们的强大和伟大的最重要因素虽然首先是我们自身的素质，但是将我们这种潜能淋漓尽致地调动出来的最重要因素就是来自我们对手的挑战和为迎接这一挑战的竞争。所以，莫比·迪克既是煎熬着埃哈伯的心病，也是他智慧和勇敢的源泉。因为莫比·迪克就是埃哈伯这匹海上骏马要追赶和超越的对手。埃哈伯的解辖域化过程是以赶超莫比·迪克，发掘自身的潜力为目的的。这样的解辖域化是积极和正向的。

再其次，埃哈伯并没有因为一味追求复仇，被复仇欲望所控制而薄情寡义，他很重情义。在最终发现莫比·迪克的前一天，埃哈伯船长的心情格外爽，他主动来找大副斯塔伯克述衷肠："我过了五十才有了一位年轻的姑娘做妻子，结婚第二天上船去霍恩角，我在新婚的枕上只留下了一次凹形，如今两人远隔重洋。那也是妻子？算是妻子？不如守活寡……我和她结婚，其实是让这可怜的姑娘守寡。"[106] 这些话虽然只是在他葬身大海的三天前才说，但却一直以来深藏心底。多年来，他因一直不愿意对不住女人，才迟迟不肯结婚。年过半百才入洞房，也是想尽快结束海上生活。这是埃哈伯发自内心的为作为丈夫不能陪在妻子身边而感到的愧疚和自责。这时，在他心中，女人不再是相夫教子，把门望夫。埃哈伯曾表达过他终生的两个夙愿——宰了莫比·迪克而且一定要死在它的后头。[107] 如果他有第三个人生夙愿的话，那一定是回到妻儿身边，一享天伦之乐，安度晚年。怎无奈，海上不安定，家里怎安宁？埃哈伯接着说："从你的眼里，我看到了我的妻子，我的孩子。"[108] 然后他反复叮咛斯塔伯克，让他千万留在船上，不要下去。他知道，他已经离莫比·迪克很近，此次下海凶多吉少。他很想自己去死，让他的大副把船和全船的水手安全带回去。这足以体现他重义的一面。明知不可为而为之的埃哈伯决意慷慨赴死，他要让斯塔伯克活下来。这样妻儿就可以在他的身上看到自己的影子。慷慨赴死之前，他心里装着的，也是想得最多的和最放心不下的是妻儿。女人在他生活中的位置仅次于复仇。再看，"借着压到他眉眼边帽子的掩护，埃哈伯让自己的一滴眼泪掉入海中。整个浩瀚无涯的太平洋也难以盛下这一颗如此珍贵的泪珠[109]"。从埃哈伯这滴掉入大海中的泪水中折射出他脆弱和温柔慈善的本性和他重情的一面。为了实现更高的理想，

---

[106]　同 [85]，第 574 页.

[107]　同 [104]，第 408 页.

[108]　同 [85]，第 575 页.

[109]　同 [85]，第 573 页.

埃哈伯不得不放下儿女情长。正如美国好莱坞影片《蜘蛛侠 I》男主人公结束语所说的话那样，能力越强者责任越大，责任大者私欲少。埃哈伯的解辖域化过程虽然历经了漫长的精神旅程，将自己的过去彻底抛向了脑后，一心追求他的理想，捕获莫比·迪克，但他仍保留着人间真情，深深地惦记着守望在乡的妻儿。最后出征前最惦记的还是他们。他的解辖域化是正向的、积极的。

最后，埃哈伯的解辖域化过程始于他的腿被莫比·迪克咬掉的那一刻，直至他葬身大海。在这整个解辖域化的过程中，在整个逃逸线上，埃哈伯率全船人员航行了大半个地球，历经几万公里。他的航海历程和精神历程同步进行。在整个过程中，全船人员没有受到任何形式的阻碍，埃哈伯本人也没有经历任何补偿性再疆域化（reterritorialization），即各种低效解辖域化功效的力量的总称。因为这是一场特殊的较量，从一开始就是埃哈伯一厢情愿的斗争。白鲸不可能通过某种引诱性手段诱劝埃哈伯放弃与它的敌对。所以，埃哈伯的解辖域化过程始终一往直前。因为这一解辖域化过程是以捕获莫比·迪克为目标的，它的死是此次解辖域化的目的地，故此，埃哈伯的解辖域化是绝对解辖域化。

概括起来，埃哈伯的解辖域化行为是积极的，是正向的，是绝对的。将埃哈伯理解为因个人寻私仇，疯狂对莫比·迪克进行报复，最终导致全船人员与白鲸同归于尽，这一观点是不完全正确的。客观上，他导致了全船人员与自己一同随莫比·迪克葬身海底。但是，白鲸的死还大海予太平。今后捕鲸船水手不会再继续诚惶诚恐，不会再战战兢兢地"半颗心半叶肺活着"了，不再有捕鲸手被莫·比迪克夺命，不再有年迈老人膝下失子，不再有娇妻沦为寡妇，不再有乖巧孩童变成孤儿。从这个意义上讲，埃哈伯的解辖域化行为也可以理解为以他和全体水手的牺牲为代价成就了他的英名和伟大。

（五）结语

埃哈伯最终以生命为代价征服了象征自然神秘力量的莫比·迪克。在他葬身海底的刹那间，他以生命为代价完成了自己的解辖域化过程。正如天使圣师托马斯·阿奎纳在他的代表作《神学大全》的第三卷第四十八章中所说的那样："人生最大快乐不在于对生命的追求。在满足对自然的征服之后，人不再有别的欲望。" [110] 埃哈伯杀死代表自然神秘力量的莫比·迪克之后，已经完成人生夙愿。也许在他葬身海底的瞬间，埃哈伯所感觉到的是一生最大的快乐。人通过身体上的不断解辖域化从自然中蜕变而来，又通过不断循环的物质—精神解辖域化回归了大自然，并在那里找到了永远的快乐。

[110]　Sigmund，Paul E. St. Thomas Aquinas on Politics and Ethics[M].New York：W. W. Norton & Company，1988.

第五章　无器官身体与文学批评

秉承"哲学的宗旨是创造概念"的德勒兹发明了许多哲理深奥的概念，其中最值得称道的是"无器官身体"。它指的不是身体没有器官。德勒兹和伽塔里要人们回到各种精神器官生长之前的原点。聚合体是各种迥然不同的要素的总和。斩断人体器官与需求间的闭合回路，瓦解聚合体，可以成就无器官身体。具体途径有块茎、生成、解辖域化和去除脸面性。无器官身体契合了后现代主义时期碎片化的时代特征，从人物的内部深入解构和剖析其精神世界的构成，探究人的内在精神空间与外部物质世界之间的关系。它是日趋均质化的世界人们追求异质性的一线曙光。

第一节　德勒兹哲学之无器官身体

一、引言

德勒兹和伽塔里在他们最后的合作代表作《什么是哲学？》开宗明义地宣称："哲学是建构、发明和编织新概念的艺术。"[1] 接下来他们更为大胆地肯定："哲学就是创造概念的科学。"[2] 这可谓对他们学术生涯的概括总结。一生都在致力于创造和发

---

[1] Deleuze，Gilles & Félix Guattari. What is Philosophy?[M]. Trans. Hugh Tomlinson and Graham Burchell. New Yok：Columbia University Press，1994：2.

[2] 同 [1]，第 5 页.

明新概念的他们创造出数不清的概念，为哲学发展做出了巨大的贡献，也为文学批评开辟了许多新的视角。其中"无器官身体"是他们最得意之作之一。

二、概念由来

了解什么是无器官身体，首先必须了解德勒兹哲学代表作品、在其博士论文基础之上形成的德勒兹哲学开山之作《差异与重复》。无器官身体是一个关于人类个体恰能开放场的概念。这个开放场在时间意义上只对纯洁的过去开放。无器官身体是在个性特异化的过程中产生的，它将差异作为个性单一化的决定性因素进行充分的展示。[3]

德勒兹和伽塔里最初从法国的安东尼雅图获得启示发明了他们的哲学概念"无器官身体"。雅图在 1947 年 11 月 28 日播出了广播剧《与上帝的裁决决裂》。这也是为什么在他们合作的代表作品《千座高原》中专门讲述"无器官身体"一章以"1947 年 11 月 28 日：如何使你自己成为无器官身体"为题。在雅图看来基督教教义用上帝的文本取代了人的思想，人的一切言行都须以上帝的文本作为唯一的标准。人只有与上帝的裁决决裂才能做回自己。马苏密赞同雅图的观点，认为"编码文本和释意"仍然操控着人体的所有思想，左右着人们的主体性还有社会变革。[4]正如尼采所言："我们不想摆脱上帝，但是我们更信仰语言法则。"[5]上帝参照自己影像，依照自己的教条，以其与人类的契约创造了没有性器官和消化器官的人。[6]由于某些超然力量的存在，人的思维方式和行为方式已经被完全公式化了。在德勒兹看来，文学创作过程就是逃逸过程，就是引领人们从被剥夺了行为能力和话语权的人间地狱逃脱。他在《谈话》中鲜明地提出了文学创作的最高目标——离开，出走，追寻一条线。[7]德勒兹

---

[3] Carrier，Ronald M. The Ontological Significance of Deleuze and Guattari's Concept of Body without Organs[J]. Journal of British Society for Phenomenology，1998：189

[4] Massumi，Brian. Parables for the Virtual：Movement，Affect，Sensation[M]. London：Duke University Press，2002.

[5] Nietzsche，Friedrich. Twilight of the Idols[M]. Trans. RJ Hollingdale and M. Tanner. New York：Penguin，1968.

[6] Dolphijn，Rick. Man is Ill Because He is Badly Constructed：Artraud，Klossowsiki and Deleuze in Search for the Earth Inside[J]. Deleuze Studies，2011：19.

[7] Deleuze，Gilles & Clare Parnet. Dialogues[M]. Trans. Hugh Tomlinson and Barbara Habberjam. New York：Columbia University Press，1987：36.

哲学视野下的逃逸线，指的是一条通过主体之间原本模糊的连接作用倾泻而出的突变轨迹，以其新释放的能量为相关主体增力，以做出相应的反应和回应。[8] 然而，仅凭赤手空拳是逃不掉的，所以德勒兹又说逃逸的目的是找寻武器。[9] 形成无器官身体是德勒兹差异哲学逃逸总战略的一个战术。

三、无器官身体概念

德勒兹和伽塔里所说的无器官身体既包括解剖学意义上我们每个人都有的身体（个体），也包括人们借以相互依存的所有社会组织机构（整体）。社会所有成员相互依赖的社会公共体始终由不同部分或"器官"构成。这些器官彼此互相依赖，又各自发挥其作用。个体为集体做出贡献，也从集体获得集体的支撑。个体与集体有机地结合在一起，社会正常运行。

无器官身体的最外层是有机组织（organism）。它是针对个人而言的，具体嵌构于与人的各种情欲相关联的精神器官之中。无器官身体所针对的不是人体的器官。人体各器官并不与无器官身体处于敌对位置。无器官身体的真正对立面是生物体，器官组合体。[10] 作为个体人的生物体可以具体表述为由各种情愫（affections，情欲）构成的有机体。有机体不是身体，是无器官身体的层级，或者从隐喻角度说，是一种聚集、沉积和沉降现象。如同冰河期时地球表面形成的那样，通过冲击、沉积、沉降、褶皱、反冲，有机组织得以形成。[11] 每一次自然变化都会给有机组织带来相应的改变，就如同环境的变换会给每个个体打上烙印一样。正因为如此，德勒兹和伽塔里把无器官身体比作高原。[12]

与无器官身体密切相关的概念首先是聚合体。聚合体是随着与身体相关联的诸多关系和各种情绪反应之间的相互作用中出现的。它的发展轨迹是不可预料的。它以不可预料的方式"依照习惯性与非习惯性关系，混沌的网状系统，不断地变化，

[8] Parr，Adrian. The Deleuze Dictionary [M]. Scotland：Edinburgh University Press，2005：145.

[9] 同 [7]，第 49 页.

[10] Deleuze，Gilles & F Guattari. A Thousand Plateaus：Capitalism and Schizophrenia[M]. Trans. Brian Massumi. London：University of Minnesota Press，1987：158.

[11] 同 [10]，第 159 页.

[12] 同 [10]，第 158 页.

又不断地以不同方式重新组合"[13]。聚合体和欲望是同时出现的，只要有欲望就有聚合体。聚合体是欲望栖息地，后者通过前者得以充分展示。因为无器官身体是欲望的产物，所以也就与聚合体密不可分。聚合体可以具体描述为各种迥然不同的要素，物质的，心理的，社会的，或抽象的，哲学的。例如，饮食聚合体包括嘴—食物—能量—食欲；工作聚合体包括身体—任务—金钱—事业；性聚合体包括性器—激起—欲望目标。[14] 身体的所有器官构成的全部聚合体之总和就是形成无器官身体所要剥落的第一层，即器官组织之和 —— 有机组织。剥去有机组织的第一步就是切断身体器官与其他聚合体要素之间的关系。形成聚合体内部闭合环路的短路，实现聚合体的去功能化。这便是德勒兹所说的"无器官身体是欲望的结果，但它是非生产性的，或者反生产性的"（non-production，anti-production）。[15] 根据伊布拉西姆的理解，隐喻意义上作为聚合体的无器官身体没有开始也没有结束，没有固定结构，也不受任何局限，我们始终都在为达到这种生成形态努力着。我们从来都达不成最终目标，也绝不会一劳永逸地说：我们达到了无器官身体的境态。[16] 无器官身体是思想的聚合体、结构的聚合体、历史的聚合体和生成的聚合体。它是一条逃逸线，或者一种可能性的常态、辖域化常态、解辖域化常态和再辖域化常态。它是"一枚完整的在有机组织和器官组织还没来得及扩展和层级化尚未开始形成之前的卵"[17]。以 D.H. 劳伦斯的短篇小说《马贩的女儿》中的男主角弗格森医生为例。看见纵身跳入深潭自杀的马宝，此时弗格森的聚合体应该是个非习惯性的，因为是偶发事件，包括眼睛—记忆—救人。切断了的记忆是自己不会水性，从小就有深水恐惧症。但他没有切断所有记忆，还记得她是自己好友的妹妹，也是自己这位医生的患者。非生产性的欲望还在流动，他随即纵身跳入深潭，救起马宝。这时的弗格森切断了所有器官的情愫，

---

[13] Potts，Annie. Deleuze on Viagra（Or，what can a Viagra-body do）[J]. Body & Society，2004，10（1）：19.

[14] Fox，Nick J. The ill-health assemblage：Beyond the body-with-organs[J]，Health Sociology Review，2011，20（4）：362.

[15] Deleuze，Gilles & Félix Guattari. Anti-Oedipus：Capitalism and Schizophrenia[M]. Trans. Robert Hurley，Mark Seem and Helen Ro Lane. London：Continuum，1983：8.

[16] Ibrahim，Avad. Body without organs：Notes on Deleuze & Guattari，critical race theory and the socius of anti-racism[J]. Journal of Multilingual and Multicultural Development，2015（36）1：15.

[17] 同 [7]，第 153 页 .

或者将其去行为化（deactualizing affections）。[18] 他的大脑一片空白，甚至，救出马宝之后，他也不敢相信，那是他之所为。

无器官身体是把双刃剑。用简单草率地毁掉有机组织还不如不去毁掉它们。在德勒兹和伽塔里看来，我们不能全部祛除有机组织、表征性和主体性[19]。道理也很简单，常言所讲，眼不见心不烦。但是不能因为眼之所见惹起心烦而挖掉眼睛。对每个器官的改造都需要一定量的层级组织来以毒攻毒。德勒兹和伽塔里说："不顾一切地去层级，我们触及不到无器官身体，或者其一致性位面的。这便是人们起初所面对的悖论：他们把身体的器官清空，而不是耐心和间或地拆去我们称之为各种器官结合体的有机组织。"[20] 以夏洛特·勃朗特小说《简·爱》为例。意外获得两万英镑继承权的简·爱并没有完全祛除其金钱的精神器官，没有视金钱如粪土。她深知钱的重要意义，对于表姐、表妹和表哥，还有她自己。为了谋生在桑费尔德庄园当家庭教师，生活拮据而简朴，自然需要钱。自幼父母双亡，幼儿时由舅父母收养。不久舅父逝世。对她积怨颇深的舅母和表哥对她百般欺凌虐待。可是她并没有以眼还眼以牙还牙，而是以德报怨。她司职情仇恩怨的精神器官中，司恶部分被剔掉，司善部分还保留着，这使她成为丰满的无器官身体（full body without organs）。她拒绝了表哥约翰的求婚，不愿跟随他去印度享受荣华富贵。丰满无器官身体的典型特征在简·爱身上凸显无疑——荣华富贵不心动，财富金钱不眼开。而艾米莉·勃朗特小说《呼啸山庄》中的男主人公希斯克利夫则恰恰相反，他司职情仇恩怨的精神器官中，司善部分被剔掉了，司恶部分仍然保留着。这使他成为恶化的无器官身体（cancerous body without organs）。他没有一点报恩之心，一心只想着复仇，为达目的不择手段，不管他人死活，包括他自己。再看梅尔维尔小说《白鲸》中的男主人公埃哈伯船长。他拒绝了"拉谢号"船长要求帮助寻找失踪儿子的请求，剥去了司善的精神器官；找到莫比·迪克之后，他又自己冲在最前线，不想让自己的船员替自己送死，剥去了司恶的精神器官。这使他成为枯干的无器官身体（empty body without organs）。德勒兹和伽塔里所说的危险指的是后两种情况。

无器官身体的概念在德勒兹和伽塔里对"重复是重复自己"的阐述中处于核心

---

[18]　同[3]，第203页.

[19]　同[7]，第160页.

[20]　德勒兹，加塔利.资本主义与精神分裂（卷2）：千高原[M].姜宇辉，译.上海：上海书店出版社，2010：160-161.

的位置。[21] 他们把无器官身体比喻成为"蛋"或"卵"（egg）。所以从时间上看无器官身体强调的是纯洁的过去（pure past），"无器官身体是非层级化、没有形状的强物质"在其之上"不存在消极或对立的强度"[22]。它"从来就不是你的或我的。它是一种客观存在体，一种退化，同步和创造性的退化"[23]。德勒兹和伽塔里所说的"蛋"可以比喻为物理学中的"零能量位面"（zero plane of energy），零能量位面的水可以向上形成正能量的蒸汽，或向下形成负能量的盐；零能量位面的空气可以向上引发正能量闪电，也可以向下形成真空。来到这个世界上，教育和环境通过有机组织、表征性和主体性，对我们身体产生影响，使我们成为现在的我们。在现有社会环境和文化背景下以某一特定身份获得固定的认同。有机组织、表征性和主体性使我们言不由衷，身不由己。我们所说和所做都已经打上了环境与文化的烙印。我们所说的每句话和所做的每件事都是环境和文化为我们事先安排好的。这样我们就成为了多数派（majoritarian），也就是是德勒兹和伽塔里所说的偏执狂（paranoia）类型之人。形成无器官身体，就是把这一切都全部清零，让我们回到纯洁的过去，一切从头重新开始。这便是德勒兹所强调的重复。回到我们性相近的人之初，卵态或孩提混沌态。按照夏光的理解即身体处于在功能上尚未分化或尚未定位的状态，或者说身体的不同器官尚未发展到专门化的状态。[24]

在德勒兹和伽塔里看来，我们每个人都有一个或几个无器官身体。[25]正如小说《辛德勒名单》作者对辛德勒的评价那样："在他身上，你没有办法说清楚投机主义究竟在何时让位给无私主义，我喜欢这种颠覆意义的事实，即精神的力量和美好的意愿在不可能出现的地方大放异彩。"[26]辛德勒是一个地道的无私主义者，而这一点他自己并不清楚。他不知道自己实际上扮演着犹太人救世主的形象，以至于当苏联红军来接管这些犹太人之前，他还落荒而逃。他想尽一切办法，倾尽自己的所有财力和物力，最大限度地救出了1200多名犹太人的事实雄辩地证明了他是一名利他主义者。他剥去了精神器官中利己部分，保留了利他部分，是丰满的无器官身体。英

---

[21] 同 [3]，第 203 页 .

[22] 同 [10]，第 153 页 .

[23] 同 [10]，第 164 页 .

[24] 夏光 . 德勒兹和伽塔里的精神分裂分析学（上）[J]. 国外社会科学，2007（2）：21-32.

[25] 同 [10]，第 150 页 .

[26] 托马斯·基尼利，《辛德勒名单》[M]. 冯涛，译 . 上海：上海译文出版社，2016：481.

国作家威尔逊在《邂逅》杂志上撰文评论说："辛德勒是个骗子，一个酒鬼，一个登徒子，可是，如果他不是这样的人的话，他也就没办法从纳粹集中营拯救出上千个劳工了。"[27] 这对辛德勒的评价再恰当不过了。他生活奢靡，嗜赌成性，花天酒地。本身就是纳粹特务的他与纳粹分子们相处融洽，是纳粹集中营最高统帅阿蒙的酒友和赌友。这些都是他日常生活留给绝大多数人的印象，也是实际生活中的辛德勒。如果说这一切是辛德勒为了掩护犹太人而强装出来的假象，那是不公正的，也不是真正的历史唯物主义态度。

辛德勒是矛盾的统一体。集两种无器官身体于一身的现实成为他最好和掩护身份，使他成为犹太人的保护神。其丰满的无器官身体是"盾"，保护着犹太囚犯；枯干的无器官身体是"矛"，直接刺向纳粹分子的心脏，以一己之力与克拉科夫所有的邪恶势力抗衡。纳粹分子所能看见的一面是他枯干的无器官身体，犹太劳工所能看见的是他丰满的无器官身体。作者基尼利在1995年接受《出版人周刊》的西碧尔·斯特恩伯格的采访时说："我对这个故事中的道德力量深信无疑……堕落之人跟他们身上向善的力量之间的斗争总是让人着迷。辛德勒的时代正是历史上曾不止出现过一次的特殊时代：在那些时代，圣人已经完全无能为力，对你已经没有任何好处，唯有那些讲求实际的无赖汉才能担当起拯救灵魂的重任。"[28] 作者说的"圣人"指的是他丰满的无器官身体，"无赖汉"则指的是他枯干的无器官身体。矛盾的统一体成就了辛德勒的伟大。

四、如何成为无器官身体

德勒兹和伽塔里在阐释无器官身体的概念的同时，也向人们提供了一系列的成就无器官身体的途径，主要包括块茎、生成、解辖域化和去除脸面性。

（图1）

---

[27]　同 [26]，第 482 页．

[28]　同 [26]，第 481 页．

这三层"顶帽"与我们的关系。首先我们需要有机组织，有了它，社会才能从生物学意义上为我们定位，否则就成了行尸走肉（depraved）。我也需要表征性，我们既能指，也所指，才能准确地表达自己的意图，为人所接受。否则就被认为言行偏轨（deviant）。我们还是个主体，社会以此来为我们定位身份和角色，否则就成了独来独往的天马行空，超然世外（tramp）。可见，这三层顶帽，我们都要戴着，缺一不可。但为什么人还要脱掉这三层顶帽，形成无器官身体呢？

祛除有机组织。祛除有机组织并非把器官从身体上剥掉，不会对身体构成伤害。而是要开放身体，对整个聚合体，闭合环路，各种连接，各个层面，框框坎坎，各种通路，各种强度的分布，各个领域，以及各种解辖域化。[29]

器官身体的第一个途径是"块茎"。为接近一致性位面，形成无器官身体，或者是说对身体进行去层级化，德勒兹和伽塔里为人们提供了一个全新的思维方式和行为方式——"块茎"。按照水平方式生长的块茎是一种思想和生成的方法。受与树状（arborescence）相反的块茎（rhizome）生长方式的启示，德勒兹和伽塔里以隐喻的方式发明了这个哲学概念。在《千座高原》的"导入"一章中，集中地阐述了块茎的概念，以其著名的块茎"兰蜂恋"在哲学界产生巨大的轰动。如同兰花授粉和黄蜂采蜜，任何两个看似毫无关联的脱裂碎片结合在一起便可构成一个强大的组合。当今"互联网+"所带来的赛博空间强大生命力和无限水平生长趋势最好地诠释了"块茎"的潜能。块茎以其天生具有的联系性、异质性、普遍性、反意指脱裂性、影射性和贴花转印性原则，使其具有几乎无所不能的适应性、应变性和创造性。[30] 这再恰当不过地适应了后解构主义时代的碎片化的个体特质。与由"偏执狂"（paranoia）所代表的"多数派"（majoritarian）相反，"精神分裂者"（schizophrenia）所代表的"少数派"（minoritarian）以其"不按常理出牌"的块茎式思维方式引领自己的思维和行为。块茎的水平（horizontal）生长方式使它成为纵向（vertical）生长的层级化趋势的天然克星。针对层级化各组织对一致性位面坚固的纵向封锁，块茎采用横向突围。霍桑的短篇小说《牧师的黑面纱》中的胡珀牧师为掩盖自己的罪恶（因不检点的性行为染上梅毒并因将其传染给少女而令后者蒙羞自杀）[31] 和为赎

---

[29]　同 [10]，第 160 页.

[30]　同 [10]，第 7-12 页.

[31]　Wycherly，H. Alan. Hawthorne's The Minister's Black Veil[J]. The Explicator，1964：11.

罪而潜心布道之间构成了一个块茎。在块茎思维的支配下，他最终没有与未婚妻伊丽莎白结婚（赎罪要求不再继续传播梅毒），并戴着黑面纱度过了余生（掩盖罪恶）。

　　形成无器官身体的第二个途径是"生成"。在德勒兹和伽塔里看来，生成有两个维度，即欲望（desire）和力（power）。他们一方面指出"生成是欲望的过程"[32]。生成是一个在主观积极情感的指向下，在某种感觉的作用下，不由自主地发生的。他们另一方面又指出，"感动（affect）是生成"[33]。主体长期处于某一特定景所在的环境之中，该景会形成一种力。这一力会不断增强，不断地牵引使主体不由自主地向它靠近，在其身上投下自己的影像，产生移情作用，从彼像看到此像，从自身体内感觉到了彼像的力量。一旦触景生情，主体不由自主地把自己引向这个力，这便是生成。主体生成某一对象物，不是说在身体上或外貌上要变成这些生成对象，因为"生成当然不是模仿，不是与某物的认同"[34]。而是指生成这一对象物的某些情感、能力或自然特性，以增强原有的力或获得新的力。生成借力长力。艾丽丝·门罗短篇小说《逃离》中的女主角卡拉先是生成了小羊弗洛拉，以小母羊为镜像看见了自己。小羊的出走，使卡拉在潜意识中迷失了方向，这为她的逃离做了思想准备。她生成了邻居家的小马丽姬，看到西尔维亚从希腊带来的少年骑赛马的雕塑感觉到自己当前备受压抑的窘境。这是她逃离的导火索。生成为卡拉切断了她生活中各种聚合体和闭合环路内器官与其他情愫的连接，形成无器官身体。这使卡拉回到了混沌的原点或卵态。返回之后的卡拉已经不是出走之前的卡拉。生成女人使她从特殊具体的女人升华为普遍抽象的女人，借此将女性阴柔能量场与男性阳刚能量场对接。她激活了克拉克身上男性的阳刚能量场，同时自身也得到充分的激活，使两性充分发挥各自的作用。这便是生成的魅力和成就无器官身体的重大意义。

　　形成无器官身体的第三个途径是"解辖域化"。概括起来，解辖域化就是生产变化的运动（movement producing change）。作为一条逃逸线路的解辖域化，所显现的是主体的创造潜能。通过逃逸，聚合体离开旧有环境进入全新领域，通过创造出新的环境发掘出自身的潜能。解辖域化既是一个创造过程也是一个发现过程。主体以新环境为镜像照出一个全新的自我。解辖域化是把主体从限制其加入新的组织机

---

[32]　同 [10]，第 272 页．

[33]　同 [10]，第 256 页．

[34]　同 [10]，第 239 页．

构的各种固定关系中挣脱出来的过程。[35] 解辖域化就是勇往直前、不断开拓、永无止境的过程。在他们最后的合著《什么是哲学》中，他们认为解辖域化可以是身体上的或物质上的（physical），也可以是心理上的（mental），或精神上的（spiritual）。[36] 威廉·福克纳的短篇小说《献给艾米丽的玫瑰》的艾米丽通过精神上的三次解辖域化，成就了无器官身体。与父亲的乱伦关系 [37] 是艾米丽的第一次解辖域化，使她发生了重大变化。这对她的心灵产生了伤害，使她在心理上产生了依赖。父亲去世后，她不得不在荷默身上寻求力比多定位，延续着她与父亲的关系。这次解辖域化的积极一面就是她从此开始叛逆 —— 从与父亲的乱伦关系中她学到了此后她不再继续沿着他人规定的现成的方式行事，成为少数派。少数派意味着对现存秩序的超越。少数派意味着不为多数派所限制，意味着无限的可变性和创造性，意味着不断生成新的东西。[38] 与荷默的关系是艾米丽的第二次解辖域化。她正式开始了以少数派的身份同杰弗逊小镇的全体镇民交锋。她故意在小镇的马路上和荷默一起乘着马车招摇过市，以此激怒镇民，与他们针锋相对。第二次解辖域化使艾米丽在思想上开始成熟。但她还仍然处于冲动状态下，以一己之力，孤身一人同全镇人斗争，酷似拜伦式的英雄。这在她身上凸显出了少数派的特质。艾米丽第三次解辖域化是她与托比关系 [39][40][41] 的确立。她更加理智，更加清楚自己的处境。与托比的关系只是她与小镇斗争的必要手段。她的精神开始升华，不再是盲目的冲动，更不是力比多的定位，而是一种战略战术手段的选择。她冒着犯重罪的风险把尸体留在自己的闺房中，就是让镇民们认为她是一个地道的恋尸癖。艾米丽的留尸行为就是要向整个镇子宣战：她拒绝静静地按照那些社会经理人的安排去"死"。她不接受镇民们为她准备的"社会契约"，更不屈从为她安排的"社会死亡"。但这种关系不再是力比多的定位，

[35] 同 [8]，第 67 页.

[36] 同 [1]，第 68 页.

[37] Scherting，Jack. Emily Grierson's Oedipus Complex：Motif，Motive，and Meaning in Faulkner's "A Rose for Emily" [J]. Studies in Short Fiction，1980：403.

[38] 同 [24.]

[39] Mattews，John T. All too thinkable? Thomas Aigiro's "Miss Emily After Dark" [J]. Mississippi Quarterly，2011：475.

[40] Romine，Scott. How many Black Lovers had Emily Grierson?[J]. Mississippi quarterly，2011：484.

[41] Argiro，Thomas Robert. Miss Emily after dark [J]. Mississippi quarterly，2011：453.

也不再是盲目的情感冲动，而是理智的抉择，是艾米丽与整个杰弗逊小镇斗争的需要，是手段和要挟。[42] 艾米丽与三个男人的关系既是她人生中三次螺旋式上升的解辖域化运动。在这期间她不断地超越自我，发掘自我，得到了脱胎换骨的变化，成长为少数派。解辖域化既是一个创造过程也是一个发现过程，主体以新环境为镜像照出一个全新的自我。[43]

　　形成无器官身体的第四个途径是"去除脸面性"。形成无器官身体的去层级化要经过第二层表征性和第三层主体性。表征性是与"脸面性"紧密联系在一起的。德勒兹和伽塔里所说的"脸"是指因经济结构和全力组织的变化所产生的一系列组织机构。[44] "脸"是一个由"白墙"（white wall）与"黑洞"（black hole）构成的体系。"黑洞"排列在"白墙"上，洞口紧锁在白墙之上，洞体横向无限延伸。"白墙"是展示"表征"（signifiance）的场所。"表征"相当于"能指"（signifier）和"所指"（signified）之和。白墙上所陈示的一切被称为"冗赘"（redundancies）。"冗赘"因其数量大，真正价值低，及其所起到的虚饰作用而得其名。[45] "脸"本质上不是个性化的。脸面性系统在成员加入之前就已经剔除了不肯接受"脸面性"所认可的核心思想的观点或成员。[46] "脸"体现的是集体的、集团的、社会的特征。"脸"具有排他性。它先过滤，再屏蔽；先约己，再排他。[47] 虽然"脸面性"（faciality）中体现了人性化的一面，但它的生产并未出于人性化的考量，甚至我们在"脸"上还能看出纯粹的非人性化的一面。[48]它把人性主体牢牢锁藏在"黑洞"之中，把"黑洞"紧紧固定在"白墙"之上。"黑洞"之中的个性成为"虚无"，"白墙"之上的"冗赘"代表了自己。这就是"脸"的本质属性——人群中建立起来的非人性的社会组织机构。"脸面化"是一个抽象的运行机制，按照社会发展的客观规律运行，藐视任何个体诉求。

————————

　　[42]　康有金，侯雯.《献给艾米丽的玫瑰》的逃逸法解读 [J]. 河北联合大学学报（社会科学版），2016，16（5）：180-184.

　　[43]　康有金. 德勒兹哲学之解辖域化 [J]. 武汉科技大学学报 . 2016（1）.

　　[44]　同 [10]，第 175 页 .

　　[45]　康有金，朱碧荣. 小说《白鲸》中埃哈伯人格的"脸面性"解读 [J]. 当代外语研究, 2015（1）.

　　[46]　同 [10]，第 170-171 页 .

　　[47]　同 [10]，第 170-171 页 .

　　[48]　同 [10]，第 158 页 .

因为不是参加者选择了"脸"，而是"脸"选择了参加者。[49]更确切地说，是参加者被吸到"脸"这个社会组织形式中来。所以在建立之前，参加者就清醒地知道"脸"的专断与独裁。表征性是白墙冗赘的总称。它是因政治和经济原因迫使主体不由自主地接受的，在意识中属于无意识部分。它黏着在心魄之上，就像有机组织黏着在身体上一样。去层级化的过程，是把有机组织从身体上剥离出去，把无意识部分从表征性上剥离出去，把有意识部分从主体性上剥离出去。[50]摆脱身体和摆脱灵魂拥有同样大的难度。切断操控人们无意识部分的这只看不见的手，因为它看不见摸不着，难有抓手。祛除表征性须和祛除主体性同步进行。主体要首先冲出主体意识黑洞，摆脱主体性的控制，线化白墙，不受白墙规制的约束，才能在摆脱自己的枷锁前提下摆脱环境的桎梏。以梅尔维尔小说《白鲸》中的埃哈伯船长为例。从十八九岁开始，埃哈伯便成为一名镖枪手，开始了他的捕鲸生涯，成为一名以捕鲸为背景的"脸"的成员，接受了"白墙"之上的表征性，接受了这个组织的规制和约束，将自己的主体性困锁在"白墙"之上的"黑洞"之中。但他也获得了令人满意的回报。经过艰苦的努力，在船上的地位越来越高，最终他成为船长 —— 捕鲸船上的最高位置，捕鲸业这张"脸"的最大受益者之一。但是，一次意外事件的发生改变了埃哈伯的命运，他被白鲸咬掉了一条腿，他的生活和生命都从此简单化为两个字 —— 复仇。这样，埃哈伯就要从"黑洞"之中挣脱出来，于是他所在"脸"的"白墙"开始线化。埃哈伯斩断身体各器官与经济利益之间的闭合回路，瓦解这个习惯性的聚合体，成就无器官身体。不可否认的是，作为"脸面性"的牺牲品，在他身上闪烁着未来的曙光，即为个性获得解放敢于抛弃既得利益的牺牲精神。[51]

五、结语

形成无器官身体只是从精神层面回到了人之初，即各精神器官生长之前的原点。借此，主体可以重新构建自己的身份认同，来恢复世界本来复杂多样的原貌。形成无器官身体是后解构主义时期的良方，能够治疗德勒兹所认为的西方传统的弊病，即对存在形态与同一性的倚重和偏执。作为文学批评关键词，无器官身体契合了后

---

[49] 同 [10]，第 180 页.

[50] 同 [10]，第 160 页.

[51] 同 [45].

现代主义时期碎片化的时代特征，从人物的内部深入解构和剖析其精神世界的构成，探究人的内在精神空间与外部物质世界之间的关系。无器官身体是日趋均质化的世界人们追求异质性的一线曙光。

第二节 无器官身体的批评方法在文学批评中的应用

一、都是匆匆惹的祸 —— 解读艾丽丝·门罗《匆匆》中朱丽叶的无器官身体 [52]

（一）引言

加拿大短篇小说大师，2013 年诺贝尔文学奖得主艾丽丝·门罗，被誉为"当代契诃夫"。她擅长以女性视角来描写普通女性，她的小说着重体现普通女性的日常生活。包括八篇短篇小说的小说集《逃离》中有三篇以朱丽叶为主人公，《机缘》《匆匆》《沉寂》。《匆匆》这部小说是三部曲的中部，承上启下。这三篇小说在情节前后关联。学者们从女性主义角度、二元对立角度以及叙事手段等方法来解读该小说。也有学者认为朱丽叶要挣脱生活的束缚，要逃离的是家庭、两性和自我。也有学者认为朱丽叶无法逃离现实的牢笼。正如罗伯特·塞克所说的那样，门罗所塑造的人物，在读者中，尤其是批评者中产生强烈的共鸣，其作品的逼真性强烈地吸引着我们。小说《匆匆》的女主角朱丽叶就如同我们身边的人物。通过叙述平淡无奇似乎就发生在我身边日常生活的小故事，艾丽·丝门罗道尽他人之难以言及。[53] 本文将从精神分裂分析角度，运用无器官身体的思想解读小说，以朱丽叶此次返乡期间与周边人物之间发生的关系为镜像揭示其精神分裂性人格。

[52] 康有金，孙芳. 都是匆匆惹的祸 —— 解读艾丽丝·门罗《匆匆》中朱丽叶的无器官身体 [J]. 世界文学评论，2017（11）。

[53] Miller，Judith. The Art of Alice Munro: Saying the Unsayable，Introduction to Special issue: The Short Stories of Alice Munro[J]. Journal of the Short Story in English，2010（55）.

（二）朱丽叶的无器官身体

从字面上说，"无器官身体"（body without organs）指身体处于在功能上尚未分化或尚未定位的状态，或者说身体的不同器官尚未发展到专门化的状态。[54] 德勒兹哲学视域中的无器官身体是一个抽象的概念，它指的不是身体没有了器官，[55] 而是个体在特定的历史环境和地理环境下，其精神器官丧失了功能，不能正常发挥功效。德勒兹和伽塔里认为欲望、机器和生产这三者构成了世界上形形色色的生命现象。他们所说的机器也就是欲望驱动的机器或"欲望机器"，生产就是实现着欲望的生产或"欲望生产"。人是欲望的载体。所以，在德勒兹和伽塔里看来，我们每个人都有一个或几个无器官身体。[56] 无器官身体是欲望机器作用的结果，分为三种，即恶化的无器官身体、丰满的无器官身体和干枯的无器官身体。通俗来说，在欲望的作用下某一主体的消极精神器官已经发生突变，进入了德勒兹哲学视域下的恶化状态，即形成恶化的无器官身体（cancerous body without organs）；当某一个体的欲望中消极的精神器官被去功能化，其精神世界达到了近乎完美的状态，摆脱了任何束缚和桎梏，使其具有充分的灵活性、适应性、应变性和创造性，德勒兹称这类主体状态为丰满的无器官身体（full body without organs）；当某一个体的欲望中积极的精神器官被去功能化，其精神世界就已经完全被外界所左右，被动和消极成为其精神世界的主要特征，德勒兹称这种主体状态为枯干的无器官身体（empty body without organs）。

性相近，习相远。人是环境的产物，探究某一特定主体属于哪一类或几类无器官身体，必须首先从其所处的主客观环境为依据。依据小说《匆匆》中朱丽叶短暂匆匆地重归故里、探望病重的妈妈期间，她与周边环境及其各种人物之间的关系探究朱丽叶无器官身体的属性。

首先看朱丽叶同父亲交流时的主体状况。厨房里，朱丽叶在与父亲交流她与老同学查理见面的经过。"他夸奖（admire，羡慕）你的孩子了吗？"[57] 父亲话里有话。

---

[54] 夏光. 德鲁兹和伽塔里的精神分裂分析学（上）[J]. 国外社会科学，2007（2）：21-32.

[55] Parr，Adrian. The Deleuze Dictionary [M]. Edinburgh：Edinburgh University Press，2005：33.

[56] Deleuze，Gilles & Félix Guattari. A Thousand Plateaus：Capitalism and Schizophrenia[M]. Trans. Brian Massumi. London：University of Minnesota Press，1987：150.

[57] 艾丽丝·门罗. 逃离 [M]. 李文俊，译. 北京：北京出版集团公司，2009：108.

他知道朱丽叶去城里买药皂其实只是个借口而已。"如果她用普通肥皂宝宝会起皮疹的。"[58] 去见上大学前的同学查理,向他炫耀自己的浪漫成果,她的孩子,才是她真正的用意。这便是小说中所提到的"不可抗拒却有点难于启齿的原因"(irresistible though embarrassing)[59]。她向父亲解释说,"她没料到会见到查理,虽然这铺子是他家开的"[60]。其实这是欲盖弥彰。她之所以要去找查理炫耀她未婚生女是因为她有自己的思想基础:"没有结婚这件事情对他们来说并不能说明什么问题,而且她自己经常把这件事情忘掉了。可是有时候——特别是现在,回到家里,她没有结婚这件事给了她一种成就感,一种傻乎乎的幸福感。"[61] 父亲以为很丢脸很没面子的事情她却觉得很光荣,很值得炫耀。她的此行也确实收到了预期效果:"他(查理)朝她没带戒指的左手瞟了一眼……他心下里暗自地赞赏她,也许因为他看到的是一个展示大胆性生活的女子,况且这还不是别人,而是朱丽叶,那个书呆子,那位女学究。"[62] 查理赞赏她的是她竟然能够变化如此之大,而不是她未婚生女的"成就"。由此可见,朱丽叶与同龄人在思维方式上也产生了巨大的分歧。临别时查理的话说明了一切:"不过,我告诉你一件事儿。我认为这不太像话(shame,耻辱)……"[63]朱丽叶以为是值得夸耀的,同学查理确认为是耻辱。

　　父亲对于她到城里去找查理一世的态度不言自明。在与父亲交流中,有一件事情一直纠结在朱丽叶心上。最后,她终于还是说了出来。"旅客列车——"朱丽叶说,"在这儿仍然是有一站的,不是这样吗?你不想让我在这下车,对不对?"对她的这个问题,正走出房间的父亲没有回答。[64]两代人之间发生了价值观念上的冲突,父亲以为耻辱的事情,博士在读,放弃学业,成为未婚母亲,这样的女儿让父亲很没面子,甚至在众人面前抬不起头来。这也是他辞去教师工作的重要原因之一。所以,他没有让女儿在就近的车站下车,而是临近车站,自己开车去接她。他更愿意女儿在家里安静地待着,陪着病中的萨拉,而不是在众人面前出没。

---

[58]　同[56],第107页.

[59]　同[56],第107页.

[60]　同[56],第108页.

[61]　同[56],第107页.

[62]　同[56],第109页.

[63]　同[56],第109页.

[64]　同[56],第111页.

父亲的没有回答实际上是肯定回答。她已经完全明白了父亲的心思。她该就此与父亲进一步沟通与交流，以解决父女之间业已存在的心理冲突。可是她没有这样做，因为她积极的精神器官已经去功能化了，对此她没有做出积极的反应。她的反应是消极的，她的感觉只有"既沮丧又气愤"[65]。接下来她"肚子里在打着一封写给埃里克的信的腹稿。我不明白自己来这里是干什么的，我根本就不该来，我现在迫不及待地想要回家"。不识庐山真面目，只缘身在此山中。没有了积极的精神器官的朱丽叶已经迷失了家的方向。她不知道家在哪里。自己真正的家不是家，姘居情人的寒舍反而成了家。

具有讽刺意味的是，就在她在自己家里找不到温暖，急切盼望回到埃里克的怀抱的时候，埃里克却在他自己的家里与老情人重温旧梦。在以朱丽叶为核心人物的"逃离三部曲"（《机缘》《匆匆》《沉寂》）的下篇《沉寂》中埃里克的不断出轨正是朱丽叶不幸的根源。就在这次朱丽叶回家探望病重母亲期间埃里克又和老情人克里斯塔好上了。[66]这突出地体现了门罗的作品的特质——讽刺辛辣，态度严肃。朱丽叶没有处理好与男友埃里克的关系。她与他之间因情感冲突的不断升级促使埃里克死后女儿佩内洛普离家出走从此未归的重要原因之一。积极精神器官的去功能化是朱丽叶人生悲剧的根源。无法准确定位家的概念，放弃了根本的东西，放弃了不尽的幸福源泉，追求空中楼阁式的虚幻浪漫，这使朱丽叶与埃里克的关系一开始就涂上了一层悲剧的色彩。

作为一名家庭成员，朱丽叶却把自己定位于旁观者和局外人。她不仅不能正确处理自己与父亲的关系，还错误地理解父亲与艾琳的关系。山姆在用水管将新挖出来的土豆上黏着的泥土冲刷掉。他边冲边哼起了歌——《艾琳，晚安》。"晚安，艾琳，晚安，艾琳，我会在梦里见到你。"[67]艾琳从厨房里冲出来试图阻止山姆。不让他唱和自己有关的歌。山姆也忘了这首歌里的女孩和艾琳重名。

其实这首歌揭开了山姆心底之谜。这是一首20世纪二三十年代就开始在美国流行的以伤感为主题的布鲁斯曲。歌中有句著名的歌词，即"有时我萌生强烈的念头想投河自尽"（Sometimes I have a great notion to jump in the river and drown）。这句

[65] 同[56]，第111页.
[66] 同[56]，第149页.
[67] 同[56]，第114页.

歌词能恰当地诠释此时山姆的心态：虽然他几十年来工作一直很出色，但始终没有得到重用和提拔，反而却因为某种原因被迫辞去教师工作，回乡务农，沦落成走街串巷卖菜的小商小贩；年纪轻轻的妻子却患上了早老性痴呆，精神忽好忽坏，令他整天提心吊胆，生活不得安宁；曾经远近闻名的学霸女儿如今放弃学业，甘当渔夫小妍，为其生女，不以为耻，反以为荣。生理器官去功能化生活不能自理的妻子使他身体疲惫；精神器官去功能化没有正确价值观的女儿更使他精神崩溃。他真的没有继续活下去的理由。这句歌词最好地印证了他的内心世界。可是妻子萨拉、女儿朱丽叶和帮工艾琳都不理解他的内心世界。最该理解他的是朱丽叶。她曾经聪明伶俐，热情向上，积极好学，曾经有那么强的求知欲望和强烈的进取心。

家里除了又脏又累的活儿，还有精神有些不正常的萨拉。她已基本上生活不能自理，稍微复杂一点的行为如洗澡都需要别人帮忙。她还患有间歇性的癔症。这种状况很多人不愿意来帮忙。"我试着请了一个又一个小姑娘来帮忙，可是她们就是对付不了她。" [68]艾琳肯接受这份工作山姆十分感激。艾琳能来帮忙也确有其苦衷。艾琳比朱丽叶还小三岁，才22岁就成为有两个孩子的寡妇。家穷，住在穷乡僻壤，靠救济为生。父亲遗弃了她们，再未露面。家里顶梁柱的姐姐患急性阑尾炎不治而亡。她被迫嫁夫养家。在养鸡场工作的丈夫里应外合偷鸡，被鸡场主开枪打死。她的大女儿腭裂手术急需用钱。山姆向朱丽叶讲起艾琳的经历和境遇时充满了同情。可是朱丽叶似乎对此无动于衷。当山姆讲到很快艾琳就要嫁给长她三十岁的鳏夫，满口只有一颗牙也不肯安装假牙的吝啬鬼的时候，更是充满了惋惜之情，可是朱丽叶似乎对此还是没有什么反应。朱丽叶对艾林的悲惨命运十分冷漠，没有一点同情之心，她应有的精神器官到哪里去了呢？

原本该由女儿朱丽叶尽的义务和责任，全部由艾琳完成了。朱丽叶并不知道，在她家中，事实上，局外人帮工艾琳扮演着生活中活女神的角色。曾潜心研究古典文学中的女神，现在全身心投入与埃里克之间女神般浪漫生活的朱丽叶，因其积极精神器官的去功能化，对此视而不见。

因为"艾琳"既是女子名，同时也可以译为"阿丽尼"，希腊神话中的和平女神，研究希腊古典文学的朱丽叶对此应该了如指掌。勤劳能干的艾琳的到来给这个家增添了许多和平与安宁。萨拉也当着大家的面夸艾琳："艾琳可是我们的好仙女（fairy）

---

[68] 同 [56]，第 117 页 .

呀。"[69] 山姆对她更是赞赏有加："咱们这位仙女干活真是不少呀。"[70] 这里作者巧妙地通过两位宅主之口用"仙女"一词肯定和暗示着艾琳的地位与作用。山姆对艾琳的评价很高："那可是个好（dandy，上品，一流）姑娘啊，我不知道没有了她我们怎么能活下去。"[71] 家里一切进展顺利全归功于艾琳的帮助。他甚至认为她扮演了平安女神的角色，说她"是给我们带来安宁与秩序的人哪"[72]。他把艾琳看成了自己眼中的女神："是她，恢复了我对女人的信心呀。"[73] 当着朱丽叶的面如此赞赏艾琳，除了表扬艾琳之外，山姆自然也暗示着他身边的两位女人萨拉和朱丽叶已经让他很失望。可是这句肺腑之言却误导了精神器官不健全的朱丽叶。

（三）朱丽叶无器官身体形成的根源

也许那首歌能解开这个谜。也许是因为这首歌，作者艾丽丝·门罗才给女帮工起了这个名字。白天萨拉无意中随口说的关于艾琳的话"我忽然觉得，她没准儿想毒死我呢"[74] 和山姆无意中随口哼的曲，还有他关于艾琳让他恢复对女人的信心之言让朱丽叶做了个梦。日有所思，夜有所梦。梦境中，"父亲背对着她，在给菜园浇水……父亲把水管子在身子前面压得低低的，他转动着的仅仅是那个喷嘴"[75]。喷嘴前面不远处是艾琳在面对着父亲嬉戏。艾琳觉得这个梦"挺恶心"[76]。当她醒来时那种感觉仍然滞留不去。她发现这个梦挺可耻的。[77] 潜意识中朱丽叶认定父亲和艾琳之间存在着暧昧关系。她不能积极地评价和肯定父亲对命运悲惨的艾琳的同情与关心，更不能理解父亲对艾琳给家里带来帮助的感恩之心。她积极的精神器官完全被去功能化了。

作者做了更为精准的交代，一切皆因"她本人肮脏的放纵沉溺"。冤有头，债有主。如果把短篇小说集《逃离》中《机缘》《匆匆》和《沉寂》理解为以朱丽叶为主人

[69]　同 [56]，第 96 页 .
[70]　同 [56]，第 96 页 .
[71]　同 [56]，第 115 页 .
[72]　同 [56]，第 119 页 .
[73]　同 [56]，第 118 页 .
[74]　同 [56]，第 113 页 .
[75]　同 [56]，第 123 页 .
[76]　同 [56]，第 123 页 .
[77]　同 [56]，第 123 页 .

公的逃离三部曲的话，她的"肮脏放纵"源于上篇《机缘》。"指导她写论文的导师有个外甥来访，她和那个外甥一起外出，深夜在威利斯公园的草地上被他占了便宜——那也不能说是强奸，她自己也是下了决心的呀。"[78] 她就这么草率地失去了处女之身。在火车上初次与埃里克见面，他送她回卧铺车厢。在车辆连接处，如果不是因为她月经在身，同样也会发生关系。她以一句"我可是个处女呢"[79] 避免了尴尬发生。火车上偶遇埃里克的六个月之后，应其邀请她长途跋涉来到了他的住处。在那里等了他一夜。第二天清晨，他来了。"她从他的声音里听出他是要她的。他逼近她，她觉得自己通体从上到下都给抚触搜索遍了，只感到全身沉浸在轻松当中，都快乐得不知怎么才好了。"[80] 朱丽叶性行为上的随意性，以及对男女之情贪欲追求的无节制最终让自己放弃了学业，沦为埃里克的情妇之一，陷入与其他女人无休止的争执之中，成了男人的附属品和牺牲品，丧失了自我，自己的生成伤害了自己。艾丽丝·门罗用"沉溺"一词妙不可言地道出了朱丽叶的本质，揭示出了在某一方面精神力量的过分关注导致其他精神器官功能丧失的必然规律。

下篇《沉寂》中"肮脏的放纵"发展成"肮脏的沉溺"。朱丽叶放弃一切所获得的补偿，主要是性的满足与陶醉。埃里克的不断出轨使他们生活很不平静。"忧伤刺激了他们，使得他们的做爱变得十分完美，每一次做完之后他都以为事情总算过去了，不幸总算是告一段落了。"[81] 埃里克以性的满足与陶醉来为她疗伤，认为只要她得到了性的满足，一切都不重要了。她也对此产生了依赖。"放弃古典文学之后，眼下她阅读的一切都与偷情通奸有关。"[82] 埃里克死后，在朱丽叶接连不断的六段情史中，只有两位提到了名字（Larry 和 Gary），而且没有提到姓氏。也许朱丽叶根本就不知道他们姓什么。那对于她也不重要。她太迫不及待地要弥补埃里克所留下的空白了。有一位年长她许多，还有一位年小她许多。作者给了我们足够的暗示："克里斯塔没有点穿也许是因为一时还没有候选的男人。"[83] 她实在太饥不择食了。她在与埃里克因其出轨行为吵架时曾这样评价他："谁恰好近在身边，他

[78]　同 [56]，第 73 页．
[79]　同 [56]，第 83 页．
[80]　同 [56]，第 89 页．
[81]　同 [56]，第 150 页．
[82]　同 [56]，第 150 页．
[83]　同 [56]，第 159 页．

就跟谁玩儿。"[84] 埃里克死后，朱丽叶成了他的影子。一切皆因沉溺所致。

在性生活方面的过分沉溺，使朱丽叶只想尽快回到埃里克身边。当一个人的某一精神器官特别发达，占用了其绝大部分的精神力量，其其他精神器官的去功能化便是不言而喻的了。这才使得一切都变得那么匆匆，一切都来不及深入地思考。回来探望病重的母亲只是敷衍了事。埃里克成了她生活的全部，却背叛了她。埃里克死后女儿佩内洛普成为她生活的全部，却离开了她。生活欺骗了她。积极精神器官去功能化之后，她成为干枯的无器官身体。她没有正确的判断能力，无法判断现在，更不能预知未来。

小说接近尾声之时，萨拉的好友，也是她的牧师——唐恩的到来帮助我们找到了朱丽叶精神器官去功能化的又一个原因。当牧师问起朱丽叶去哪家教堂的时候，她的回答是："根本没有我们（朱丽叶和埃里克）要上的那种教堂。我们不相信上帝。"[85] 牧师企图说服她，她坚决拒绝被说服。因此两人大吵了一架。因过于激动，身患重症糖尿病的牧师几近休克。朱丽叶还以为他喝醉酒了。萨拉及时赶到才避免了一场灾难的发生。

朱丽叶与唐恩之间所发生的冲突是门罗作品典型主题——虔诚和荣耀的金科玉律与过激的偏执之间的碰撞（mottoes of godliness and honor and flaming bigotry）。霍尔库姆所说的过激偏执在朱丽叶身上体现得淋漓尽致。她不仅自己没有信仰，甚至也认为女儿佩内洛普也不需要信仰。当唐恩问道："你们想让她长大成为一个异教徒吗？"她的回答是："等佩内洛普长大后她自己会做出决定的。"这是朱丽叶说的为数不多对的话。人总要为自己的过分偏激付出代价的。从《沉寂》中我们知道，长大后女儿去了"精神平衡中心"，去弥补朱丽叶拖欠的课。[86] 从此杳无音讯。

追求虚无缥缈的浪漫，又过于沉溺；没有信仰，又过于偏激。这是朱丽叶的顽症。至此，她积极的精神器官已经彻底去功能化，成为德勒兹哲学视域下枯干的无器官身体。

---

[84] 同 [56]，第 150 页.

[85] 同 [56]，第 127 页.

[86] 同 [56]，第 136 页.

（四）结语

在上篇《机缘》中与埃里克在火车上匆匆邂逅，六个月后匆匆赴约，并匆匆地成为这位有妇之夫的渔夫的情人，又匆匆生下女儿佩内洛普的朱丽叶，在本篇《匆匆》中匆匆回到家乡探望病重的妈妈。由于来也匆匆去也匆匆，一切都来不及深入地思考。在与父亲、母亲、艾琳、查理以及唐恩的匆匆接触中，充分地暴露了朱丽叶精神器官的去功能化。因而，她不能与人正常交往与沟通，出现了人际关系的障碍。究其原因，朱丽叶的顽症在于追求虚无缥缈的浪漫，又过于沉溺；没有信仰，又过于偏激。她积极的精神器官已经彻底去功能化，成为德勒兹哲学视域下枯干的无器官身体。

二、《辛德勒名单》之"无器官身体"解读

（一）引言

德勒兹是"二战"以来法国最有影响的哲学家之一。法国哲学家和史学家米歇尔·福柯曾在《哲学剧场》一文中给予德勒兹极高的评价。他预言"德勒兹的世纪"即将到来——"或许有一天，这个世纪将被认为是德勒兹的世纪"[87]。一生都在致力于为哲学创造新概念的德勒兹一再强调，哲学的使命就是创造概念。[88] "无器官身体"是他创造的核心概念之一。

"无器官身体"最早是法国诗人、戏剧演员安托南·阿尔托于 1947 年 11 月 28 日在广播剧《与上帝的裁判决裂》中最初提出来的。德勒兹首次在《感觉的逻辑》中引用了"无器官身体"这一概念。在和伽塔里合著的《反俄狄浦斯》的"欲望机器"一章中，进行了进一步的探究。之后，在德勒兹和伽塔里的代表作品《千座高原》中，他们以题为"1947 年 11 月 28 日：如何使你成为无器官身体"一章的篇幅展开了讨论，系统全面地阐述了"无器官身体"。[89] 从此，"无器官身体"引起越来越多的人的广泛关注。

---

[87]　道格拉斯·凯尔纳，斯蒂文·贝斯特．张志斌译《后现代理论》[M]．北京：中央编译出版社，1977：165.

[88]　Parr，Adrian. The Deleuze Dictionary [M]. Edinburgh：Edinburgh University Press，2005：205.

[89]　Deleuze，Gilles & Felix Guattari. A Thousand Plateaus：Capitalism and Schizophrenia[M]. Trans. Brian Massumi. London：University of Minnesota Press，1987：149-166.

（二）"无器官身体"的概念

从字面上说，"无器官身体"指身体处于功能上尚未分化或尚未定位的状态，或者说身体的不同器官尚未发展到专门化的状态。[90] 在德勒兹和伽塔里看来，我们每个人都有一个或几个无器官身体。尽管无器官身体不是现成的，但是我们都具备成为它的一些基本条件。你需要成为一个无器官身体，因为没有无器官身体你就无法生产欲望。器官身体不是一种实践，是个极致。[91] 当身体已经生长出足够的器官，并想丢掉和甩掉它们的时候，无器官身体的制备过程就已经开始了。这是一个十分漫长的过程。器官是我们的负担，我们每个主体都为自己的器官所奴役。成为自己真正主人的唯一途径就是把这些奴役我们的器官剥落，成为无器官身体。

德勒兹和伽塔里认为，欲望、机器和生产这三者构成了世界上形形色色的生命现象。他们所说的机器也就是欲望驱动的机器或"欲望机器"，生产就是实现着欲望的生产或"欲望生产"。无器官身体是非生产性的。然而它是在特定时间和特定地点，作为生产过程和产品的同一性，由连接性综合生产出来。它不是整体丧失后所遗留下来的空壳；最为重要的是，它不是投射，与身体本身或身体的影像没有任何关联。身体上的器官生长得越健全，身体发育得越完整，离"丰满的无器官"身体就越遥远。所以，阻止自己的身体生长，或者说阻止自己的身体，使它不按照社会环境，而是按照自然环境的要求生长，身体才能渐渐发育成无器官身体。无器官身体分为三种，即恶化的无器官身体、丰满的无器官身体和干枯的无器官身体。

恶化的无器官身体。德勒兹把以法西斯主义的欲望压抑其他欲望的政治手段和欲望机器称为恶化的无器官身体。但是它仍然为欲望所支配和驱动着。而作为无器官身体欲望机器，最终将是自己得到湮灭，或者是生产出使自己得以湮灭的力量。

丰满的无器官身体。德勒兹和伽塔里的理论体系"精神分裂分析学"中的重要任务就是把欲望分为两种，即"作用的欲望"和"反作用的欲望"。前者支配下的无器官身体是"精神分裂者"，他们不满足于对现有的事件和形势做出主流思想所接受的反应，不接受世俗、环境和规制的约束，属于"少数派"。少数派意味着对现存秩序的超越。少数派意味着不为多数派所限制，意味着无限的可变性和创造性，

---

[90]　夏光. 德鲁兹和伽塔里的精神分裂分析学（上）[J]. 国外社会科学，2007（2）：24.

[91]　同 [89]，第 150 页.

意味着不断生成新的东西。[92] 他们当中的一些人会成为革命者和推动历史发展的力量。他们坚持理想，直接表达欲望，成为丰满的无器官身体。

干枯的无器官身体。在"反作用的欲望"支配下的无器官身体是"偏执狂"，他们总是对现有的事件和形势做出为主流思想所接受的反应，属于"多数派"。他是世俗环境的产物，是占主导地位的阶级利益的忠实支持者和维护者。集体的欲望也是他们的欲望。他们已经没有自己的思想，或者是出于某种原因不能直接表达自己的思想，成为干枯的无器官身体。

（三）辛德勒的无器官身体

正如德勒兹所说，每个人身上都有一个或几个无器官身体，辛德勒身上同时拥有两种无器官身体，即枯干的无器官身体和丰满的无器官身体。

1. 丰满的无器官身体

小说作者对辛德勒的评价高而中肯："在他身上，你没有办法说清楚投机主义究竟在何时让位给无私主义，我喜欢这种颠覆意义的事实，即精神的力量和美好的意愿在不可能出现的地方大放异彩"。[93] 辛德勒是一个地道的无私主义者，而这一点他自己并不清楚。他不知道自己实际上扮演着犹太人救世主的形象，以至于当苏联红军来接管这些犹太人之前，他还落荒而逃。他想尽一切办法，倾尽自己的所有财力和物力，最大限度地救出了1200多名犹太人的事实雄辩地证明了他是一名利他主义者。

1949年美国联合配给委员会执行副主席 M. W. 贝尔克曼签署了一封信。信中写道："美国联合配给委员会已经彻底查清辛德勒先生在德国占领期间的所作所为……辛德勒先生以开设纳粹劳役工厂的名义，雇用并保护了大量犹太男女，否则他们早就惨死在奥斯维辛和其他臭名昭著的集中营了……有很多亲历者纷纷向联合配给委员作证，他们说，'辛德勒设在布伦利茨的集中营是整个纳粹占领区内绝无仅有的唯一一个从来没有一个犹太人被杀害甚至被鞭打的地方，他把所有的犹太人都看作有尊严的人类兄弟来对待'"[94]。在整个来自德勒兹的祖国的纳粹集体都大肆残酷

---

[92]　夏光. 德勒兹和伽塔里的精神分裂分析学（下）[J]. 国外社会科学, 2007.

[93]　托马斯·基尼利. 辛德勒名单 [M]. 冯涛, 译. 上海：上海译文出版社, 2016：481.

[94]　同 [93]，第 467 页.

迫害犹太人的环境中，辛德勒恰恰相反，他不接受他所在集体所强加给他的思想和行为，自己另辟蹊径，开辟了一条前无古人的道路。这条道路正是德勒兹哲学视阈下的所谓少数派。他的所作所为充分地证明了他就是丰满的无器官身体。

必须说明的是，他丰满的无器官身体不是他一时所动的恻隐之心，或偶然发现的良心，而是他人性中的一部分，即他的本质属性。德国电视台 1973 年拍摄过一个纪录片，采访到独居在布宜诺斯艾利斯小房子里的辛德勒的结发妻子埃米莉时，她平静地说起奥斯卡和他的布伦利茨，语气中没有一毫弃妇的酸楚和怨恨。她颇具洞察力地指出，奥斯卡不论在战前还是在战后都没有成就什么惊人的业绩，他的黄金时代正是在战时。从这一点上说他是幸运的，在 1939 到 945 年这段短促的极端岁月里他遇到了激发出他内在潜能的那一群人。[95] 就是那一群被迫害的犹太人在那个年代激发出他那沉寂在人性最深处的丰满的无器官身体。犹太人感谢他的救命之恩，他感谢犹太人激发出了他的潜能。

2. 枯干的无器官身体

然而辛德勒的情况更为复杂。他不仅仅是丰满的无器官身体，他还是枯干的无器官身体。正如德勒兹所说的，我们每个人都有一个或几个无器官身体。[96] 辛德勒的生活中更多地体现出来的是他的枯干的无器官身体。

英国作家威尔逊在《邂逅》杂志上撰文评论说：“辛德勒是个骗子，一个酒鬼，一个登徒子，可是，如果他不是这样的人的话，他也就没办法从纳粹集中营拯救出上千个劳工了。”[97] 这对辛德勒的评价再恰当不过了。

辛德勒行为放荡。他甚至在生日晚会上过量饮酒之后亲吻犹太女孩后被人密告而锒铛入狱，最后还是用钱摆平了关系，贿赂狱警。在情人克罗诺斯卡的疏通下才得以离开监狱。[98]

他生活奢靡，嗜赌成性，花天酒地。他与纳粹分子相处融洽，是阿蒙的酒友和赌友。这些都是他日常生活留给绝大多数人的印象，也是实际生活中的辛德勒。如果说这一切是辛德勒为了能够掩护犹太人而强装出来的假象，那有失公平，不是真正的历

---

[95] 同 [93]，第 474 页.

[96] 同 [89]，第 150 页.

[97] 同 [93]，第 482 页.

[98] 同 [93]，第 124 页.

史唯物主义态度。

辛德勒是矛盾的统一体。他可以上午是枯干的无器官身体，下午是丰满的无器官身体；白天是丰满的无器官身体，晚上是枯干的无器官身体；今天是枯干的无器官身体，明天是丰满的无器官身体。他自己也不知道什么时候会是哪一种无器官身体。就是集两种无器官身体于一身的现实成为他最好的掩护身份，使他成为犹太人的保护神。其丰满的无器官身体是"盾"，保护着犹太囚犯；枯干的无器官身体是"矛"，直接刺向纳粹分子的心脏，以一己之力与克拉科夫所有的邪恶势力抗衡。纳粹分子所能看见的一面是他枯干的无器官身体，犹太劳工所能看见的是他丰满的无器官身体。小说作者基尼利在 1995 年接受《出版人周刊》的西碧尔·斯特恩伯格的采访时说："我对这个故事中的道德力量深信无疑……堕落之人跟他们身上向善的力量之间的斗争总是让人着迷。（辛德勒的时代）正是历史上曾不止出现过一次的特殊时代：在那些时代，圣人已经完全无能为力，对你已经没有任何好处，唯有那些讲求实际的无赖汉才能担当起拯救灵魂的重任。"[99]作者说的"圣人"指的是丰满的无器官身体，"无赖汉"则指的是枯干的无器官身体。统一体的矛盾成就了辛德勒的伟大。

（四）小说中其他的无器官身体

小说中处处可见德勒兹哲学是余下的无器官身体。这些无器官身体同样也分为三类，即恶化的无器官身体、枯干的无器官身体和丰满的无器官身体。

1. 恶化的无器官身体

阿蒙·格特上尉，被党卫军派到克拉科夫继续执行清剿行动的司令官，是小说中的头号恶化的无器官身体、极端纳粹分子的代表人物。他常指挥手下鞭打犹太女人，他是一个不折不扣的虐待狂。[100] 他还是个杀人狂。一次工地要挑选 25 名技术工人，一个小男孩想获得这个工作机会，以免一死。男孩说："我是个技工专家。""是吗，小宝贝？"话音未落，他对着小孩的脑袋就是一枪。这个孩子还没等摔到地上就已经没气了。[101] 犹太女囚犯狄安娜·赖特尔是个建筑专家，认为某一营房的建筑设计会引起塌方。她就向指挥官提出了自己的建议。阿蒙二话没说就命令把她枪毙了，

---

[99]　同 [93]，第 482 页.

[100]　同 [93]，第 179 页.

[101]　同 [93]，第 238 页.

然后再命令手下按照她说的去做。[102] 他的罪恶行径罄竹难书。战争还没有结束他就因奢靡腐败、滥用职权而被党卫军逮捕。他于 1949 年 9 月 13 日被判处死刑，在克拉科夫执行绞刑。根据克拉科夫媒体的报道，阿蒙走上绞刑架的时候丝毫没有悔恨的表现，死前还敬了个国社党的举手礼。[103] 他是个地道的、死不悔改的、恶化的无器官身体。

小说中的另一个恶化的无器官身体是小说中的铁杆"犹奸"非塞姆切·斯佩拉莫属。他用无数犹太同胞的生命换来了犹太警察局长的宝座，并利用自己手中的权力大量攫取金银珠宝，大发纳粹屠犹之财。他几次拟定告密名单，少则上千，多则几千，上交集中营司令官。这些犹太人只有一个死亡的结果。他的结局同样也很悲惨。他最后也被扒光了衣服和家人一起，连同几个犹太警察被党卫军枪毙了。书中没有交代他哪里得罪了纳粹分子。这表明身为犹太人，不管你多么低头顺脑、巴结效忠，都无法担保能留下条性命。[104] 这和抗日战争时期许多汉奸的下场没什么两样，都是咎由自取。他罪大恶极，死有余辜，是小说中典型的恶化的无器官身体。

2. 枯干的无器官身体

笔者根据日本侵华期间流行起来的"汉奸"一词，把为苟且偷生，背叛犹太教义，出卖其民族利益，甘愿做纳粹德国走狗的犹太人称为"犹奸"。可以被理解为枯干的无器官身体，因为他们丧失了道德底线，为苟且偷生，出卖灵魂，为纳粹德国卖命。"犹奸"是贯穿整部小说十分重要的主题。从很大意义上讲这些犹太民族中的败类使本民族同胞们原本已经十分悲惨的命运雪上加霜。

为了管理犹太人，纳粹党负责人挑选由 24 人组成的犹太委员会，专门负责管理犹太人内部的事务。委员会必须定期向党卫军司令报告犹太人的事务，按照党卫军的指令提供运往奥斯维辛集中营的名单，他们手中掌握着犹太同胞的生杀大权。他们可以通过自己为党卫军的工作获取纳粹党的赦免，手中持有"蓝标通行证"，免除劳役和酷刑。他们充当纳粹分子"以犹治犹"的急先锋，很像日本侵华时期的"维持会"，以本民族同胞为敌。犹太人管理委员会帮助纳粹分子杀害了很多犹太人，他们是小说中枯干的无器官身体。

---

[102]　同 [93]，第 187 页.

[103]　同 [93]，第 466 页.

[104]　同 [93]，第 296 页.

更大的一批"犹奸"队伍是犹太警察。小说中的警察队伍有三类——党卫军、占领区波兰警察和犹太警察。犹警是警察队伍中地位最低的。小说中波尔代克·普费弗伯格为了生存不得不戴上了犹太警察的帽子。他认为正确理解其宗旨——犹太警察不但要确保聚居区墙内的秩序，还要使犹太民族无奈的服从到达一个合适的程度，只有服从才能确保压迫者更快地走开，才能使当权者忘了他们的存在，而在他们忘记造成的空隙中，生活也许能重新成为可能。在这种错误的犹警逻辑的支配下，许多犹太青年男子加入了犹警队伍。作为"犹警"的他们也有为难之处。党卫军强迫他们鞭挞自己的同胞，否则他们自己的家人就会倒霉。犹警如不能把犹太人赶到大街上去，他们自己的家庭就得遭殃。所以很多犹太警察都唯命是从、忠心耿耿地为纳粹德国卖命。这样，他们不仅可以保存自己的性命，也可以使自己全家免于遭殃。

必须指出的是，如果没有那么多"汉奸"，日本法西斯分子侵华期间，会少一些中国人的人头落地。同样，在纳粹铁蹄践踏下的犹太人如果没有那些"犹奸"的参与，命运也不会那么悲惨。这就是小说真实地反映的史实。这些枯干的无器官身体加剧了犹太人本民族命运的悲惨性。

3. 丰满的无器官身体

笔者同样根据对国人"汉奸"的理解，将德国党卫军队伍中背叛本阶级利益、为犹太民族办事的党卫军军官或军士称为"德奸"。这样的人数量虽然很少，但是其影响十分深远，对纳粹党的打击相当沉重。"德奸"是个褒义词，是小说《辛德勒名单》的一道十分亮丽的风景，构建了小说中丰满的无器官身体。

犹太人聚居区看大门的警卫队长奥斯瓦尔德·伯斯科对纳粹党屠杀残害犹太人的做法反感到了极点。他对犹太人的命运十分同情，实在看不惯纳粹分子的残忍行径。[105] 在一次纳粹分子屠杀犹太人的行动中，他偷偷将几十个孩子装在纸板箱里救出了聚居区。这位警卫队长就向地下抵抗组织十张总通行证。[106] 这样，他帮助犹太抵抗组织做了许多有益的事。他是个典型的幕后英雄。随着局势日益恶化，他发现自己再也无法在党卫军的框架下工作了……他动用职权救出十几个犹太孩子的时候却另有一百个孩子被押解出聚居区的大门。所以他干脆挂冠而去，潜入涅波沃米采的森林中当起了游击队员。他加入人民军，竭尽全力为他一九三八年夏对纳粹主义的幼稚热情将功赎

---

[105]　同 [93]，第 102 页.

[106]　同 [93]，第 154 页.

罪。他的穿着打扮已经全然像个波兰农民，可最后还是不幸在克拉科夫以西的一个村子里被党卫军认出，以叛国罪处决。伯斯科也由此成为一位伟大的烈士。[107] 他放弃了本阶级丰厚的利益和待遇，不接受纳粹德国给他安排好的生活方式，选择了对本阶级来说的叛逆行为。他是德勒兹哲学思想中的少数派，是丰满的无器官身体。

"犹奸"当中也有少数的良心未泯之人。犹太委员会主席阿图尔·罗森茨韦格被要求提供数千人的放逐名单时，他大义凛然地将他自己、他的妻子和女儿的名字列在了前三位。[108] 他带领全家人慷慨赴死。他的英雄壮举虽然灵光一现，却是德勒兹哲学视阈下的丰满的无器官身体。

小说中还有很多扮演了救世主角色的小人物。作者于 1980 年在美国一家箱包店认识了店主、"辛德勒名单幸存者"波尔代克·普费弗伯格，从他嘴里基尼利第一次听到辛德勒的大名。[109] 从此基尼利开始了小说《辛德勒名单》的创作。曾经是犹太警察的普费弗伯格不忍充当纳粹的帮凶蹂躏自己的同胞，便辞去了犹警职务。无工可做的他不得不给犹警头目塞姆切·斯佩拉的孩子当家庭教师。可是他并没有因此而拿到自由通行的蓝卡。一不小心，他被纳粹分子截住，被强令站在了送往奥斯维辛集中营人员队伍中。生命危在旦夕之时，他遇到了一位曾经的同事，也曾经在高中教过其妹妹的犹太警察。该警察冒着生命的危险向纳粹分子谎称普费弗伯格是犹太委员会成员。这样普费弗伯格才幸免一死。[110] 作者没有提及他的名字。然而如果不是因为他的义举，我们今天就读不到小说，更看不到电影《辛德勒名单》了。无名小人物做了大贡献。至于该无名犹警在不在和斯佩拉一起被纳粹分子枪毙的犹警队伍中，我们就不得而知了。也许有其他犹警看见他救了普费弗伯格，告密给纳粹分子，他才被枪毙。作者没有交代。纪实小说不可能交代所有细节。

另一位"辛德勒名单幸存者"德雷斯纳太太也是在一次大搜捕中，在一位犹太警察、她儿子的一个朋友的掩护下得以死里逃生的。[111] 作者也没有留下他的姓名。他是小说中的又一位无名英雄。小说中有许多这样的无名英雄。正如在辛德勒最后离开之前"辛德勒名单幸存者"用自己的金牙所打的戒指上刻印的文字那样"救人

---

[107] 同 [93]，第 249-250 页．
[108] 同 [93]，第 160 页．
[109] 同 [93]，第 480 页．
[110] 同 [93]，第 130 页．
[111] 同 [93]，第 156 页．

一命，如普度众生"那样，这些无名英雄同样值得我们的敬仰和尊重，并永远活在我们的心中。是这些无名英雄的贡献制造了一些生命的奇迹，使犹太民族作为一个伟大的民族而得以保存下来。

这些无名英雄和"德奸"伯斯科、"犹奸"中的"叛徒"罗森茨韦格一起构成了小说中一道亮丽的风景线，也陪同辛德勒一道铸成了保护犹太囚犯的防护墙，成为小说中丰满的无器官身体。

（五）结语

小说《辛德勒名单》真实地再现了那段特殊历史环境下的一群特殊的人和这一群人中最为突出的一个 —— 辛德勒。那个特殊的年代的特殊历史造就了一批德勒兹哲学视阈下的无器官身体。各种无器官身体在当时的历史舞台上进行了充分展示。历史永远铭记那些拯救犹太人的救世主般的人物，也永远唾弃那些涂炭犹太生灵的纳粹分子以及他们的帮凶 —— "犹奸"。

第六章　重复与文学批评

在德勒兹看来，文学创作是创造差异的过程。德勒兹本人也被学术界称为差异哲学家。在德勒兹看来，重复并非相同事情的再次发生，它是生产差异和再发现的实践过程。重复过程既不依赖主体也不依赖客体，它是一个有无限潜能的可持续过程。一生致力于新概念创造的德勒兹认为，制造差异以矫正不断趋同的西方社会是哲学家的使命。差异产生于重复。他受塔尔德的启发，把重复看作差异的微分器，经过重复，差异由普遍差异提升为特殊差异，由外在差异蜕变为内在差异。重复是德勒兹理解世界的关键词，重复同样也是德勒兹哲学中的一条逃逸线，是德勒兹文学批评方法。

第一节　德勒兹哲学之重复

一、重复的历史渊源

"重复"的最早渊源在中国的古典哲学之中。"承负说"是东汉《太平经》提出的善恶报应思想，其渊源可以上溯到商周时期，其主要内涵是上天对个体及其家族所积累的善恶进行核算和奖惩。[1] "承负说"是中国本土产生的善恶报应观。具有

---

[1] 黄景春 ."承负说"源流考 —— 兼谈汉魏时期解除"重复"法术 [J], 华东师范大学学报，2009（6）.

中国传统文化的一些基本特点。"承负说"发生的条件是天人感应。[2] 重复在镇墓文的意思是鬼魂重又沿着旧路返回，意味着死人不愿意独处地下，重新回到地上原来的住处祟扰生者。[3] 重复指的是阴冤从阴曹地府沿着死者来这时所经过的线路溯源追回到人间，说的也只是线路的相同，内容完全不一样了。去时没有目的，被动而无意识；回来有目的，主动而有意识。重复概念从诞生之日起就是和差异紧密联系在一起的。

柏拉图一以贯之地秉持了同一律重复思想。他谈道："从荷马起，一切诗人都是模仿者，无论模仿德行，还是模仿他们所写的一切题材，都只能得到影像，并不曾抓住真理。"[4] 可见柏拉图认为艺术活动仅仅是对理念和自然界的仿拟，是再现和重复前人的理念或者自然。这一观点贬低了艺术活动过程中的创造性，弱化了主观能动性和创造性，忽略了重复对差异的作用。

关于重复，尼采的精彩论述是："这人生，如你我经历和正在经历的，你必将再一次并无数次经历它，其中并没有任何新东西……存在的永恒沙漏将不断地重新流转，而你这微尘中的微尘与之相随。"[5] 永恒轮回作为生命的自我肯定、自我创造的手段，不但意味着生命的目的在于无数次重新获得这个世界，更在于只有返回世界才能使被遮蔽的存在得以显现。[6] 正如孔子思想强调温故知新那样，尼采开始注意到重复与新事物的出现之间的关联。这极大地提升了前人关于重复的思想。

克尔凯郭尔小说《重复》中男主角康斯坦丁相信："重复和记忆是相同的活动，只是它们指向相反的方向而已。记忆是沿着时间的轨迹指向过去的活动。"[7] 康斯坦丁回到过去曾经去过的地方寻找从前的影子。然而时过境迁，物是人非。他已经无法实现自己的初衷。从前的影子早已经不在。他说："所有可以重复的方法我都试过了，可是我发现根本就没有'重复'这档事。"[8] 康斯坦丁深刻地意识到重复活动

———————————

[2] 同 [1].

[3] 同 [1].

[4] 柏拉图. 柏拉图文艺对话集 [M]. 朱光潜，译. 北京：北京人民出版社，2013：73.

[5] 尼采. 强力意志 [M]. 张念东，译. 北京：中央文献出版社，2005.

[6] 宋涛. 存在反思与本体返回 —— 西方重复美学思想诌议 [J]. 西北大学学报，2017（1）.

[7] Kierkegaard，Søren. Repetition，A Venture in Experimental Psychology[M]. Trans. Howard V. Hong and Edna H. Hong. Princeton University Press，1983：131.

[8] 同 [7]，第 27 页.

不可能再生出相同，对失去之物也难拥有。这便将现实生活的多样性和差异性提升到了优于任何先验假设的哲学高度。

从修辞学领域探讨，"重复"被界定为在一个句子或段落中不止一次出现的同一种发音、同一个词语、同样的语法结构甚至是相通的句子。在文学审美活动中，重复也包括诗歌中意象的重复以及小说与戏剧中的时间或场景等基本要素的重复。[9]修辞学和文学审美活动强调的是重复活动的形式。而戏剧和小说等的文学批评活动侧重点则更应在通过形式上的重复所产生的差异之上。重复过程中人们看到相同的只是形式。差异才是重复的内容和真正的目的。

米勒在《小说与重复》将重复大体归位三类：（1）细处重复，如发音、语句、修辞格、外观、内心情感等的重复。（2）事件和场景等要素的重复。（3）一部作品与其他作品在主张、动机、人物、事件上的重复。[10]米勒同样研究的也是形式上的重复。应该看到，正是这些形式上的重复所制造的差异使每一次重复都与前次获得不同的效果。作品与作品之间形式上是重复的，而给读者带来的审美效果是截然不同的。

二、德勒兹哲学中的重复与差异

为突出强调"差异"在德勒兹哲学思想中核心地位，德勒兹常被冠以"差异哲学家"。[11]在德勒兹看来，重复是通过差异而不是拟态产生的。[12]德勒兹不去找寻一个致使重复开始的原点，从那里重复周而复始地进行着。他认定，重复过程不依赖其主体也不依赖其客体，它是一个可持续的过程。重复拥有无限的潜能，它始终处于更新状态。切不可把重复理解为一个循环结束而另一个循环即开始的线性过程。[13]真正在重复的实际上是差异。首先最重要的是要弄清楚"重复"并指向非单一方向的。重复没有目标，没有最终引领"重复"所指向的目的地。真正重复的是强大的差异力，也就是那些前个体奇点将内在位面上的差异从根本上无限地增大。差异和变异

---

[9]　陈义华．《普鲁弗洛克的情歌》的重复及其功能 [J]. 外国文学研究，2012（2）.

[10]　Miller，Joseph Hillis. Fiction and Repetition：Seven English Novels[M]. Oxford：Basil Backwell，1982.

[11]　Parr，Adrian. The Deleuze Dictionary [M]. Edinburgh：Edinburgh University Press，2005：72.

[12]　同 [11]，第 223 页 .

[13]　同 [11]，第 224 页 .

过程使"重复"寄以浮现的环境发生突变。[14] 德勒兹这一对重复的理解精辟而独到。因为差异的增大突破了某一特定的阀限才使重复产生了。正是出于这样的理解,德勒兹才断言:"差异产生于重复。"[15] "差异就产生于两次重复之间。"[16] 德勒兹受塔尔德的启发,把重复看作差异的微分器。经过重复,差异由普遍差异提升为特殊差异,由外在差异蜕变为内在差异。[17] 重复也是德勒兹哲学中的一条逃逸线,是德勒兹文学批评方法。重复是为实现质变而进行的量的积累的过程。文学创作正是通过重复将普遍差异升华为特殊差异,将外在差异转变为内在差异的过程。

重复是发现过程。德勒兹提到重复所涉及的"新事物"指的就是创造性。他要向传统和习俗提出挑战。作为新生力量,重复要拓垦的是充满了新奇特和陌生感的未知领域。[18] 德勒兹之所以鼓励重复,是因为他看见了重复中存在着再发现的重大可能。艾丽斯·门罗小说《逃离》的女主人公卡拉重复了她的逃离行为。第一次从父母身边逃离,与克拉克一起私奔;后来她发现自己无法忍受克拉克,又从他的身边逃走。然而重复不是一个达成目的的过程,而是一个再发现的过程。卡拉发现她自己根本逃不掉,根本无法从克拉克身边逃走。这才是艾丽斯·门罗创造这篇小说的目的。逃离父母,失去了所有对父母在经济和情感上的依赖,转而把这种依赖嫁接到了克拉克身上。没有了依赖,她的任何想法都只是空中楼阁、海市蜃楼。从结果上看第二次逃离证明了她第一次逃离的失败。从内容上看就不是这样了。她只有实践逃离,才知道自己根本逃不掉。她发现了过分依赖的可怕性以及思想独立、情感独立和经济独立的重要性。这才使她再次回到克拉克身边之后如同发生了脱胎换骨的变化。正是经过了这两次的"逃离",卡拉才从生活的"桎梏"中得到了解脱。她不用再将全部希望寄托于他人,也不用再忍受生活的折磨和煎熬,她开始用辛勤的劳动来赢得属于自己的幸福生活。重复是转换生成正能量的创造性活动。

在《差异与重复》的自序中,德勒兹开宗明义地亮出了自己的哲学思想动机,

---

[14] 同 [11],第 224 页.

[15] Deleuze,Gilles. Difference and Repetition[M]. Trans. Paul Patton. New York:Columbia University Press,1995:76.

[16] 同 [15],第 76 页.

[17] 同 [15],第 76 页.

[18] 同 [4],第 224 页.

就是要"普遍地对抗黑格尔主义"。[19] 他指出，差异与重复之力要从概念上取代黑格尔思想体系中的同一性和否定。哲学术语上的变化表明差异与重复都是可以产生未知结果的积极力量。德勒兹是要告诉人们，与黑格尔不同，他从充满快乐和富有创造性的逻辑中创造概念。他说："我总是沿着移动着的视野，在偏离中心的地方，在模糊的疆域，在概念不断重复和产生差异之时发明概念，再造概念，撤销概念。"[20]

在讨论重复时德勒兹断言，"生活的使命就在于让所有一切重复在布满差异的空间共生"[21]。生活中存在许许多多的差异，这些差异几乎是觉察不到的。然而，随着各种行为的重复，这些差异就会开始隐约出现。[22] 布里金肖认为重复只是给本来就已经存在的差异的显现提供了机会。没有重复，差异就显现不出来。

根据德勒兹的理解，我们需要借助"两条探究线"[23] 重新理解到底"差异与重复"到底是啥意思。首先是重新考虑不涉及对立或矛盾的差异，也就是德勒兹所说的"无否差异"（difference without negation）[24]。其次，要重新考虑，在物理重复，机械重复或裸重复（repetition of the same）的更深结构层面潜藏着一个被隐藏起来并被其他东西取而代之的"微分器"（differential）[25]。这才是重复存在的必要。"微分器"被不断地置换，我们不知道哪里期待下一个从表面上取而代之的会是什么。明朝时期的"东厂"和"西厂"，到了国民党统治时期成了"中统"和"军统"；宋末时元朝取代宋朝，到了明末时成了清朝取代明朝。这是中国历史上的重复。前者的"微分器"是最终导致统治集团覆灭的内部争斗的特务机关；后者的"微分器"是多数民族掌管的政府让位于少数民族。因为潜藏在深层结构、重复之中制造差异的"微分器"是看不见摸不着的抽象概念。"微分器"是潜藏在重复之中，借助重复制造差异的抽象的机器。

在德勒兹看来，文学创作是创造差异的过程。在德勒兹看来，重复并非相同事情的再次发生，它是生产差异和再发现的实践过程。重复过程既不依赖主体也不依

---

[19]　同 [15].

[20]　同 [15].

[21]　同 [15].

[22]　Briginshaw，Valerie A. Difference and Repitition in Both Sitting Duet[M]. Topoi，2005：15-28.

[23]　同 [15].

[24]　同 [15].

[25]　同 [15].

赖客体，它是一个有无限潜能的可持续过程。[26]一生致力于新概念创造的德勒兹认为，制造差异以矫正不断趋同的西方社会是哲学家的使命。重复是德勒兹理解世界的关键词，也是德勒兹文学批评方法。福克纳小说《献给艾米丽的玫瑰》中艾米丽的父亲禁止她与同龄男孩接触致使一些批评家认为艾米丽与父亲之间存在乱伦关系。父亲死后，她把这种关系延续到了荷默身上。当她发现了荷默的八分之一的黑人身份之后，她又与托比建立了情人关系。两次重复有本质差异，第一次是乱伦延续、情感冲动；第二次是理智选择、利用与要挟。她要只身一人同杰弗逊小镇斗争，拒绝小镇人们的"社会契约"，拒绝"社会死亡"，就必须与托比结盟。托比帮她毒死了荷默。她几十年足不出户，确保了信息通畅。托比还帮她制造了与死尸同眠共枕四十载的假象。借此，她为这座"政治恋尸癖"小镇竖起了一座墓碑。她成就了少数派。生存的依赖是艾米丽两次重复的"微分器"。与父亲之间的乱伦关系使她在身体和心理上对父亲产生了依赖。父亲去世后需要补上空缺位。她将这一力比多定位移位于荷默。与荷默交往期间，她发现全镇人都在和她作对。出于斗争的需要，尤其是发现荷默隐瞒其八分之一黑人血统的身份之后，遭背叛与欺骗之后恼羞成怒的艾米丽不得不依靠托比来完成她的思想，既要毒死荷默，又要开展与全镇人们的持久战。与托比之间建立情人关系是她唯一的选择。

重复是一种侵越行为。德勒兹声称"究其本质来说重复是一种侵越，或者称其为一种例外，总要揭示与纳入法理的规范相反的奇点"[27]。德勒兹的重复概念的侵越性的重要意义在于，重复过程不是相同事物的再次出现，而是要暴露出与"纳入法理规范"相悖离的奇异点。德勒兹声称"如果差异的产生是出于表现的需要，这个差异就不算作是自身的差异"[28]。因为它是在"表现的需求"驱使下才出现的差异，涂上了人为化或社会化色彩，失去了差异自身的本质特征。在讨论重复时他明确地表示他要"彻底逆转整个表现的世界"[29]。

德勒兹哲学鼓励多元化、非系统化，甚至是无政府化，将重复界定为传统等级制和编码化制度对立方。重复产生了差异，差异带来了飞跃，飞跃就是对被重复的原体的侵越。《逃离》中卡拉的第二次逃离侵越了第一次逃离，用从克拉克身边出

---

[26]　同 [11]，第 223-224 页 .

[27]　同 [15]，第 5 页 .

[28]　同 [15]，第 262 页 .

[29]　同 [15]，第 301 页 .

走即证明她从父母身边出走是错误的。

把差异置于重复的核心的同时，当代哲学家还将重复与"记忆"和"习惯"对立起来。对于克尔科郭尔和尼采来说，重复"倍加谴责了记忆和习惯……重复指向的是未来，不管是过去所说的怀旧，还是现代意义上的习惯，统统都与重复相悖。通过重复，在重复之中忘记成为一种积极的力量"[30]。

哲学家与理论家祖潘斯科对德勒兹的观点赞赏有加。她所有重复都不是同一事物的再一次发生（all repetition is a failure to repeat）。如果我们认同她的观点，就是认可第二个版本，也就是带有差异的重复是唯一的版本，与先前的第一个版本一样也是孤本。所以祖潘斯科说："重复中出现的只有差异自身。"[31]

以带有某些相似之处的方式沿着曾经被经过的轨迹再次浮现的事物，与那曾经出现过的事物之间的交集，是差异自身，也是分辨不清的差异，就是我们所说的重复。用祖潘斯科的话说："差异是重复自身附带的。从某种意义上说，差异不是重复过程中的衍生物 ... 或因重复不成而带来次生产物。严格意义上说，差异是重复的主要产物。不是因为重复不成才有了差异，是因为产生了差异才完成了重复。"[32]有了差异的存在才成就了两个版本的不重叠。否则，同一版本的完全相同的复制不是哲学意义上的重复。通过这样对差异和重复的解析，我们思想中的传统影像发生了逆转：任何和所有对自我认同性的可能性错觉都是以差异的重复为前提的[33]。

三、重复的方式

重复通过改变同一性而将其消融，借此引发新事物的产生和出现。正因为如此，重复转换生成了正能量。[34]这正能量的产生过程就是因为不断地重复所带来的量的差异最终带来的质的差异之结果。只有通过重复制造差异来改变和消融同一性。在德勒兹和伽塔里合作的代表作品《千座高原》中他们创造了许多新概念。每一个概念都是一条逃逸线，也是一个重复的方法。

[30]　同 [15]，第 7 页.

[31]　Zupančič，Alenka. On Repetition[J]. *Sats*，2007，8（1）：32.

[32]　同 [31]，第 32 页.

[33]　Mitchell，Kevin. "A Copy of a Copy of a Copy"：Productive Repetition in Fight Club[J]. Jeunesse Young People Texts Cultures，2013，5（1）：119.

[34]　同 [11]，第 225 页.

块茎与重复。德勒兹和伽塔里合作的名著《千座高原》，特别其开篇的"块茎"，被誉为"游牧"星球——赛博空间的"哲学圣经"。[35] 他说，指引他后来一系列著作中的思路，是他与伽塔里所倡导的"思想的植物模式：以块茎对峙树木，用块茎思维取代树状思维"[36]。"块茎"是德勒兹最重要的概念之一，是其独树一帜的语言风格的重要标识之一，也是他（和伽塔里）所采用的重要论证方法之一。"块茎"没有"基础"，不固定在某一特定的地点。德勒兹用块茎来形容一种四处伸展的、无等级制关系的模型。与根—树模式或胚根模式的二元逻辑的"精神实体"相反，块茎作为一种开放的系统，强调了知识和生活的游牧特征。块茎，从生物学特征来讲，是去中心化和全方位发展的，它是根—树的批判性的对照。[37] 块茎没有起点，也没有终点，永远处于中间；它由具有 n 个维度的多样性线构成，没有主体也没有客体，是去中心化的。块茎是反宗谱的，反记忆的。[38] 块茎突出的生态学特征是非中心、无规则、多元化的形态，它们斜逸横出，变化莫测。这很容易使我们联想起传统中心主义的权力空间与离散式的赛博空间的区别与特质。德勒兹（和伽塔里）视块茎为"反中心系统"的象征，是"无结构"之结构的后现代文化观念的典型事例，是反中心的"游牧"思维的具体体现，这与柏拉图以来西方所主导的"树状逻辑"思想形成对照。德勒兹（和伽塔里）认为树状模式宰制了西方的全部思想与现实，因此他们倡导块茎的思维模式：不把事物看成是等级制的、僵化的、具有中心意义的单元系统，而是把它们看作如植物的块茎或大自然的"洞穴"式的多元结构或可以自由驰骋的"千高原"。德勒兹注意的不是辖域之间的边界，而是强调消解边界的"逃逸线""解辖域化"。[39] 这里德勒兹所强调的消解方式就是"块茎"。

德勒兹哲学中的块茎同样也是一个隐喻。块茎的生长遵循着联系性、异质性、多样性、反意指脱裂性、投影性和贴花转印性原则。每一次反意指脱裂、投影和贴花转印都是与上一次形异神似的重复。然而正因为通过重复产生了差异，才使得脱裂出来的子体与其从中脱离出来的母体之间迥然不同，这便是块茎生长的异质性。

---

[35]　Marks，John. Information and Resistance：Deleuze，the Virtual and Cybernetics[M]. Deleuze and the Contemporary World. 2006：94.

[36]　同 [15].

[37]　吴静 . 德勒兹的"块茎"与阿多诺的"星丛"概念之比较 [J]. 南京社会科学，2012.2

[38]　同 [15]，第 21 页 .

[39]　麦永雄 . 德勒兹差异哲学与后马克思主义文化观念举隅 [J]. 江南大学学报，2013（9）.

而后者从前着脱离出来，它们两者之间存在着必然的联系。脱裂后的多种多样的个性均为与母体形异神似的重复，是母体在子体上的投影或贴花转印。重复是块茎生长的形式，差异是块茎生长的内容。没有重复就没有块茎。通过重复，一个个形式上完全不同的块茎产生了。

　　解辖域化与重复。"解辖域化"是德勒兹和伽塔里创造的哲学概念。不同学者对其理解有所不同，也给予了不同的翻译。筱原资明称之为"脱领土化运动"[40]，栾栋称之为"脱领土化"[41]，夏光称之为"非地域化"[42]，更多的学者则理解为"解辖域化"[43]。

　　随着德勒兹和伽塔里哲学的不断成熟他们在不同阶段对"解辖域化"进行了不同的描述。在《反俄狄浦斯》中，他们认为解辖域化是在符合社会发展趋势的行动中创造出来的即将揭开的未知世界。[44]解辖域化是符合自然和社会发展规律的行为，这一运动过程指向的是一个不为人知的世界，一个即将创造出来的崭新世界。在《卡夫卡：走向少数文学》中，他们认为解辖域化是一条逃逸线路。主体通过它不仅自身能够逃逸而且可以彻底与过去脱节[45]，实现个性解放。解辖域化强调一条逃逸线，强调脱胎换骨的质变。在《千座高原》中，他们认为解辖域化是锋刃。[46]解辖域化就是勇往直前、不断开拓、永无止境的过程。在他们最后的合著《什么是哲学》中，他们认为解辖域化可以是身体上的或物质上的，也可以是心理上的，或精神上的。[47]这就是说，解辖域化既可以是地理位置的变化，也可以是心理状态的改变，既可以是物质的变化，也可以是精神的改变。概括起来，解辖域化就是生产变化的运动……

---

[40]　筱原资明. 现代思想的冒险家们——德勒兹游牧民 [M]. 徐金凤，译. 石家庄：河北教育出版社，2001.

[41]　栾栋. 德勒兹及其哲学创造 [J]. 世界哲学，2006（4）.

[42]　夏光. 德鲁兹和伽塔里的精神分裂分析学（上）[J]. 国外社会科学，2007（2）：31.

[43]　同 [39].

[44]　Deleuze，Gilles & Félix Guattari. Anti-Oedipus：Capitalism and Schizophrenia [M]. Trans. Robert Hurley，Mark Seem，and Helen Ro Lane. London：Continuum，1983：322.

[45]　同 [15]，第 86 页.

[46]　同 [15]，第 87 页.

[47]　Deleuze，Gilles & Félix Guattari. What is philosophy? [M]. Trans. Hugh Tomlinson and Graham Burchell. New York：Columbia University Press，1995：68.

作为一条逃逸线路的解辖域化，所显现的是主体的创造潜能。[48] 通过逃逸，聚合体离开旧有环境进入全新领域，通过创造出新的环境发掘出自身的潜能。解辖域化既是一个创造过程也是一个发现过程。主体以新环境为镜像照出一个全新的自我。解辖域化是把主体从限制其加入新的组织机构的各种固定关系中挣脱出来的过程 [49]，是主体为摆脱某种限制、压抑和桎梏，主动的挣脱行为。它从来都不是外在力量强加给主体的行为。

解辖域化释放的能量会在再辖域化中受到消解。解辖域化过程也随之结束。然而德勒兹所强调的解辖域化是一个繁复的过程。主体只有再次解辖域化才能释放出新的能量。从自然界中的噪音到优美动听的音乐，在漫长的进化和演进史上无数次重复出现了，每次重复都是对上一次的螺旋式上升。同样，在亿万年的演进史上，从海洋到陆地，从陆地到树上，再来到手脚分工，一次次的质变，每次质变都是一次对前次的否定重复，都是对前次的解辖域化。经过千百次的解辖域化，以及每次解辖域化所带来的对上次的差异，人类从海洋走进了殿堂。重复的解辖域化是天地间的永恒规律。只有不断地解辖域化，通过解辖域化的重复产生差异，人类社会才能获得不断的进步。近代工业发展也同样证明了这一点。煤炭石油从捕鲸业解辖域化，水电、核电又从煤炭石油中解辖域化出来。每一代新的科学技术对其前身的解辖域化都释放出无限的能量。重复和解辖域化是周而复始地进行着的双生姊妹。

生成与重复。从本质上说，德勒兹的哲学是关于生成的本体论。[50] 在德勒兹哲学思维和学术话语中，"生成"（becoming）是关键概念之一。帕尔主编的《德勒兹词典》认为"差异"和"生成"是德勒兹全部著述的核心题旨。在德勒兹特殊的本体论挑战中，这两个概念是基石，发挥着重要的功用，能够疗救德勒兹所认为的西方思维领域长久以来一直存在的弊病，即对存在形态与同一性的倚重与偏执。[51]

生成是德勒兹思想中一个非常重要的概念。科尔布鲁克在《吉尔·德勒兹》一书中指出，整个西方思想史都建立在存在与认同的基础上，而德勒兹相反，他强调

---

[48]　同 [11]，第 67 页.

[49]　同[11]，第67页.

[50]　陈永国. 德勒兹思想要略 [J]. 外国文学，2004（7）：31.

[51]　同 [11]，第 21 页.

的是差异与生成。[52] 从个性角度理解，生成是一个不断改变个性身边边界和不断突破自我的行为。它不断地挑战着个性作为一个自我认同单元对自身的认知。[53] 德勒兹认为，感觉和力量紧密联系在一起。在德勒兹看来，必须有一种力量对身体起作用，也就是说对波的一个部位起作用，才会有感觉，即在某一层面上的波与外在的力量相遇时，一种感觉就出现了。[54] 这个外在力量牵引着体内的这个波，使之不由自主地指向这个力。这个波，即这种力的作用下的感知性便是生成。所以德勒兹反复强调一切感知性只是力的生成。生成有两个维度，即欲望（desire）和力（power）。德勒兹一方面指出"生成是欲望的过程"[55]。有欲望才能生成，没有欲望，无论外力多大生成都不会出现。生成是一个在主观积极情感的指向下，在某种感觉的作用下，不由自主发生的。所以德勒兹另一方面又指出，"感动（affect）是生成"[56]。这样，生成一方面与欲望相联系，另一方面又与力相联系。当一身体作用于其他身体或被其他身体作用时，这一身体就遭受了改变，构成了德勒兹哲学视阈下的身体与身体之间各种关系的生成。[57]

生成是借力长力的过程。主体长期处于某一特定"景"所在的环境之下，这个"景"就会形成一种力。这一力有时会不断增强，它通过不断地牵引使这一特定主体不由自主地向它靠近，在其身上投下自己的影像，产生移情作用，从彼像看到此像，从自身体内感觉到了彼像的力量。一旦触景生情，主体不由自主把自己引向这个力，这便是生成。主体生成某一对象物，不是说在身体上或外貌上要变成这些生成对象，因为"生成当然不是模仿，不是与某物的认同"[58]，而是指生成这一对象物的某些情感、能力或自然特性，以增强原有的力或获得新的力[59]。于是，生成是主体成长

———————————

[52]　曾建辉 . 生成、块茎、感觉 —— 吉尔·德勒兹媒介哲学思想初探 [J]. 哈尔滨工业大学学报（社会科学版），2011，13（4）：82-85.

[53]　Rozmarin, Miri. Thy Signet and Thy Bracelets Identity, Becoming, and Vulnerability in the Biblical Story of Tamar[J]. Indian Journal of Gender Studies, 2013, 3（3：1）：88-101.

[54]　韩桂玲 . 吉尔·德勒兹身体创造学研究 [M]. 南京：南京师范大学出版社，2011.

[55]　Todd G. May. The system and its fractures: Gilles Deleuze on otherness[J]. Journal of the British Societies for Phenomenology, 1993.

[56]　同 [55]，第 265 页 .

[57]　程党根 . 游牧 [J]. 外国文学，2005（5）：78.

[58]　同 [7]，第 239 页 .

[59]　吴静 . 德勒兹的"块茎"与阿多诺的"星丛"概念之比较 [J]. 南京社会科学，2012.

壮大过程中不可缺少的必由之路。梅尔维尔小说《白鲸》中生成了白鲸的埃哈伯船长从自己生成对象物上获得了力量才最终打败了这个海上霸王。

生成是线。生成是一个永不间断的过程，是由无数错觉构成的碎片所组成的线。[60] 生成不是固定结构，也不是特定产品。[61] 生成不是人们要达成某一具体目标，也不是经过一些新的感受之后转换为一个全新的他者。生成没有最后的终极点。按照弗雷格尔的理解，生成所指的是一条存在于两种状态之间的逃逸线。这条逃逸线置换了此体与彼体的特质，使主体飘忽于两极间。这种只能感受不能把控的中间性状态就是生成。生成是一个不由自主的忘我过程。它飘忽于主体与生成对应物之间，自己的影像和生成对应物的影像之间接近却没有重叠。主体与生成对应物之间互投影像——我中有你，你中有我。主体只能感受这种中间性状态。当我们试图把控这种生成过程的时候，我们又回到了生成之前的起点。在德勒兹看来自我只是"另外一种来自内部的多样性的延续体，这一延续体不断地发展壮大，迟早会使现在的多样性支撑不住。事实上，自我只是一个临界状态，一个通道，一个两种多样性之间的生成而已"[62]。这就是说在德勒兹哲学视野下现在的自我只是未来的自我的影像。我们现在的单一性身份迟早会被来自自身内部生成之力的驱使下所形成的多样性身份所取代。海明威小说《老人与海》中的圣地亚哥老人生成了海鸟、海龟、雄狮……老人不断地重复着生成过程。光梦见雄狮，老人就重复了三次：准备与马林鱼搏斗之前，他梦见的一定是即将与老雄狮开战的未来狮子王；带着马林鱼返回的路上老人又睡着了，他梦见的必然是取胜的新狮王；而带着空鱼骨架回来后，临死前梦见的也必然是被打败的老狮王。他在重复生成中完成了人生旅途。

生成过程是主体受其周边其他生成的影响并与这些生成之间建立了某些联系而发生变化。生成过程不是孤立的，它受周边环境的影响。[63] 生成是在环境影响之下，主体不由自主的过程。艾丽丝·门罗短篇小说《逃离》女主人公卡拉生成了小母羊弗洛拉、小母马丽姬，生成女人邻居西尔维亚。通过这一系列的生成，她实现了逃离。

---

[60]　Amy L. Hequembourg. Becoming lesbian mothers[J]. Journal of Homosexuality，2007：3.

[61]　同[55]，第3-14页.

[62]　Deleuze，Gilles & Félix Guattari. A Thousand Plateaus[M]. Trans. Brian Massumi. London：University of Minnesota Press，1987：249.

[63]　Conley，Verena Andermatt. Becoming-woman now[M]. Edinburgh：Edinburgh University Press，2000.

并在逃离过程中完成了精神上积极的解辖域化，实现了脱胎换骨的变化。她的每一次生成都是不由自主地发生的，没有任何外在力量掌控，包括她自己。因环境在不断地变化，每次变化都是位于其中的主体触景生情，生成新的环境对应物，从而从其生成对象物身上汲取力量。生成在不断地重复着。

在生成过程中因与周边各要素的互动，生成者在自身得到改造的同时，也改造了这些要素。[64] 澳大利亚小说家基尼利的《辛德勒名单》中，男主人公奥斯卡·辛德勒通过生成女人，生成不可知。在纳粹集中营里以为德国军队生产军需品为借口在纳粹的眼皮底下救出了 1200 多名犹太人。他作为榜样的力量与其周边各种人物之间形成互动。一些"犹奸"分子 —— 党卫军雇佣的为纳粹分子卖命的犹太警察，还有犹太人管理委员会的成员，甚至一位德国军官 —— 犹太人聚居区看大门的警卫队长奥斯瓦尔德·伯斯科也参加到这次史无前例的大营救中来。

脸面性与重复。在《千座高原》的题为"零年：脸面性"一章中，德勒兹（和伽塔里）专门论述了"脸"。 社会经济结构和权力结构变化引发了一系列的社会组织机构的形成，德勒兹称之为"脸"（face）[65]。"脸"是由"白墙"与"黑洞"构成。"黑洞"排列在白墙上，洞口紧锁在白墙之上，洞体纵向无限延伸。"白墙"是展示"表征"的场所。根据德勒兹和伽塔里，"表征"相当于"能指"和"所指"之和。简言之，"表征"是"脸"这一体系能够展示以及希望人们所能看到的。白墙上所陈示的一切还称之为"冗赘"。因为这些陈示是用来起修饰或掩饰作用的，虽表面富丽堂皇，却由于过剩而显多余。白墙冗赘就是强加给个体的集体意志。为了获取"脸"的利益，个体必须无条件接受和遵循。

与"脸"密切相关的另一概念是"脸面化"。"当包括头在内的身体被解码，或被我们称作'脸'的东西给予过度编码，'脸'就产生了。"[66] 虽然"脸面性"中体现了人性化的一面，但它的生产并未出于人性化的考量，甚至我们在"脸"上还能看出纯粹的非人性化的一面。[67] 它把人性主体牢牢锁藏在"黑洞"之中，把"黑洞"紧紧固着在"白墙"之上。"黑洞"之中的个性成为"虚无"，"白墙"之上的"冗赘"

[64] Colebrook，Claire. Gilles Deleuze[M]. London：Routledge，2002：142.

[65] Deleuze，Gilles & Clare Parnet. Dialogues [M]. Trans. Hugh Tomlinson and Barbara Habberjam. New York：Columbia University Press，1987：175.

[66] 同 [62]，第 168-170 页 .

[67] 同 [62]，第 170-171 页 .

代表了自己。这就是"脸"的本质属性——人群中建立起来的非人性的社会组织机构。

既然"脸"是因经济结构的变化以及因此而产生的权力结构变换的结果，随着经济的发展和权力的更迭，脸面性也在不断地被拆除。"脸员"离开一张"脸"之后会立马加入另一张"脸"，如此循环往复一直无穷。每个人的一生将会变换不同的生活和工作空间，也就会从几个利益获得体中挣脱出来，重新加入到新的"脸"中来。不断重复地祛除"脸"，又不断地被新的"脸"所捕捉。每一次去除脸面性，都是一次解辖域化，都是一次新生能连的释放过程。重复与脸面性是共生的。

无器官身体与重复。形成"无器官身体"（body without organs）也是德勒兹为人们提供的逃逸线。从字面上说，"无器官身体"指身体处于在功能上尚未分化或尚未定位的状态，或者说身体的不同器官尚未发展到专门化的状态。[68] 在德勒兹和伽塔里看来，我们每个人都有一个或几个无器官身体。无器官身体不是一个想法，也不是一个概念，而是一种实践。德勒兹和伽塔里认为欲望、机器和生产这三者构成了世界上形形色色的生命现象。他们所说的机器也就是欲望驱动的机器或"欲望机器"，生产就是实现着欲望的生产或"欲望生产"。欲望机器的操作者是无器官身体。无器官身体包括恶化的无器官身体。德勒兹把以法西斯主义统的欲望压抑其他欲望的政治团体或个体称之为恶化的无器官身体。德勒兹的理论体系"精神分裂分析学"中的重要任务就是把欲望分为两种，即"作用的欲望"和"反作用的欲望"。前者支配下的无器官身体是"精神分裂者"，他们不满足于对现有的事件和形势做出主流思想所接受的反应，不接受世俗、环境和规制的约束，属于"少数派"。他们当中的一些人会成为革命者和推动历史发展的力量。他们坚持思想，直接表达欲望，成为丰满的无器官身体。在"反作用的欲望"支配下的无器官身体是"偏执狂"，他们总是对现有的事件和形势作出为主流思想所接受的反应，属于"多数派"。他是世俗环境的产物，是占主导地位的阶级利益的忠实支持者和维护者。集体的欲望也是他们的欲望。他们已经没有自己的思想，或者是出于某种原因不能直接表达自己的思想，成为干枯的无器官身体。

霍桑小说《拉帕西尼的女儿》中的拉帕西尼有两个无器官身体。他全身心地投入科学研究之中，忘我地从事科学实验，十分不注意自己的衣着打扮，忽略了自己的身体健康。小说对他家庭的另一半只字未提，种种揣测中包含或妻子抛弃了她或

---

[68]　夏光 . 德鲁兹和伽塔里的精神分裂分析学 [J]. 国外社会科学，2007.

他抛弃了妻子。总的说来，他已经失去了感情这个精神器官。他的实验致使女儿周身染上剧毒，这是过分关爱的结果。因为将全部注意力投入实验上，所以对背地里的阴谋家巴格里奥尼的破坏失察。他也失去了洞察的精神器官。他是一个地道的干枯的无器官身体。不顾女儿的安危，主观臆断地认定女儿越强大就越安全，致使其浑身染上剧毒，又因慌不择路只顾了为女儿祛除毒性，被对手钻了空子，致女儿于死地，没有了科学伦理观。他是一个十足的恶化了的无器官身体。拉帕西尼成为不同的无器官身体过程同样也是不断地重复的过程。无器官身体的多样性正是经过重复来实现的。玩忽职守的腐败分子失去的是职业道德的精神器官；贪图物质利益的腐败分子失去的是衡量价值的精神器官；贪恋美色的腐败分子失去的是衡量欲望的精神器官。三种情况下的同一主体是干枯的无器官身体，不同环境下丢失的是不同的精神器官。这将最终令其成为恶化的无器官身体，无药可医。重复机制镶嵌在无器官身体之上。

历经三千多年的演进，"重复"的概念发生了巨大的改变。不同时代的不同环境为"重复"赋予了不同的内涵。后解构主义时期对重复的理解与差异是密不可分的。重复是形式，差异是内容。差异推动了重复，重复产生了新的差异。重复创造了历史，差异指向了未来。为创造充满差异的大千世界，重复是必然之路。

第二节　重复在文学批评中的应用

一、重复的力量 ——《献给艾米丽的玫瑰》的少数派特质

（一）引言

威廉·福克纳是 20 世纪美国最伟大的小说家之一，于 1949 年获诺贝尔文学奖。他的作品晦涩难懂，也正因为如此而充满魅力。《献给艾米丽的玫瑰》是他 1930 年发表的最负盛名的短篇小说。作者成功塑造了美国南方没落贵族之女艾米丽·格里尔森这个艺术人物典型。小说通过颠倒的时间次序和一幅幅真实的画面，以迷宫般的事件展示了艾米丽的一生。对现实生活的变迁视而不见的艾米丽，不顾一切地坚

持自己独有的、与世隔绝的生活方式，包括她的爱与恨、倨傲式的高贵和对负心恋人的报复。小说虽短，给读者留下的记忆却很悠长。国内研究者从话语策略、叙事、意识形态、人际关系、矛盾冲突等多角度多视野对本篇小说进行了解读。关于艾米丽的创作，福克纳本人的解释含糊其词："哦，一个生活迷茫的女子，父亲将其禁锢闺房之中，令其足不出户，后来情人抛弃了她，她把他暗杀了。这就是《献给艾米丽的玫瑰》，仅此而已。"[69] 福克纳的言辞躲闪，加大了小说背影的神秘感。

许多人眼中的艾米丽年轻时曾昙花一现般的风情万种，天真烂漫，对未来充满期盼；当她得知恋人欲弃其而去，便将其毒死，与其骷髅同床共枕四十年。本书围绕艾米丽与其周边人物的关系，从德勒兹哲学的重复与差异的思想出发，用重复法解读《献给艾米莉的玫瑰》，由表及里，以见知隐，从已知到未知，探究艾米丽另一种不为人知的真实人生。

（二）德勒兹哲学思想中的"重复"

法国后现代哲学家德勒兹的代表作《差异与重复》（1968）和《感觉的逻辑》（1969）使法国哲学家和思想系统的历史学家米歇尔·福柯在《哲学剧场》一文中给予他极高的评价，他预言 21 世纪将是"德勒兹的世纪"[70]。德勒兹这位法国后现代主义哲学家，世界公认的隐喻大师，将新奇的概念巧妙融入丰富的隐喻里，在不同领域之间追踪概念。认为哲学家的重要使命就是创造新概念的德勒兹一生创造了许多概念，其中"差异"和"重复"是最具代表性的两个。在德勒兹看来，文学创作就是创造差异的过程。德勒兹本人也被学术界称为差异哲学家。德勒兹认为，差异产生于重复（difference lies between two repetitions）。[71] 在德勒兹看来，重复并非相同的事情再次发生，它是生产差异和再发现的实验过程。[72] 重复过程既不依赖主体也不依赖客体，它是一

---

[69] Gwynn，Frederick L & Joseph L. Blotner. Faulkner in the University[M]. Charlottesville：University of Virginia Press，1959：87-88.

[70] Foucault，Michel. Language，Countermemory，Practice：Selected Essays and Interviews [M]. Trans. Donald F. Bouchard. Ithaca：Cornell University Press，1977.

[71] Deleuze，Gille. Difference and Repetition [M]. Trans. Paul Patton. New York：Columbia University Press，1995：76.

[72] Parr，Adrian. The Deleuze Dictionary [M]. Scotland：Edinburgh University Press，2005：223.

个有无限潜能的可持续过程。[73] 一生致力于新概念创造的德勒兹认为制造差异以矫正不断趋同的西方社会是哲学家的使命。他借用了加塔尔德的理解，把重复看作差异的微分器，经过重复，差异由普遍的差异提升为特殊的差异，由外在的差异蜕变为内在的差异。[74] 从这个意义上说，没有重复就不会产生差异。德勒兹认为重复是转换生成的创造性活动。重复过程通过改变而消融了同一性，借此引发了新事物的产生。这一新事物具有不可辨识性和生产性。正因为如此，德勒兹坚信重复过程转换生成了正能量。[75] 正如德勒兹（和伽塔里）在《反俄狄浦斯》表述的那样："阅读文本绝不是探究示意的反复推敲，更不是找寻能指的咬文嚼字，而是一个利用这部文学机器的生产过程，一个欲望机器的蒙太奇，一个从文本中汲取革命力量的精神分裂过程。"[76] 精神分裂过程就是成为少数派的过程。在《千座高原中》德勒兹（和伽塔里）对"少数派"进行了详尽的论述。"少数派"（minoritarian）相对"多数派"（Minoritarian）而言，臣服型群体是多数派的，而主体型群体则属于少数派。多数派追求同质性和普遍性，其所追求的同质性和普遍性是建立在某种抽象概念的基础之上的。少数派意味着对现存秩序的超越。少数派意味着不为多数派所限制，意味着无限的可变性和创造性，意味着不断生成新的东西。[77] 德勒兹哲学思想的精髓就在于以块茎作为最基本的思想和行动方法，通过不断地生成，不断地解辖域化，不断地去除脸面性，不断地形成无器官身体，不断地找寻逃逸线，不断地进行精神分裂，实现生产性欲望流的不断流动。这些不断的过程就是重复。重复的结果就是制造差异，其目的便是生产少数派，以还充满差异的社会于世界之本然。

（三）重复视阈下的艾米丽

艾米丽是德勒兹哲学视域下的少数派。不论在思想方法还是行为方式，不论是生活习性还实行行为取向，都与她所在的杰佛逊小镇上的其他居民迥然不同。她拒绝接受被小镇居民们普遍认可的行为准则。她特立独行，我行我素。经过与父亲的

---

[73] 同 [72]，第 224 页 .

[74] 同 [70].

[75] 同 [71]，第 225 页 .

[76] Deleuze，Gilles & Félix Guattari. Anti-Oedipus：Capitalism and Schizophrenia[M]. Trans. Robert Hurley，Mark Seem，and Helen Ro Lane. London：Continuum，1983：106.

[77] 夏光 . 德鲁兹和伽塔里的精神分裂分析学（下）[J]. 国外社会科学，2007（3）.

关系，与包工头儿荷默的关系，还有与仆人托比的关系，经过两次重复，艾米丽成就了少数派。

1. 艾米丽与父亲的关系

也许出于对名望贵族名誉保护的需要，也许出于艾米丽母亲家族精神病史可能会给艾米丽的后代带来遗传方面的影响，艾米丽的父亲拒绝了所有艾米丽的追求者，将她牢牢困锁在家中，很少与外界接触。这使得艾米丽的生活中平时可以接触的男性只有父亲和仆人托比。

于是，一些批评家认为艾米丽与其父亲存在着乱伦。杰克·舍汀认为艾米丽的问题是在其父亲身上的力比多定位，或更准确地说是伊莱克特拉情结（恋父情结）。[78]不管怎样，小说中乱伦的存在让人们不能不想到艾米丽所承受的心理上的伤害。这一因素的存在进一步加大了艾米丽命运的不确定性，因为乱伦的受害者所表现的一系列精神病理学方面的特征，包括"精神病行为"和"多项人格紊乱"。[79]一些人的表现是心理或性行为的永久关闭，而另一些人却表现为"性乱交"。[80]她们的这种"蔑视与自豪"有时会表现为一种性行为方面的不检点，甚至是放荡："她们似乎相信既然她们能够引诱自己的父亲，同样也可以引诱任何其他人。"[81]这种情况下的艾米丽一旦失去父亲，将会面临更大的风险。

艾米丽父亲死后的第二天，按照镇上的习俗所有的妇女们都准备到她家拜望，表示哀悼和愿意接济的心意。艾米丽在家门口接待她们，衣着和平日一样，脸上没有一丝哀愁。她告诉她们，她的父亲并没有死。一连三天她都是这样，不论是牧师还是医生都被艾米丽阻止在了门外。直到他们要诉诸法律和武力时，她才垮了下来，同意镇上人们很快埋葬了她的父亲。艾米丽脸上没有一丝哀愁，并谎称父亲没有死，福克纳在这后面一定隐藏着更深刻的秘密等待随着故事的发展而进一步揭开。"我

---

[78] Scherting, Jack. Emily Grierson's Oedipus Complex：Motif, Motive, and Meaning in Faulkner's "A Rose for Emily" [J]. Studies in Short Fiction，1980：399-401，403.

[79] Chesnay，Mary de. Father-Daughter Incest：An Overview[J]. Behavioral Science and the Law，1985：391-402.

[80] Maltz，Wendy. Treating the Sexual Intimacy Concerns of Sexual Abuse Survivors[J]. Contemporary Sexuality，2003.

[81] Herman，Judith & Hirschman，Lisa. Incest between fathers and daughters[J]. Journal of Nursing Care，1978，11（5）：8.

们知道，她现在已经一无所有，只好像人们常常所做的那样，死死拖住抢走她一切的那个人。"[82] 这里的"这一切"就包括她与外界接触的权利，接受男孩求爱的权利，还有她的身体。

所以，当我们期待着能在表面上看到她因父亲的过世而痛苦的时候，她的内心却是摆脱了性的奴役的短暂的快乐。然而这种快乐是短暂的，因为长期被拒绝与外界接触，拒绝其他男子的求爱，在与父亲之间的关系中她已经成为受虐狂（masochist）。她在身体和精神上形成了对父亲的依赖。要想从现在的身体与精神圈圄中挣脱出来，她必须重复，延续着身体与精神上的力比多的释放。

考虑到在艾米丽的私生活中她与父亲之间存在着乱伦的可能性，这样我们就可以合理地推断：在艾米丽的心里滋长了一种怪异的性叛逆，而她与荷默之间的关系正是这种叛逆的表现。

2. 艾米丽与荷默的关系——与父亲关系的重复

艾米丽与荷默之间的关系发展神速。似乎没有预热期，而直接进入热恋。表面上看，这一举动与艾米丽的性格不相符。这段短暂的浪漫背后必有隐情。运用德勒兹哲学思想来分析解读，艾米丽与荷默的关系是她与父亲乱伦关系的重复。艾米丽只想在荷默身上延续自己对父亲的力比多定位。但是，她被荷默欺骗了。这是艾米丽无法忍受的。

一些关于荷默身份的细节可能会揭开不为人知的秘密。荷默"个子高大，皮肤黝黑，精明强干，声音洪亮，双眼比脸色浅淡"[83]。在故事发生的年代的美国南方，面目发黑的白人男子是颇有争议的人物。荷默眼睛比脸的颜色浅淡显然不属于正常情况。叙事者可能在暗示荷默是个混血儿。还有，荷默"戴着黄手套的手握着马缰和马鞭"[84]。在文字层面上手套可以理解为人的第二张皮肤，黄色可以暗示种族的差别。在美国俚语中，"黄色"和"浅黄"就代表"皮肤浅褐色的黑人"。在种族隔离比较明显的美国南方的那个时代，这很有可能暗示着荷默是个白黑混血儿，可能有八分之一黑人血统。这两点表明了荷默在跨越种族界线，掩盖不为人知的过去和他的种族秘密。为了在杰弗逊镇能够蒙混过关让镇上的人把他作为纯粹的白人接

[82]　福克纳. 外国中短篇小说藏本 [M]. 李文俊，等，译. 北京：人民文学出版社，2013（11）：6.

[83]　同 [82]，第 6 页.

[84]　同 [82]，第 8 页.

受下来，荷默就必须在行为上把自己完全打扮成为白人。"大家知道他和年轻人在麋鹿俱乐部一道喝酒。"[85] 这是一家只有白人才能进入的俱乐部，他能在此进进出出表明他的演艺很奏效。还有，他常当众辱骂黑人[86]，这就让周围人们想到他对黑人没有好感，从而打消怀疑他本人有黑人血统的念头。此外还有一个不能忽略的事实就是荷默"失踪"之后竟然没有人前来寻找。这表明他可能是一个氓流或流浪者，因为极少有失踪者没有与其相关人员的找寻。

如果他是个白黑混血儿，这就可以解释为什么荷默是个"无意于成家的人"[87]。在当时的美国南方和其他一些州，"一滴"法（任何身上流淌着一滴非洲后裔血液的人都会被界定为黑人）还没有废除，白人与黑人的通婚是被禁止的。[88] 所以，在当时的历史条件下，他们是不会终成眷属的，他们的浪漫不可能有积极成果。既然艾米丽已经成为乱伦的受害者，在其生活中再出现种族通婚，这会使她感觉雪上加霜。这是她无法容忍的。

荷默的真实身份一定是托比戳穿的。尽管看上去托比不大可能泄露荷默的种族机密，但他可能会出于生存的本能这么做。他清楚地知道，荷默与艾米丽的结婚意味着他又多了一个主子。而他曾目睹过荷默诅咒黑人，这样的人入住艾米丽住所不会有自己好果子吃。托比可能从什么地方得到了荷默的种族身份的秘密，担心种族通婚会毁了艾米丽，而他在她生活中的位置也就岌岌可危了。同为黑人身份的托比还有可能出于本能上对荷默的嫉妒而向主人揭发他的秘密。这样他既表达了忠心，也排斥了异己。所以，托比对于荷默与艾米丽的结合的反应是恐怖、嫉妒加愤慨。一条很有可能是托比向艾米丽揭发荷默的种族秘密的线索出自一位邻居亲眼看见托比在一天黄昏时分"打开厨房门让他进去"（admit him）[89]。小说中的原文极有可能是一个双关语，即"请他进去"和"揭露他的真实种族身份"（admit of him）。如果是托比把荷默的种族身份泄露给艾米丽，他很有可能会唆使和帮助她杀死荷默。只是他无法从药店购买到砒霜，这必须由艾米丽亲自去办。

以见知隐，我们推断出荷默的黑人身份。再从艾米丽购买砒霜，荷默最后一次

---

[85]　同 [82]，第 8 页 .

[86]　同 [82]，第 6 页 .

[87]　同 [82]，第 8 页 .

[88]　Argiro，Thomas Robert. Miss Emily after dark[J]. Mississippi quarterly，2011：451.

[89]　罗益民 . 英美短篇小说名篇详注 [M]. 北京：中国人民大学出版社，2012：305.

进去就再未出来，以及过几天镇民对气味的抱怨，我们推断出艾米丽毒死了荷默，出于荷默对她欺骗的报复。

从艾米丽心理受到损伤的角度来审视她与荷默之间的关系，不难看出她原来与父亲之间所形成的乱伦关系对她心灵创伤该有多么严重。通过与荷默的关系进一步加重了这种创伤。从几个方面看她与荷默之间的暧昧与她和父亲之间的乱伦相比较有了巨大的发展：她由原来的田园之中的恬静隐居转为众目睽睽之下的山花烂漫。读者并不是很清楚两人之间到底是真的相爱，还是仅仅保持着亲密的性关系，因我们所获取的信息只依靠叙事者靠不住的描述。然而在镇上人们看来他们两人的放荡行为已经构成了丑闻，毁损了小镇的名誉。于是他们叫来艾米丽住在阿拉巴马州的亲戚，来干预她的放荡不羁。也许他们的到来起了至关重要的作用，再加上荷默对婚姻并不感兴趣，又因为处于心理病态的艾米丽早已把荷默当成了她与父亲之间行为的延续符号，把父亲的模型迁移到了荷默的身上，所以她无法容忍失去他。于是，杀死荷默成了艾米丽必然的选择。与荷默在一起两年，艾米丽的力比多无疑得到了充分的释放和满足。然而，他们之间的浪漫所成就的仅仅是她与父亲之间关系的延续。[90] 舍汀认为，福克纳使用"戴绿帽子"[91]一词所要表达的就是艾米丽设计的与荷默之间的做爱实际上就是通过重演来满足她与父亲之间的乱伦欲望。所以，一直以来在心理层面上她就在给荷默戴绿帽子。[92] 舍汀把艾米丽比作感情的僵尸，她的行为无外乎就是为了在精神上实现自己的欲望。

可以肯定地说在艾米丽与荷默之间未曾有过真正意义上的浪漫。荷默最多也就是艾米丽力比多的再次定位。他们之间的关系是艾米丽与父亲之间乱伦关系的回放。可以说，在这第一次重复中，艾米丽的行为还只是一种盲目的冲动和叛逆。是一种欲望流的无序流动。保留荷默的尸体也是无奈之下而顺水推舟。

3. 艾米丽与托比之间的关系——与荷默关系的重复

结束了与荷默之间关系之后，艾米丽在镇定的思考中，渐渐地成熟了起来。她从盲目的情感冲动中冷静了下来，逐渐开始理智地思考与周边人员的关系。在首次重复之后，她开始发生变化。这些变化具体体现在与托比的关系上。她与托比的关

---

[90]　同 [78]，第 404 页.

[91]　同 [78]，第 308 页.

[92]　同 [78]，第 403 页.

系在外表和形式上重复了她与荷默的关系。她继续着与黑人之间的情人关系。但是在本质上的差异是迥然不同的。

无论是镇上居民还是读者，谁都很难相信清高自傲的艾米丽与黑人家仆托比之间能有什么风流浪漫。这是作者留给后人的千古之谜，他们之间有着不为人知的隐秘关系。用德勒兹哲学方法分析解读，他们的关系是一种重复。但是这种关系不再是力比多的定位，也不再是盲目的情感冲动，而是理智的抉择，是艾米丽与整个杰弗逊小镇斗争的需要，是手段和要挟。

在 2011 年《密西西比季刊》的福克纳专栏，约翰·马休 [93] 和司格特·洛闵 [94]，分别发表文章支持托马斯·阿基诺 [95] 关于艾米丽与黑人仆人托比之间存在着暧昧关系的观点。

看到艾米丽仆人"托比"（Tobe 音同 To be）的名字会让人立刻想起莎士比亚最著名的悲剧《哈姆雷特》第三幕中的台词："生存还是毁灭（To be or not to be），这是一个值得考虑的问题。"福克纳正是以"托比"这个符号暗示人们艾米丽不会"默然忍受命运的暴虐的毒箭"，而是要"反抗人世无涯的苦难，通过斗争把它们扫清"。"生存既是艾米丽迎接来自整个小镇挑战的战斗口号。"托比"是艾米丽导演的"生存"大戏的前台演员，扮演着使艾米丽一切不正常行为"正常化"的角色，或者是艾米丽这个木偶操纵者手中的木偶。

托比也许是解开艾米丽人生之谜的钥匙。根据迪尔沃斯的研究，托比的名字是一个双关语"Tobe"读音同"to be"。"作为她的仆人托比纵容了艾米丽的我行我素（Tobe had allowed her 'to be' as she was）——不定式的字母拼写就是托比的名字。" [96] 他同样也清楚地知道"镇上的人们不接受她——或者不允许她以自己独特的方式存在（'to be' herself）" [97]。迪尔沃斯从符号学角度所分析得出的"托比"与"存在"

[93]　Mattews，John T. All Too Thinkable? Thomas Aigiro's "Miss Emily After Dark" [J]. Mississippi Quarterly，2011：475.

[94]　Romine，Scott. How many Black Lovers Had Emily Grierson?[J]. Mississippi quarterly，2011：484.

[95]　同 [88]，第 453 页.

[96]　Dilworth，Thomas. A Romance to Kill for：Homicidal Complicity in Faulkne's "A Rose for Emily" [J]. Studies in Short Fiction，1999：260.

[97]　同 [96]，第 260 页.

（'to be'）关系的结论暗示正是镇民们企图让艾米丽就范，接受他们的"社会契约"，甘愿"社会死亡"才使艾米丽和托比之间达成了一种默契。于是托比通过与艾米丽之间的互动使艾米丽的怪异行为正常化，好像什么都没发生一样。在艾米丽一生的大多数时间内，托比都是她唯一的陪伴。他们的长期结盟以及托比有可能卷入了艾米丽的谋杀过程使迪尔沃斯在探究他们之间的关系上比绝大多数研究者都走得更远：艾米丽"可能一直与她的黑人仆人托比保持着性关系"[98]。迪尔沃斯的解读探究了跨种族暧昧关系的可能性，这是一个不为人知，又完全可信的桃色事件。它悄悄地发生在密切关注艾米丽一举一动的小镇人们的眼皮底下。研究奴隶制度的专家史学家费伊·A·亚伯勒说："通过选择奴隶作为情人，白人女子中的精英可以强迫她的性伴侣保持沉默，她可以以指控他强奸相要挟来迫使他接受她的要求并对此守口如瓶。"[99]考虑到艾米丽与托比有太多保持这种暧昧关系的机会，而托比又对有关荷默尸体之事守口如瓶，完全可以认定托比的沉默就是他作为性伴侣与艾米丽之间所达成的默契，或者理解为对艾米丽"赠予"的"回馈"。

美国汉密尔顿学院教授福克纳研究专家凯瑟琳·G·柯达特有过这样的论断："有足够的证据可以证明——在福克纳的诗歌、小说、散文还有新闻采访中——弥漫着性的内容：热情洋溢、高潮迭起还有纠缠不休。"[100]依据柯达特的研究成果，仔细研读《献给艾米丽的玫瑰》，我们不难看出小说中还有其他一些线索也可以证明艾米丽与托比之间存在着暧昧关系。这一关系表明了艾米丽在重复着她曾经与荷默之间的关系。

贯穿整个故事，托比扮演着很多角色。"那个黑人男子拎着一个篮子出出进进，当时他还是个青年。"[101]"进进出出"（in and out）是双声语，表达两个层面的意思，隐含意思则在性爱方面。篮子（basket）更是一语双关，除了"篮子"之外，"basket"还是美国俚语，其意为"男性生殖器"[102]。理查德·戈登解码了一些福克纳使用的粗俗语。在他看来，福克纳用一些黄色幽默来讽刺和责难当时美国南方破

---

[98]　同[96]，第 256 页．

[99]　Yarbrough，Fay A. Power，Perception，and Interracial Sex：Former Slaves Recall a Multiracial South[J]. Journal of Southern History，2005：572.

[100]　Kodat，Catherine Gunther. Posting Yoknapatawpha[J]. Mississippi Quarterly，2004：601.

[101]　同[82]，第 4 页．

[102]　"Basket"一词见 http: //www.Sex-Lexis.com.

烂不堪的社会经济环境。是这一环境造成了各种各样的不公正，滋生了卑鄙下流的社会行为。[103] 所以"篮子"一词是双声比喻，寓意着不为人知又客观存在的在艾米丽和托比之间的性关系。在仅仅 12 页的短篇小说中作者前后三次提到"进进出出"（in and out），并且和"货篮"（basket）共同出现。[104] 福克纳巧妙地通过重复叙事在向人们施展着其无与伦比的叙事天赋，将其黄色幽默展现得淋漓尽致。

独木不成林，光有货篮是不够的。镇上人们总能看见托比从后门（back door）或者厨房（kitchen）过道进进出出，在英语中"走后门的男人"（back door man）经常用来代指女子的地下情人。此外，英语中厨房（kitchen）一词还有"女性生殖器"之意。[105] 托比以代理丈夫的身份"把她的厨房收拾得井井有条。"[106] 福克纳在小说中两次提到"厨房"一词。[107] 这同样是在通过重复而暗示。"厨房"一词为福克纳的黄色幽默画上了完整的句号。

除了符号学，修辞学和语义学也提供了打开玄机的钥匙。"戴绿帽子"一词便可以最终揭开小说的谜底。给死人戴绿帽子是没有意义的，这个术语只对活人而言。这条线索可以解开艾米丽精心设计的骗局，荷默活着的时候艾米丽就已经开始与托比的关系，荷默从一开始就是个幌子。或许，这才是荷默提出与艾米丽分手的真正原因。

这样，毒死荷默就一定是艾米丽和托比的合谋所为。尽管多数读者认为艾米丽有恋尸癖，她与尸体共眠四十载，但这很可能是最大的骗局。"恋尸癖"是艾米丽用来蒙骗杰弗逊小镇人们的，也是福克纳用来蒙骗读者的。尸体是艾米丽有意放在那里用来迷惑镇上居民的。只有这样他们才认定艾米丽有恋尸癖，从而瞒天过海，永远尘封她与托比之间的桃色故事。

通过这一系列的一语双关的双声语，福克纳既很得体又不伤大雅地讽刺和批判了美国南方当时的社会环境，还适当地提供了线索，把结论和评判交给了读者，妙不可言。这也正是福克纳的创作风格。托比与艾米丽之间没有真正的爱情。他们之

---

[103]　Richard，Godden & Willianm Faulkner. An Economy of Complex Words[M]. Princeton: Princeton University Press，2007.

[104]　同 [82]，第 4，9，10 页．

[105]　"kitchen"一词见 http：//www.Sex-Lexis.com．

[106]　同 [82]，第 4 页．

[107]　同 [82]，第 4，9 页．

间只是相互利用的关系。通过建立稳定的性关系，艾米丽把托比长久地拴在自己身边，为她服务，充当她与整个小镇进行斗争的通信员和斗士。在如此长的时间内，她能准确地了解小镇内发生的一切，托比是她唯一的消息来源。她足不出户，生活的方方面面却安排得井井有条，功劳全在托比。她能不泄露任何消息，瞒天过海，在几十年之内将荷默的尸体停放在室内，全凭托比对此守口如瓶。总之，托比使一切不正常的艾米丽正常化。

（四）艾米丽的少数派特质

经过与荷默之间的关系，或者说经过再次重复，在艾米丽身上发生了本质的变化。她成长为德勒兹哲学视阈下的少数派。她开始只身一人毫不妥协地与整个小镇进行抗争。她的不妥协可以从撵走市政官员"我在杰弗逊无税可纳"[108]到拒绝让他们"在她的门上钉上金属门牌号，附设一个邮件箱"[109]。这样，她独自一人打败了市政当局。随着他们之间关系的进一步发展，虽然男人们不想干涉，可是妇女们终于还是迫使浸礼会牧师去了艾米丽小姐家询问事情经过。"访问经过他从未透露，但他再也不愿去第二趟了。"[110]这是故事的又一个谜：牧师可能会认为艾米丽已经没有挽救的可能，或者是她相当不配合。读者可以推断要么牧师十分不受欢迎，要么他发觉了伤风败俗之事。无论如何，她打败了牧师。

小镇的人们把她看作丰碑，一个传统的化身，一个义务的象征。[111]这就是说镇上的人们内心清楚地知道作为美国南方没落贵族最后一位代表的艾米丽在顽强地坚守着自己的传统，承担着自己应尽的义务。尽管周边大多数人都把她视作眼中钉肉中刺，镇上的女人们甚至想用唾液把她淹死，对她实施贝壳流放，一些男人们却打心底里认可了她的丰碑作用和为自己的传统所应尽的义务，把她作为英雄而景仰。这就以旁观者的身份肯定了艾米丽身上的英雄主义精神。

一份福克纳的《献给艾米丽的玫瑰》亲笔手稿和碳墨打印稿于2000年出版，这是未经删节的版本。这里有一段艾米丽和托比之间的对话，后来正式出版本中被删掉了。这段对话透露出托比知道有关荷默尸体的全部经过——

---

[108] 同[82]，第3页.

[109] 同[82]，第10页.

[110] 同[82]，第8页.

[111] 同[82]，第1页.

艾米丽对托比说："在我死之前不要让任何人进来，听懂了吗？""那时他们会来的，就让他们到上面去吧，去看看那屋子里到底有什么。一群傻子。就满足他们的心愿吧，让他们觉得我疯了。你认为我疯了吗？"[112]

福克纳最终删掉这段艾米丽的慷慨陈词的用意显然是有意留下一些悬念，把关于托比是否知道有关荷默尸体之事留给读者去推理，将这个原打算留在水面上的冰山一角又浸入水中。这就严严实实地把艾米丽在暗中与小镇较量的过程掩盖了起来。

艾米丽这席话传递出的信息是他对镇上人们深刻的轻蔑。于是我们有理由推断停尸现场可能就是她为了报复有意设计的。没有想到先前的顺水推舟，便成了现在的匠心独运、精妙绝伦的设计。她就是为了让镇上人们感到震惊和迷惑。如果她认定镇民是傻子，那么她就是在愚弄他们，满足他们认为她是个疯子的心理需求。这表明她十分清楚地了解这座小镇以及她本人的境遇。她偏执地认定镇上人们认为她精神不正常。也许她是从托比那里获得的信息。她知道镇民们一直在伤害她。牧师一定是他们鼓动来的，阿拉巴马长期没有往来的亲戚也一定是他们叫来的。如果她真的精神错乱的话，那也一定是他们逼出来的。她冒着犯重罪的风险把尸体留在自己的闺房中，就是让镇民们认为她是一个地道的恋尸癖。但这是她在仿拟杰弗逊镇的"政治恋尸癖"（political necrophilia）[113]。在19世纪的美国，存在这一个非官方的规定：被社会接受和喜爱的前提条件是接受一个"社会契约"[114]，甘愿屈从于一种"社会死亡"[115]。这样的社会环境剔除了在文化、种族以及性行为等方面与社会主流不同的人物，不给这些人留下舒适的生存空间，因为他们的存在导致了占主导地位的文化在意识形态领域的不安。艾米丽的房子被叙事者描述为"丑中之丑"（an eyesore among eyesores）[116]。这实际上意味着艾米丽是镇上人们的眼中钉肉中刺。拥有政治恋尸癖的镇上居民很渴望推倒她的房子，更渴望她"社会死亡"。艾米丽的留尸行为就是要向整个镇子宣战：她拒绝静悄悄地按照那些社会经理人的安排去"死"。她不接受镇民们为她准备的"社会契约"，更不屈从为她安排的"社会死亡"。

---

[112] Faulkner, William. Matter Deleted from "A Rose for Emily" [J]. Polk, 2000：23-24.

[113] Russ, Castronovo & Necro Citizenship. Death, Eroticism, and the Public Sphere in the Nineteenth-Century United States[M]. Durham：Duke University Press, 2001：4.

[114] 同 [113], 第7页.

[115] 同 [113], 第1页.

[116] 同 [89], 第295页.

她这样做正是给那些期待自己"社会死亡"的人们一记响亮的耳光。艾米丽则独自一人孤军奋战，用生命打了一场持久战。她的战略就是以其人之道还治其人之身，战术是利用身边一切可以利用的资源。父亲是她的精神支柱，荷默是她的挡箭牌，托比是他的交通员和最后一道护身符。至此，作为德勒兹哲学视阈下的少数派——精神分裂者，她打败了一群德勒兹哲学视阈下的多数派——偏执狂。

通过在仆人托比身上重复了与荷默的关系，艾米丽转换生成了正能量，由镇民所看到的表面上的差异转变为内在本质上的差异。作为德勒兹哲学视阈下的少数派，艾米丽用经过重复所创造的差异，向世人证明了世界本来就是一个充满多样性差异的社会，一味地强调同一性是对个性无情的反人性的践踏。

（五）结语

福克纳通过潜语境隐喻所进行的文字游戏，真实反映了发生在 19 世纪末美国南方一座小镇上的社会上种种肮脏和龌龊："背叛、欺骗、通奸、乱伦、混婚、谋杀和恋尸"[117]。通过叙事者自以为是的假想式叙述，福克纳睿智而巧妙地使用不确定性的描述，反映出当时忽明忽暗的社会现状，抨击了杀人不见血的软刀——"政治恋尸癖"，体会那些主流社会视为异己分子的少数派的艰辛和困苦，对那些无论外部环境多么艰难都依然执着于自己独特的生活方式的人们投以敬仰的目光。

在德勒兹哲学视阈下解读《献给艾米丽的玫瑰》，通过探究艾米丽与父亲之间可能存在的乱伦关系，艾米丽通过力比多定位将这种关系重复迁移到了荷默身上，发现了荷默的黑人真实身份之后，愤怒的艾米丽一气之下把荷默毒死。为对抗整个小镇的联合围攻，为对付具有"政治恋尸癖"的小镇居民，艾米丽理智地重复了与荷默的关系，她与托比之间达成了默契，两人建立了情人关系。托比帮助艾米丽完成了突围。通过重复她成就了德勒兹哲学视阈下的少数派。艾米丽以她向镇上人们所展示的一面，在他们面前树立起一座捍卫没落贵族尊严的丰碑，以镇民们看不见的一面为小镇"政治恋尸癖"挖掘了坟墓，为它树立起一座墓碑。她的死正是一座丰碑的倒塌和一座墓碑的竖起。

---

[117]　同 [88]，第 445 页．

第七章　生成与文学批评

　　在德勒兹看来，文学创作过程就是生成过程。在这个过程中，作者在精神上将自己想象为"他者"。文学创作过程就是有强烈创作欲望的作者，在生成对象物强大感受力的牵引下，不由自主地完成了目的地为生成对象物的精神之旅。从本质上说，德勒兹的哲学是关于生成的本体论。在德勒兹哲学思想和学术话语中，"生成"是关键概念之一。帕尔主编的《德勒兹词典》认为"差异"和"生成"是德勒兹全部著述的核心题旨。在德勒兹特殊的本体论中，这两个概念是基石，发挥着重要的功用，可以疗救德勒兹所认为的西方思维领域长久以来一直存在的弊病，即对存在形态与同一性的倚重与偏执。德勒兹认为，生成有两个维度，即欲望和力。生成是一个在主观积极情感的指向下，在某种感动下，不由自主地发生的。生成是一个永不间断的过程，是由无数错觉构成的碎片所组成的线。它飘忽于主体与生成对应物之间，自己的影像和生成对应物的影像之间接近却没有重叠。主体与生成对应物之间互投影像，我中有你，你中有我。既然文学创作过程是生成，读者对作品的解读，即文学批评活动也要遵循生成的方法。

第一节　德勒兹哲学之生成

一、引言

福柯曾预言 20 世纪或许将是"德勒兹世纪"，他强调的是德勒兹所创造的新思维空间和生成新质的思想力量。德勒兹享有"哲学中的毕加索"之美誉，极为重视创造新的哲学关键概念并确立问题框架，他（和伽塔里）创造了一系列富于思想穿透力的理论观念，如块茎、游牧、生成、解辖域化、逃逸线和无器官身体等，杂糅了文学、艺术、美学、政治学、心理学以及伦理学等领域的丰富资源。[1]差异和生成是最能代表德勒兹哲学的概念。

二、生成的性质

从本质上说，德勒兹的哲学是关于生成的本体论。[2]在德勒兹哲学思维和学术话语中，"生成"（becoming）是关键概念之一。帕尔主编的《德勒兹词典》认为"差异"和"生成"是德勒兹全部著述的核心题旨。在德勒兹特殊的本体论挑战中，这两个概念是基石，发挥着重要的功用，能够疗救德勒兹所认为的西方思维领域长久以来一直存在的弊病，即对存在形态与同一性的倚重与偏执。[3]生成是德勒兹思想中一个非常重要的概念。科尔布鲁克在《吉尔·德勒兹》一书中指出，整个西方思想史都建立在存在与认同的基础上，而德勒兹则相反，他强调的是差异与生成。[4]

依据保罗·帕顿对生成的理解："生成是人或物不断地成为他者（同时始终保

[1] 麦永雄. 德勒兹差异哲学与后马克思主义文化观念举隅 [J]. 江南大学学报，2013（9）.

[2] 陈永国. 德勒兹思想要略 [J]. 外国文学，2004（4）：25-33.

[3] Parr，Adrian. The Deleuze Dictionary[M]. Edinburgh：Edinburgh University Press，2005.

[4] 曾建辉. 生成、块茎、感觉——吉尔·德勒兹媒介哲学思想初探 [J]. 哈尔滨工业大学学报，2011.

持原样）的行为。"[5] 从个性角度理解，生成是一个不断改变个性身边边界和不断突破自我的行为。它不断地挑战着个性作为一个自我认同单元对自身的认知。[6]

德勒兹认为，感觉和力量紧密联系在一起。在德勒兹看来，必须有一种力量对身体起作用，也就是说对波的一个部位起作用，才会有感觉，即在某一层面上的波与外在的力量相遇时，一种感觉就出现了。[7] 这个外在力量牵引着体内的这个波，使之不由自主地指向这个力。这个波，即这种力的作用下的感知性便是生成。所以德勒兹反复强调一切感知性只是力的生成。生成有两个维度，即欲望（desire）和力（power）。德勒兹一方面指出"生成是欲望的过程"[8]。有欲望才能生成，没有欲望无论外力多大生成都不会出现。生成是一个在主观积极情感的指向下，在某种感觉的作用下，不由自主地发生的。所以德勒兹另一方面又指出，"感动（affect）是生成"[9]。这样，生成一方面与欲望相联系，另一方面又与力相联系。当一身体作用于其他身体或被其他身体作用时，这一身体就遭受了改变，构成了德勒兹哲学视阈下的身体与身体之间各种关系的生成。[10]

生成是借力长力的过程。主体长期处于某一特定"景"所在的环境之下，这个"景"就会形成一种力。这一力有时会不断增强，它通过不断地牵引使这一特定主体不由自主地向它靠近，在其身上投下自己的影像，产生移情作用，从彼像看到此像，从自身体内感觉到了彼像的力量。一旦触景生情，主体不由自主地把自己引向这个力，这便是生成。主体生成某一对象物，不是说在身体上或外貌上要变成这些生成对象，因为"生成当然不是模仿，不是与某物的认同"[11]。而是指生成这一对象物的某些情感、能力或自然特性，以增强原有的力或获得新的力。[12] 于是，生成是主体成长

[5]　Paul Patton. Becoming-Animal And Pure Life In Coetzee's Disgrace[J]. Ariel，2004（35）.

[6]　Rozmarin，Miri. Thy Signet And Thy Bracelets Identity，Becoming，And Vulnerability In The Biblical Story of Tamar[J]. Indian Journal of Gender Studies. 2013（3）：88-101.

[7]　韩桂玲. 吉尔·德勒兹身体创造学的一个视角 [J]. 理论月刊，2010（2）.

[8]　Deleuze，Gilles & Félix Guattari. A Thousand Plateaus：Capitalism And Schizophrenia[M]. Trans. Brian Massumi. London：University of Minnesota Press，1987：272.

[9]　同 [8]，第 256 页.

[10]　程党根. 由"是女人"向"生成女人"的跨越 —— 一种女性主体的欲望化和去本质化思考 [J]. 南京社会科学，2013（4）.

[11]　同 [8]，第 239 页.

[12]　吴静. 德勒兹的"块茎"与阿多诺的"星丛"概念之比较 [J]. 南京社会科学，2012（2）.

壮大过程中不可缺少的必由之路。梅尔维尔小说《白鲸》中生成了白鲸的埃哈伯船长从自己生成对象物上获得了力量才最终打败了这个海上霸王。

生成是线。生成是一个永不间断的过程，是由无数错觉构成的碎片所组成的线。[13]生成不是固定结构，也不是特定产品。[14]生成不是人们要达成某一具体目标，也不是经过一些新的感受之后转换为一个全新的他者。生成没有最后的终极点。按照弗雷格尔的理解，生成所指的是一条存在于两种状态之间的逃逸线。这条逃逸线置换了此体与彼体的特质，使主体飘忽于两极间。这种只能感受不能把控的中间性状态就是生成。生成是一个不由自主的忘我过程，它飘忽于主体与生成对应物之间，自己的影像和生成对应物的影像之间接近却没有重叠。主体与生成对应物之间互投影像——我中有你，你中有我。主体只能感受这种中间性状态。当我们试图把控这种生成过程的时候，我们又回到了生成之前的起点。在德勒兹看来自我只是"另外一种来自内部的多样性的延续体，这一延续体不断地发展壮大，迟早会使现在的多样性支撑不住。事实上，自我只是一个临界状态，一个通道，一个两种多样性之间的生成而已。" [15]这就是说在德勒兹哲学视野下现在的自我只是未来自我的影像。我们现在的单一性身份迟早会被来自自身内部生成之力的驱使卜所形成的多样性身份所取代。海明威小说《老人与海》中的圣地亚哥老人生成了海鸟、海龟、雄狮……在这条不断延展的逃逸线之上老人获得了力量，捕获了一条一千多磅重的马林鱼并与其周旋了两个昼夜，并迎击后来成群成群的鲨鱼的围攻。

生成过程的不同阶段伴有不同的强度。这些强度代表着生成在从一个时间段向另一个时间段的转换。不同时间段内，生成者主体所体验的强度不一样，其所经受的事也不一样。生成过程没有起点也没有终点。[16]正如科尔布鲁克所说的那样，"所有'存在'都只是生成生命之流上相对稳定的片段而已"[17]。生成过程没有主控机制。受尼采和斯宾诺莎唯物主义的启发，德勒兹认为生成过程不受任何机制操控，也不

---

[13] Amy L. Hequembourg. Becoming Lesbian Mothers[J]. Journal of Homosexuality, 2007(53): 3.

[14] Todd G. May. The System And Its Fractures: Gilles Deleuze on Otherness[J] Journal of the British Societies for Phenomenology, 1993（24）.

[15] 同[8]，第249页.

[16] Grosz Elizabeth A. Volatile Bodies: Towards A Corporeal Feminism[M]. Bloomington: Indiana University Press, 1994.

[17] Colebrook，Claire. Understanding Deleuze[M]. London: Routledge, 2002.

是主体的一厢情愿所为。更确切地理解，生成超越其主体，它以其肯定的力量将主体置于生产性组合的一部分。[18]

生成过程是主体受其周边其他生成的影响并与这些生成之间建立了某些联系而发生变化。生成过程不是孤立的，它受周边环境影响的。[19]生成是在环境影响之下，主体不由自主的过程。艾丽丝·门罗短篇小说《逃离》女主人公卡拉生成了小母羊弗洛拉、小母马丽姬，生成女人邻居西尔维亚。通过这一系列的生成，她实现了逃离，并在逃离过程中完成了精神上积极的解辖域化，实现了脱胎换骨的变化。她的每一次生成都是不由自主地发生的，没有任何外在力量掌控，包括她自己。

在生成过程中因与周边各要素的互动，生成者在自身得到改造的同时，也改造了这些要素。[20]澳大利亚小说家基尼利的《辛德勒名单》男主人公奥斯卡·辛德勒通过生成女人，生成不可知。在纳粹集中营里以为德国军队生产军需品为借口在纳粹的眼皮底下救出了 1 200 多名犹太人。他作为榜样的力量与其周边各种人物之间形成互动。一些"犹奸"分子——党卫军雇佣的为纳粹分子卖命的犹太警察，还有犹太人管理委员会的成员，甚至一位德国军官——犹太人聚居区看大门的警卫队长奥斯瓦尔德·伯斯科也参加到这次史无前例的大营救中来。

生成没有质的规定性。生成过程是生产正能量的过程，它所涉及的是主体的内在领域。通过生成主体在精神层面从一种形态转化为另一种形态。[21]这就是说，生成植物、生成动物、生成女人，以及生成不可知之间没有高低贵贱之分。它只是一条主体为制造差异所选择的一条逃逸线。主体借助生成对应物制造差异得以逃逸。生成对应物只是逃逸手段而已。乘坐火车汽车还是飞机离开都是离开，离开的性质没有变；乘坐直快高铁还是动车，离开的属性没有改。在精神层面主体可以把自己想象为超级大的天体，或是微小的粒子，只要能够借助这一想象的对应物使自己得

[18] Rozmarin，Miri. Thy Signet And Thy Bracelets Identity，Becoming，And Vulnerability In The Biblical Story Of Tamar[J]. Indian Journal of Gender Studies，2013（3）.

[19] Buchanan，Ian & Colebrook，Claire. Deleuze And Feminist Theory[J]. Columbia University，2000.

[20] Colebrook，Claire. Understanding Deleuze[M]. London：Routledge，2002：142.

[21] Zevnik Andreja. Becoming-Animal，Becoming-Detainee：Encountering Human Rights Discourse In Guantanamo[J]. Law & Critique，2011（22）.

以逃逸，实现精神领域的战略大迁移，即为生成。[22] 生成不是沿着某一特定的序列的前进或后退。[23] 生成没有方向的规定性。生成过程，即从此体至彼体的中间过程，没有规定性，因为它刚要成型，还没来得及对自身加以规定，新的生成又出现了，两种生成同时存在，形成一个空心块，称之为前者，或后者都不妥。[24] 生成的逻辑处于想象之中，生成的场地是内在的领域。生成的对应物五花八门，无论是植物、动物、微生物，还是疯狂的粒子，或是星云，都没有任何特定的逻辑，顺序或阶梯，都可以成为生成的对象物。[25]

三、生成的种类

生成女人。德勒兹的著述中最器重的生成模式是生成女人。德勒兹声称，在生成链条中的第一步是生成女人，通过这种生成，一切其他的生成都成为可能："虽然一切生成都已经是分子的，包括生成女人，但必须说明的是，一切生成都从生成女人开始并且经由生成女人。这是其他一切生成的关键。"[26] 生成女人是一切生成都必须经由的媒介，只是一种暂时的生成，或生成运动中的一个阶段。生成女人涉及超越固定主体和稳定结构之外的一系列运动和过程，是逃离以女人为代价赋予男性以特权的二元系统的最佳路线。[27]

"生成女人"本质上是生成女人的欲望。德勒兹对传统欲望观的批判、对传统欲望主体的解构以及从生产维度上对新的后现代欲望主体的建构，对后女性主体的建立来说，无疑具有很大的启发作用。他指出，欲望是原生的和给予性的，而不是缺乏；它不是被产生的，不是受挫的效果或本体论上的缺乏，而是原始的和原生的；它不与现实相对立或作为延迟的现实，而是能够产生现实。在这种观点的指导之下，女性主义者完全可以把自己看成是一个原生性的欲望者、利比多的体现者和性快感的享受者，而不再是男人所缺乏并全力追求的快感对象和他者。这样，欲望也就成了后女性主体的本体论意义上的欲望，是把自身安置为后女性主体的女人的结构性

---

[22]　同 [8]，第 237 页.

[23]　同 [8]，第 238 页.

[24]　同 [8]，第 238 页.

[25]　同 [8]，第 275 页.

[26]　同 [8]，第 277 页.

[27]　陈永国. 德勒兹思想要略 [J]. 外国文学，2004（4）.

需要。换言之，后女性主体不再是空洞的实体，她作为肉体的因而是有性别的存在，有着自己的原生性的和生产性的欲望。

生成是一个没有终极目标，以全新体验为结果的转换过程。对于绝大多数事物的发展过程来说我们都更加关注其开端和结果，而生成则恰恰相反。它要求我们转移目光，把个体看作不断变换体验的群体，而不是以追求获取新特质为目标的固定不变的主体。生成的体验过程取代了主体的不变性。处于生成状态中的主体是一个不断变换个体体验的群体。也就是说，生成状态下的某个体可能是棵草，是只鹰，是条鲸，是头雄狮，或是个孩子，是个女人……主体在生成对象物之间不断变换着体验，每一个生成对象物都是一条逃逸线，一个主体逃离某一特定时刻被外界认定的身份的媒介。主体经过各种体验，借助草以柔克刚的力量，借助雄鹰精准锐利的双眼，借助鲸翻江倒海的力量，借助雄狮英勇无敌的气概，借助孩提的天真率直和女人的温柔善良，聚集了力量找到了逃逸线。

生成植物。生成植物是指主体在由于被某一植物的强烈吸引所产生的积极情感的强力作用下，悄然间获取了这一植物的某些积极属性。借助这些属性，主体以这些属性作为自己的逃逸线，完成精神上的逃逸之旅。当我们生成桂花，精神层面进入植物的世界，在空气中播撒自己的花香。如果你因为能够给人们带来沁肺的惬意而陶醉，因为人们欣赏你的芳香而欣慰，那么你在生成的逃逸线上并没有走多远，倾刻间又回到了起点，因为这种感觉只有人有，桂花没有。如果阵风摇曳花瓣洒落满地，在枝头和在大地，你感觉同样美丽，你还继续逃逸在生成线上。倘若你感到完成了使命，散尽了芳香，为明年花开更旺而甘愿把自己埋葬，你已经通过生成在桂花身上找到了力量，学习到了植物身上的奉献精神和牺牲精神，看到了生命轮回的必然规律，找准了自己的位置，也看到了自身的渺小。这样一次生成已经自然完成使命。你已经通过生成找到一条属于自己的逃逸线，挣脱了原本桎梏自己的精神枷锁，不再以物喜不再以己悲，你已经超凡脱俗。我们借助于生成桂花从人类世俗狭隘的观念中找到了一条逃逸线。至此，在大千世界当中，借助于植物完成了自我救赎。不识庐山真面目，只缘身在此山中。

我们永远都不能真正成为桂花，因为不论恋花者折断多少枝花杈，余枝都会继续吐放芬芳，直到最后一枝被折掉。而我们断了一根手指都会疼得死去活来。人永远都不能与我们所任意践踏的植物和随意屠杀的动物比拟。我们没有这样想，因为我们就从没有试图去生成。生成植物，超越天地之间以人为主体的思维方式，承认植物生命的存在，认识到人类与植物之间的相互依存关系。这正是去人类中心化的思维理念——天地之间万物各执其能，各尽其用。

生成动物。生成动物是指主体在某种强烈的情感和力的作用下，在不知不觉中获取了这一生成对象物的某些积极属性。生成动物的主体借力逃逸。我们说"寒蝉凄切"，从急促凄切的蝉鸣声中听出了即将结束短暂一生的蝉对生命的眷恋。其实蝉对此一无所知。我们说"鸟之将死其鸣也哀"，鸟对此也一无所知。我们都是从人类的角度对此进行观察和理解的。这种理解更多的是把蝉和鸟人性化了，把它们想象成了人。人这样做是在按照自己的思维方式来理解自然。这不是生成。生成过程是在精神层面上使自己成为蝉或鸟。人需要逃逸线的时候才会生成。哀鸣之鸟声只体现了鸟已经不能继续发出像以往一样的鸣声，其力量衰竭，失去了足够的产生正常声音的肺活量。听起来似乎悲哀婉转，但鸟儿对此却一无所知。它不知道自己的生命即将走向了尽头，更不会因此而对死亡产生恐惧。在这一点上，动物超越了人类。这正是比人类低级的类属超过人类之处。生成动物正是要从它们身上获取这种力量，就是要通过在精神层面上成为动物，借此借力逃逸。当人们处于与哀鸣之鸟同样身体状况的时候，需要寻求一条逃逸线，逃离其现状，脱离对即将迫近的死亡的恐惧，我们需要生成，需要把自己成为鸟，成为蝉，这样在鸟和蝉的身上看到自己生命的投影，自己的生命就如同鸟和蝉的生命那样，在不知不觉中渐渐地融入自然，回到大自然的怀抱。这样没有任何留恋，没有什么不可释怀。这就是大自然条件下的生命——来也悄悄，去也悄悄。人类为什么要追求例外呢？生成动物，超越以人类自身为中心的宇宙观，追求在更加广泛意义上的人与自然的和谐。

生成不可知。这个运动把生成过程的最微小阶段碎片化作为其目标，德勒兹称之为"生成不可知"（becoming imperceptible），因为"不可知是生成的内在目的，是其普遍公式"[28]。生成不可知意味着生成许许多多的东西，生成任何人，任何事物（everybody/everything）。[29] 加之生成是一个永不间断的过程，这样，当你举目观望生成者，你所看见的便是一个虚无的影像。[30] 因为他生成的是一切事物，所有人。

---

[28]　同 [8]，第 279 页.

[29]　同 [8]，第 278 页.

[30]　同 [8]，第 279 页.

一个充满生成的世界是一个彻底颠覆存在形态与同一性的世界。于是，当关系不断地在生成和发挥作用，不断地超越原有的局限和边界时，新的事物就出现了。[31] 这时主体已经借助一条逃逸线完成了一次生成过程。

生成是个始终向外不断展开的过程，它包括多条纵横交错的逃逸线，从各种诸如"女人""动物""植物"以及"不可知"的分子团中穿过。通过将主体性概念溶入生成之中，德勒兹和伽塔里将我们的注意力转移到了主体的多样性，这一多样性并非以某一统一性为核心。"每一多样性都囊括许多异质性共生关系，而且每一多样性自身都在依据自己的临界值和通道不断地转换成一系列其他的多样性。"[32]

四、生成的意义

"生成"作为后解构主义的重要思想方法之一无论在社会学意义上，理论上，还是在文学批评方面都有着十分重要的意义。

社会意义。大千世界千差万别，这是世界的本来面目，但是当代世界发展的均质化和趋同性，越来越趋向于用统一的标准来判定这个世界。通过生成，借助生成的力量找寻一条逃逸线，制造和生产差异，还千差万别于大千世界。通过生成动植物，冲破以人类自身为核心的思维方式，在思维层面确立世间万物之间的平等关系；生成就是汲取精神力量的正能量生产过程。生成女人又是所有生成中最为基础和普遍的生成。生成女人，借助于女人孕育生命，生育生命和养育生命的超能，逃出以男人为核心的问题思考方式，打破长久以来一直禁锢人们思想的男性主导世界的藩篱，创造一个男女之间绝对平等的精神世界，借助人类性别中的另一半的力量从精神困惑中将自己导出；通过生成不可知，颠覆传统的对个体的判定模式，以动态和变幻的眼光审视不断变换和发展的世界。这一切在思想层面上具有十分深远的理论意义。在保罗·帕顿看来，生成动物、儿童、女人、少数派等创造了打破各种规定性之间壁垒的可能性，权利、义务或法律上的规定不再只适用于它们针对的特定个体人群，这样就不会再出现有选择地决定该依法制裁，谁该依权受益，而不把其他人群排斥在外。[33]生成产生于人类生活的政治需求和生存需要。这说明生活以生产形式而存在。

---

[31]　吴静．"德勒兹的"块茎"与阿多诺的"星丛"概念之比较 [J]. 南京社会科学，2012（2）.

[32]　同 [8]，第 249 页.

[33]　Patton，Paul. Becoming-Animal And Pure Life In Coetzee's Disgrace[J]. Ariel，2004（35）.

继尼采和斯宾诺莎之后，德勒兹和伽塔里从一元论角度考察了哲学，认为现实是多样性的"欲望机器"。它们具有创造性，是专门临时组合在一起的，对世界产生不同的影响，并创造出新的可能性，构成新的专门临时组合。德勒兹和伽塔里所描绘的基于生成的政治生活是一种游牧式的。游牧政治的前提条件就是肯定生成的存在。从探寻稳定的主体性、同一性与合理性结构出发，同时又是积极欲望流的一部分。[34]

理论意义。德勒兹生成论的意义还表现在对人类中心主义和罗各斯传统的结构和活力论的重构。大千世界除了生成以外别无他物。一切存在皆不过是"生成生命"（becoming life）之流中一个相对稳定的瞬间。由此，西方传统中的人本主义和主体中心论被视为妨碍生成的障碍。德勒兹拒斥以人作为基本存在的观念，肯定大千世界各种存在都有价值与意义的多元，肯定动态的生成观。[35]德勒兹后解构主义差异哲学和流变思维的特质使其获得了"哲学领域的毕加索"的美誉。德勒兹以其生成论思想为西方哲学的发展做出巨大的贡献，也为人们在思想方法方面敞开一扇大门。

文学意义。"生成"作为后解构主义哲学思想方法之一自然也是文学批评方法。国内一些学者已经运用德勒兹的生成理论来解读文学作品。周标解读了小说《心兽》[36]；尹晶解读了《狼图腾》[37]；宋涛系统地论述了如何将德勒兹的"生成动物"应用于文学作品的解读[38]。在国外，艾美丽娜·笪莫尔运用德勒兹生成理论解读了阿尔及利亚小说家妮娜·博拉奥特的小说《香肠》。[39]该文作者运用德勒兹哲学思想中的"块茎"和"生成"把两个孩子破碎的记忆编织在一起，将过去和现在联系在一起。艾米·L·西科姆伯格在《生成同性恋双母亲》一文中系统地介绍了德勒兹生成论。认为生成是一个没有终极目标，以情感体验为结果的转换过程。该文作者运用生成论研究了一对案例：在一个由两个同性恋母亲组成的一个家庭中，两个母

---

[34] Rozmarin，Miri. Thy Signet And Thy Bracelets Identity，Becoming，And Vulnerability In The Biblical Story Of Tamar[J]. Indian Journal of Gender Studies，2013（3）.

[35] 同[1].

[36] 周标. 心兽的生成——赫塔·米勒小说《心兽》之德勒兹式解读[J]. 海外文坛，2014（1）.

[37] 尹晶. 生成动物：《狼图腾》中的生成狼阐释[J]. 河南师范大学学报，2012.

[38] 宋涛. 论"生成"为动物——德勒兹差异论的文学关照[J]. 河南师范大学学报，2013，40（3）.

[39] Damlé，Amaleena. The Wild Becoming Of Childhood：Writing As Monument In Nina Bouraoui's Sauvage[J]. Forum for Modern Language Studies，2013，49（2）.

亲换位生成"父亲"，给三个孩子创造了一个完整的温馨家庭。[40] 在全球化的多元时代，碎片化的人格成为后现代主义小说中的主要部分，在瞬息万变的当代，反映现代生活实际的小说中的人物多显无援与无助。通过生成从移情对象物身上获取力量，主体可以走出自我，制造差异。"生成"高度地契合了后现代主义小说的这一特征，它将成为重要的文学批评方法。

五、结语

"生成"这一概念对许多人来说还很陌生，但是我们已经身处这个"生成"的时代了。我们无一例外地都处在不断生成的过程之中。作为各种情愫组合体的人时刻与包括人类自身在内的周边环境发生着情感互动。我们不经意间下意识地生成着"不可知"。借助生成的增力，我们以块茎的思维方式，在逃逸，在解辖域化，在去除脸面性，在形成无器官身体，在经历着福柯所预言的"德勒兹世纪"。

第二节　生成在文学批评中的应用

一、德勒兹生成论视阈下的《老人与海》

（一）引言

海明威是 20 世纪美国最重要的小说家之一，很多人认为《老人与海》是他最重要的代表作，该巨著的问世使他获得了诺贝尔文学奖的同时，也在学术界掀起了对他作品研究的高潮。国内外很多学者对《老人与海》的研究，大多聚焦于小说的硬汉形象、悲剧意识、虚无思想和艺术特色等。[41] 但是尚未见到从生成论角度对此作品的研究。

《老人与海》中的主人公圣地亚哥是一名古巴老渔夫，他独自在湾流中的一只小船上捕鱼。可是有一次由于时运不济，已经连续八十四天一无所获。作为渔夫，

---

[40]　同 [13].

[41]　张军 . 一场没有胜负的战斗 —— 海明威《老人与海》新析 [J]. 贵州社会科学，2007（3）.

老人的尊严受到了严重伤害，但他没有就此灰心，不向厄运低头，仍然执着地前往人迹罕至的深海捕鱼。第八十五天，他果然碰到了一条一生中少见的大马林鱼。被钩住的大鱼拖着小船向更深远处游去，并不时挣扎和跳跃试图逃脱老人的钩锁，老人因此而倍受折磨。为了征服这条大鱼，老人忍受饥饿与疲劳，顽强地与之周旋。老人与其对峙三天之后，终于将马林鱼杀死，满心欢喜地踏上归程。然而，死鱼的血腥味吸引了鲨鱼接二连三地前来抢食老人的战利品，他临危不惧，与这些鲨鱼展开了殊死搏斗。当他筋疲力尽地回到岸上的时候，大鱼仅剩下一副骨架。[42] 故事催人泪下。

（二）德勒兹的生成论

福柯曾预言 20 世纪或许将是"德勒兹世纪"，他强调的是德勒兹所创造的新思维空间和生成新质的思想力量。德勒兹享有"哲学中的毕加索"之美誉，极为重视创造新的哲学关键概念并确立问题框架，他与伽塔里创造了一系列富于思想穿透力的理论观念，如块茎、游牧、生成、解辖域化、逃逸线和无器官身体等，杂糅了文学、艺术、美学、政治学、心理学以及伦理学等领域的丰富资源。[43] 差异和生成是德勒兹哲学的代名词。

从本质上说，德勒兹的哲学是关于生成的本体论。[44] 在德勒兹哲学思维和学术话语中，"生成"（becoming）是关键概念之一。帕尔主编的《德勒兹词典》认为"差异"和"生成"是德勒兹全部著述的核心题旨。在德勒兹特殊的本体论挑战中，这两个概念是基石，发挥着重要的功用，能够疗救德勒兹所认为的西方思维领域长久以来一直存在的弊病，即对存在形态与同一性的倚重与偏执。[45] 生成是德勒兹思想中一个非常重要的概念。科尔布鲁克在《吉尔·德勒兹》一书中指出，整个西方思想史都建立在存在与认同的基础上，而德勒兹则相反，他强调的是差异与生成。[46]

德勒兹认为，感觉和力量紧密联系在一起："必须有一种力量对身体起作用，

[42] 熊文，秦秋. 人生来不是要给打倒的：《老人与海》的心理治疗意义 [J]. 学海，2004（6）.

[43] 麦永雄. 德勒兹差异哲学与后马克思主义文化观念举隅 [J]. 江南大学学报，2013（9）.

[44] 陈永国. 德勒兹思想要略 [J]. 外国文学，2004（4）.

[45] Parr，Adrian. The Deleuze Dictionary[M]. Edinburgh：Edinburgh University Press，2005：21.

[46] 曾建辉. 生成、块茎、感觉——吉尔·德勒兹媒介哲学思想初探 [J]. 哈尔滨工业大学学报，2011.

也就是说对波的一个部位起作用，才会有感觉。"[47] 即在某一层面上的波与外在的力量相遇时，一种感觉就出现了。[48] 这个外在力量牵引着体内的这个波，使之不由自主地指向这个力。这个波，即这种力的作用下的感知性便是生成。所以德勒兹又说："一切感知性只是力的生成。"[49] 生成有两个维度，即欲望（desire）和力（power）。德勒兹一方面指出"生成是欲望的过程"[50]。有欲望才能生成，没有欲望无论外力多大生成都不会出现。生成是一个在主观积极情感的指向下，在某种感动下，不由自主地发生的。所以德勒兹另一方面又指出，"感动（affect）是生成"。[51] 这样，生成概念一方面与欲望相联系，另一方面又与力相联系。当一身体作用于他身体或被其他身体作用时，这一身体就遭受了改变，构成了德勒兹意义上的身体与身体之间各种关系的"生成"。[52]

触景生情，某一主体长期处于某一特定"景"所在的环境之下，这个"景"就会形成一种力。这一力有时会不断增强，它通过不断地牵引使这一特定主体不由自主地向它靠近，在其身上投下自己的影像，产生移情作用，从彼像看到自身的影像，从自身体内感觉到了彼像的力量。这便是生成。

生成动物、植物、孩子、女人，不是说在身体上或外貌上要变成这些生成对象，因为"生成当然不是模仿，不是与某物的认同"[53]。而是指成生动物、植物、孩子、女人的某些情感、能力或自然特性，增强原有的力或者获得新的力。[54] 德勒兹的著述中最器重的生成模式是生成女人。德勒兹声称，在生成链条中的第一步是生成女人，通过这种生成，一切其他的生成都成为可能："虽然一切生成都已经是分子的，

---

[47]　Deleuze，Gilles. Nietzsche And Philosophy[M]. Trans. Hugh Tomlinson. London：The Athlone Press，1983.

[48]　韩桂玲 . 吉尔·德勒兹身体创造学的一个视角 [J]. 理论月刊，2010（2）.

[49]　Deleuze，Gilles & Félix Guattari. Anti-Oedipus：Capitalism And Schizophrenia[M]. Trans. Robert Hurley，Mark Seem，and Helen Ro Lane. London：Continuum，1983.

[50]　Deleuze，Gilles & Félix Guattari. A Thousand Plateaus：Capitalism And Schizophrenia[M]. Trans. Brian Massumi. London：University of Minnesota Press，1987：272.

[51]　同 [50]，第 256 页 .

[52]　程党根 . 由"是女人"向"生成女人"的跨越——一种女性主体的欲望化和去本质化思考 [J]. 南京社会科学，2013（4）.

[53]　同 [50]，第 239 页 .

[54]　同 [52].

包括生成女人，但必须说明的是，一切生成都从生成女人开始并且经由生成女人。这是其他一切生成的关键。"[55]生成女人是一切生成都必须经由的媒介，只是一种暂时的生成，或生成运动中的一个阶段。生成女人涉及超越固定主体和稳定结构之外的一系列运动和过程，是逃离以女人为代价赋予男性以特权的二元系统的最佳路线。[56]

这个运动把生成过程的最微小阶段碎片化作为其目标，德勒兹称之为"生成不可知"（becoming imperceptible），因为"不可知是生成的内在目的，是其普遍公式"[57]。生成不可知意味着生成许许多多的东西，生成一切事物，所有人（everybody/everything）。[58]加之生成是一个永不间断的过程，这样，当你举目观望生成者，你所看见的便是一个虚无的影像。[59]因为他生成的是一切事物，所有人。一个充满生成的世界是一个彻底颠覆存在形态与同一性的世界。于是，当关系不断地在生成和发挥作用，不断地超越原有的局限和边界时，新的事物就出现了。[60]国内一些学者已经开展了运用德勒兹的生成论解读文学作品。周标解读了小说《心兽》[61]；尹晶解读了《狼图腾》[62]；宋涛系统地论述了如何将德勒兹的"生成动物"应用于文学作品的解读[63]。

在国外，艾美丽娜·笪莫尔运用德勒兹生成理论解读了阿尔及利亚小说家妮娜·博拉奥特的小说《香肠》。[64]该文作者运用德勒兹哲学思想中的"块茎"和"生成"把两个孩子破碎的记忆编织在一起，将过去和现在联系在一起。艾米·L·西科姆伯格在《生成同性恋双母亲》一文中系统地介绍了德勒兹生成论。认为生成是一个没

---

[55]　同 [50]，第 277 页.

[56]　同 [44].

[57]　同 [50]，第 279 页.

[58]　同 [50]，第 279 页.

[59]　同 [50]，第 279 页.

[60]　吴静. 德勒兹的"块茎"与阿多诺的"星丛"概念之比较 [J]. 南京社会科学，2012（2）.

[61]　周标. 心兽的生成——赫塔·米勒小说《心兽》之德勒兹式解读 [J.] 海外文坛，2014（1）.

[62]　尹晶. 生成动物：《狼图腾》中的生成狼阐释 [J]. 河南师范大学学报（哲学社会科学版），2012.

[63]　宋涛. 论"生成"为动物——德勒兹差异论的文学关照 [J]. 河南师范大学学报，2013，40（3）.

[64]　Damlé，Amaleena. The Wild Becoming Of Childhood：Writing As Monument In Nina Bouraoui's Sauvage[J]. Forum for Modern Language Studies，2013（49）.

有终极目标，以情感体验为结果的转换过程。该文作者运用生成论研究了一对案例：在一个由两个同性恋母亲组成的一个家庭中，两个母亲换位生成"父亲"，给三个孩子创造了一个完整而温馨家庭。[65]

（三）生成论与《老人与海》

在德勒兹的生成论视阈下解读海明威的《老人与海》，从生成女人，生成动物，生成不可知三个方面解读圣地亚哥老人的生成，探究老人如何通过一系列的生成在生成对应物身上投下自己的影像，并从它们身上汲取力量，找到逃逸线。

1. 生成女人

在德勒兹看来，真正意义上的资本主义编码工是"生成女人"。"生成女人"是资本主义机器发展的核心动力，而男权制正是专制机器留在资本主义机器内部最大的专制符码。因此，只有"生成女人"才能够彻底解码专制机器。[66]

他每当想到海洋，老是称她为"la mar"，这是人们对海洋抱着好感时用西班牙语对它的称呼。"la mar"一词在西班牙语中指女人。[67]有时候对海洋抱着好感的人们也会说她的坏话，不过说起来总是拿她当女性看待的。[68]多年奔波在大海上，老人一直都把自己想象为生活在女性的怀抱中。在精神层面，他始终把大海想象为女人。老人总是拿海洋当作女性，她给人或者不愿意给人莫大的恩惠，如果她干出了任性或缺德的事儿来那是因为她由不得自己。月亮对她有着影响，如同一个女人那样，他想。[69]尽管有时会发生海啸或海难，大海无情地吞食了人的生命，老人也从不责怪大海，仍然还是一如既往地把它作为女性来爱戴。老人从大海中捕获一条又一条的大鱼，这都是经过大海母亲乳汁的哺乳。

圣母是最伟大女性的代表，在老人精神世界里也最为高大神圣。"我并不笃信宗教，"他说，"但我愿意念十遍《天主经》和十遍《圣母经》，使我能逮住这条大鱼，我还许下心愿，如果逮住了它，一定去朝拜科夫莱的圣母。这是我许下的心

[65]　Amy L. Hequembourg. Becoming Lesbian Mothers[J]. Journal of Homosexuality，2007（53）.

[66]　韩桂玲. 吉尔•德勒兹身体创造学的一个视角 [J]. 理论月刊，2010（2）.

[67]　同 [50]，第 158 页 .

[68]　海明威 . 春潮•老人与海 [M]. 吴劳，译 . 上海：上海译文出版社，2009：158.

[69]　同 [28]，第 158 页 .

愿。"[70]老人恳求圣母给他力量，让他捕获这条即将上钩的大马林鱼。"被满圣宠的马利亚，天主与你同在。你是女人中有福的，你的儿子耶稣也是有福的。"[71]老人的虔诚果真感动了圣母，有生以来他第一次捕获如此大的马林鱼。是圣母给了他力量，老人在自己身上感受到了女人的力量。

我们不能否认在海明威的某些作品中，女性形象是被妖魔化了的。[72]孤独的老人在孤独的大海上几次触景生情，浪漫地联想到了动物做爱的场景。他喜欢绿色的海龟和玳瑁，它们形态优美，游水迅速，价值很高，他还对又大又笨的蠵龟抱着不怀恶意的轻蔑，它们的甲壳是黄色的，做爱的方式是奇特的，高高兴兴地吞食僧帽水母时闭上了眼睛。[73]在寒冷的大海上老人在精神世界的不断生成使他在体内感觉暖暖春意的荡漾，这股暖流帮他驱走寒意，保存体力。

海上的场景在不断地变换，老人的生成也在不断地进行着。就在天黑之前，老人和船经过好大一片马尾藻，他在风浪很小的海面上动荡着，仿佛海洋正同什么东西在一条黄色的毯子下做爱。[74]或是老人过于疲惫而在黄昏时分产生了幻觉，或是老人在异想天开地自我陶醉，在想象的世界里，老人已经生成了人类性别的另一半。夜幕与黄昏让老人的思绪开始狂奔，暖流环绕老人的周身。当老人在与马林鱼搏斗中占尽优势，即将凯旋之时，他决定睡上一觉。他这次首先梦见的是伸展八到十公里长的正在交配季节中一大群海豚。[75]带着胜利果实凯旋的老人在潜意识中开始为自己享受生活做打算了。梦里交配的海豚激发和唤醒了他体内沉睡的分子颗粒，在精神世界里他开始渴望人类性别的另一半，老人正在生成女人。

他想起有一次钓住一对大马林鱼中的一条。雄鱼总是让雌鱼先吃，那条上了钩的正是雌鱼，它发了狂，惊慌失措而绝望地挣扎着，不久就精疲力尽了，那条雄鱼始终待在他身边，在钓索上蹿来蹿去，陪着它在水面上一起打转……始终待在那儿不走。它们这情景是我看到的最伤心的了，老人想。[76]想到这里，老人似乎已经进

---

[70] 同 [68]，第 180 页 .

[71] 同 [68]，第 180 页 .

[72] 隋燕 . 没有女人的男人 —— 也论海明威作品中的女性形象 [J]. 外国文学研究，2003.

[73] 同 [68]，第 162 页 .

[74] 同 [68]，第 184-185 页 .

[75] 同 [68]，第 188 页 .

[76] 同 [68]，第 170 页 .

入了马林鱼的世界，成为它们当中的一员。他为自己的所见而感动，移情至马林鱼的世界，雌雄马林鱼之间的恩爱，那段难以割舍的柔情，让老人想起逝去的另一半，自己的妻子。老人感受到了女性的柔情，生成了女人。

大海在海明威笔下成为一位复杂的女性贯穿于《老人与海》全书之中，这反映了海明威矛盾的妇女观。大海虽然不完美，但是海明威一生离不开大海，就像他离不开女人一样——他人生的旅途证明女人与他终生共存。[77] 每次触景生情，目睹或联想到做爱，老人都会被紧紧地包裹在一股春意暖流中。老人在不由自主地借助女性的力量在苦苦的大海上甜甜地寻觅逃逸线。

2. 生成动物

生成动物是德勒兹所说的"逃逸线"，它要破解人与动物的二元对立，让人逃离人类文化和文明对人的一切规定，让人们重新接近德勒兹所说的"非个体、非有机的生命"[78]。生成为动物并不是说变成动物，不是成为一只鸟，或一头鲸，成为他者是指某种感觉性作用下的力量的转换，即生成者主体通过生成过程把生成对象的力量以精神作用的方式转化到自己的身上。生成动物是对动物运动、动物感知、动物生成的一种感觉：亚哈追捕白鲸并非出于某种特殊的商业赢利目的，也不是要证明他能战胜白鲸的英雄气魄和胆量，而恰恰是因为他为白鲸的反常性格所吸引——它的不可琢磨和人类无法理解的性格，这样，白鲸就成了"漂浮的能指"（floating signifier），代表着阻碍终极意义或终极理解的任何东西。[79]《老人与海》中的老人在大海上历经了一系列生成过程。几十年在大海上奔波，风里浪里穿梭，长期和各种海鸟和海鱼生活在一起，老人多年观察和揣摩它们的习性，知道它们在一年的哪个时间，在海洋的哪个地方干些什么，与它们之间建立了默契。在这期间老人也产生了把自己当成它们当中的一个成员的强烈欲望。

生成海鸟。多年生活在大海上，老人对海上的鱼鸟产生了惺惺相惜的情感。他替鸟儿伤心，尤其是那些柔弱的黑色小燕鸥，它们始终在飞翔，在找食，但几乎从未找到过，于是他想，鸟儿的生活过得比我们还艰难。[80] 老人已经在鸟儿身上产生

---

[77] 何昌邑. 欲望表征的缺失 —— 对《老人与海》的一种拉康式解读 [J]. 思想战线，2006.

[78] 同 [50]，第 499 页.

[79] 同 [44]，第 25-33 页.

[80] 同 [68]，第 158 页.

移情，为它们伤心，它们找不到食物就如同自己找不到鱼，他和鸟儿同命相连。当老人十分疲惫的时候，他看见一只鸟从北方朝小帆船飞来。那是只鸣禽，在水面上飞得很低。老人看得出，它非常疲乏了。[81] 老人从鸟的身上投下了自己的影像。长时间拖拉鱼索之后，老人的手变得麻木了。"这算什么手啊？"他说，"随你去抽筋吧。变成一只鸟爪吧。"[82] 他觉得自己的手成一只鸟爪子了，他生成了海鸟。他在精神层面与海鸟相互勉励，期待着海鸟能够找到自己的食物，更期待自己能够捕获一条大鱼。从海鸟身上汲取力量，老人开始融入大海的怀抱。这样无论渔船航行到哪里自己都不再孤单。通过生成海鸟，老人不再孤单，并开始找到逃逸线。

生成海龟。他替所有的海龟伤心，甚至那些跟小帆船一样长、重达一吨的大梭龟。人们大都对海龟残酷无情，不会理会一只海龟被杀死、剖开之后，它的心脏还要跳动好几个钟点。然而老人想，我也有这样一颗心脏，我的手脚也跟它们的一样。他吃白色的海龟蛋，为了使身体长力气。他在五月份连续吃了整整一个月，使自己在九十月份到来之时能身强力壮，去捕猎更大的鱼。[83] 他可怜海龟，深深地同情它们的命运并为它们伤心，老人和海龟拥有同样一颗心。他也从海龟身上看到了他与它相同可怜的命运。他从海龟身上看到了自己，他吃了一个月的海龟蛋，身体变得强壮，像海龟一样有力量。海龟蛋原本是海龟身上的一部分，现在成为他身上的一部分，并成为使他变得强大的原因。他生成了海龟，从对象物身上汲取了其顽强的生命力和不屈不挠的精神。通过生成海龟，老人不再体弱，找到了另一条逃逸线。

生成海豚。生成是一个永远不会停息的进程，它瞬息万变。夜间，有两条海豚游到小船边来，他听到它们翻腾和喷水的声音，他能辨别出那雄的发出的喧闹的喷水声和那雌的发出的喘息般的喷水声。"它们是好样的。""它们嬉耍，打闹，相亲相爱。它们是我的兄弟，就像飞鱼一样。"[84] 老人同样也与海豚称兄道弟，他与它们的关系亲如一家。生成海豚，老人在它们身上找到了亲和的力量，感受到了家的温暖。

生成狮子。跟随老人捕鱼多年的男孩深知老人内心思想活动。他也知道老人这时候最需要什么。"好渔夫很多，还有些很了不起的。不过顶呱呱的只有你。"男

---

[81] 同 [68]，第 173 页.

[82] 同 [68]，第 175 页.

[83] 同 [68]，第 163 页.

[84] 同 [68]，第 169 页.

孩赞美老人。[85] 男孩的赞美之词让老人感觉得十分高兴，这唤起了老人的内在力量。经过八十四天的颗粒无收，迷信的老人深信自己八十七天的吉日。历史上，等待最长的时间是八十七天，不超过八十七天，他一定能够捕到大鱼。当晚他又做梦了，他不再梦见风暴，不再梦见妇女们，不再梦见发生过的大事，不再梦见大鱼，不再梦见打架，不再梦见角力，不再梦见他的妻子，他如今梦见某些地方和海滩上的狮子。可以想象，老人梦见的一定是雄姿勃发、英勇无比、所向无敌、即将成就大业且享有成群妻妾的新狮子王。梦见即将成就大业的狮子王的形象，老人在生成的对象身上投下了自己的镜像，看到了自己的影像。老人在精神层面上把自己想象为一只即将夺取领地的雄狮。准狮王给了老人力量，这使老人浑身上下有了一股使不完的力量，他也才因此有勇气将自己的小船驶向深海，驶向未曾有人去过的地方。这是他能够遇到大马林鱼的关键。

钓住大马林鱼之后，马林鱼与老人进行了很长时间的纠缠，使老人精疲力竭。这个时候他的心理状态是：但愿它睡去，这样我也能睡去，梦见狮子，他想。[86] 在老人与马林鱼力量均衡彼此都难以打败对方的时候，老人特别能够希望梦见狮子，让梦中的雄狮再助他一臂之力，改变他与马林鱼之间力量的对比，战胜自己有生以来所见到的最强大的对手。

当老人感觉到自己占据了巨大的优势，即将战胜马林鱼的时候，他决定睡上一觉。这次他又梦见了狮子。第一头狮子在傍晚时分来到海滩上，接着其他狮子也来了，他等着看有没有更多狮子来，感到很快乐。[87] 潜意识中，他这位凯旋的雄狮要看见更多的狮子来为他祝贺，来羡慕他的成果。老人在精神层面享受着同行的赞誉，陶醉在胜利的喜悦中，陶醉伴随生成，生成影随快乐。生成雄狮使老人从几天的疲惫当中逃逸而出。

小说结束之时，带着鱼骨架回来的老人在大路另一头的窝棚里又睡着了。老人正梦见狮子。[88] 老人一定是梦见了被新狮子王所打败的老狮子王，悲怆地看着自己成群的妻妾投入新狮子王的怀抱，新狮子王在大肆屠杀老狮王的子嗣，老狮王远远地站在一旁，心如刀割。想到此，读者可能会潸然泪下。那是因为我们没有生成狮子，

[85]　同 [68]，第 154 页.

[86]　同 [68]，第 181 页.

[87]　同 [68]，第 188 页.

[88]　同 [68]，第 219 页.

而生成狮子的老人早已移情到老狮子王身上，他看到更多的不是他被新狮子王所打败的老狮王的痛苦，而是强者生存的自然规律。完成了自然赋予的使命，看见眼前的景象，想象未来还会有更强壮的狮王使这一种关系得以延续，他会欣慰地离开，回到大自然的怀抱。

生成了海鸟，又生成了海龟，再生成了海豚，老人在大海上无处不投下自己的影像，想象自己在大海的每一个角落。通过生成，从生成对应物身上汲取了精神力量，老人和海鸟、海龟，还有海豚一样，成为了大海的一部分。生成狮子是老人生成动物的最后一步。他生成大海之后，又生成狮子，以大陆最伟大的力量打败代表大海最神秘力量的大马林鱼。

生成动物是要生成"分子"动物，看到或想象"分子"动物具有怎样的"感知"和"感受"，与"分子"动物建立邻近区域，从而让"分子"动物具有的或假定"分子"动物具有的生命力穿越人自身，让人具有"分子"动物的诸种感受。生成动物就是要找到标志着"分子"动物这 多样性边界的"异常体"，并且与它建立临近区域，也就是看到穿越该异常体的力，让这些力在自身内部发挥作用，从而形成异常体具有的感受。[89] 这正是生成对于老人的意义。生成让老人找到了属于自己的逃逸线，逃离了体力的匮乏、身体的孤单、精神的孤独和心理的恐怖。生成是老人能够挑战不可能的秘密。

3. 生成不可知

由于体力的透支，由于饥饿，由于孤独寂寞，由于睡眠的严重缺乏，老人时不时地产生幻觉。"我的脑筋够清醒的"，他想。"太清醒了。我跟星星一样清醒。它们是我的兄弟。不过我还是必须睡觉。它们睡觉，月亮和太阳都睡觉，连海洋有时候也睡觉，那是在某些没有激浪、平静无波的日子里。"[90] 老人在精神世界里飘忽不定。

我们从精神世界去观看老人的时候，我们已经全然不知道他究竟生成了什么，这是因为他生成了不可知。老人一会儿上天，一会儿入海。他与夜空中的星斗称兄道弟，他与宇宙间的日月试比高，他与海洋共激浪齐荡漾。可同时，他又与深海中的马林鱼拼个你死我活。"它也许正是半睡半醒，"他想，"可我不想让它休息，

---

[89]　尹晶 . 生成动物：《狼图腾》中的生成狼阐释 [J]. 河南师范大学学报，2012.

[90]　同 [68]，第 188 页 .

必须要把它拖拽着一直到死去。"[91]

老人一会儿把马林鱼当作亲兄弟，一会又把它当作死敌。老人和马林鱼之间的力量对比此消彼长。这时鱼占了上风时。"鱼啊！"老人说，"鱼啊，你反正是死定了。难道你非得把我也害死不可？"[92] 他似乎在恳求马林鱼放他一马，别再和他拼命了。老人知道大马林鱼再兜几圈自己就不行了。"不，你是行的，"他对自己说，"你永远行的。"[93] 老人在鼓励自己的同时，并没有诅咒对手。即便是知道自己快要不行了的时候，老人还是很尊重这条大马林鱼。"你要把我害死了，鱼啊，"老人想，"不过你有权利这样做。我从来没有见过比你更庞大、更美丽更沉着或更崇高的东西，老弟。来，把我害死吧。我不在乎谁害死谁。"[94] 但老人不甘心就这么被自己尊重的对手打败。"你现在是头脑糊涂了，"他想，"你必须保持头脑清醒。"保持头脑清醒，要像个男子汉，懂得忍受痛苦。"或者像一条鱼那样"，他想。[95] 他现在最羡慕最敬佩的还是鱼。他要从鱼的身上汲取力量来打败鱼。习鱼之长以制鱼。

他既把自己想象为天上的太阳、月亮、星星那样伟大，又把自己看成像登多索鲨一样低下。"这条登多索鲨是残忍的、能干、强壮而聪明的。但是，我比它更聪明。也许并不，"他想，"也许我就是武器比它强。"[96] 这种人与动物在生命价值上绝对平等的思想正是德勒兹生成论最为深远的哲学价值所在。人只有生成不可知才会有这么高深的卓见。老人开始认识到他杀死马林鱼之后连锁似的恶果就是他要为此不断地戕杀更多无辜的生命。而这些生命原本就和他完全平等。只有通过不断地生成，人才能够认识到这原本很简单的道理。

他既爱又恨自己的对手。他不忍心再朝这死鱼看上一眼，因为它已经被咬得残缺不全了。鱼挨到袭击的时候，他感觉到就像自己挨到袭击一样。[97] 他生成了他所心仪敬仰尊重和羡慕的马林鱼。他杀死了袭击并咬了一口马林鱼的鲨鱼。"然而人不是为了失败而生的，"他说，"一个人可以被毁灭，但不能给打败。"然而，"我

---

[91]　同 [68]，第 188 页.

[92]　同 [68]，第 197 页.

[93]　同 [68]，第 197 页.

[94]　同 [68]，第 197 页.

[95]　同 [68]，第 197 页.

[96]　同 [68]，第 204 页.

[97]　同 [68]，第 203-204 页.

很痛心，我把这鱼给杀了"，他想。[98] 寻腥而来，是鲨鱼的本能。而腥味是他杀死马林鱼惹来的。鲨鱼不该死，它是无辜的。老人后悔杀死了那条鲨鱼。早知此悔，何必当初。生成不可知，才知道不该乱杀无辜。

他一方面追求胜利，陶醉自己的胜利成果，另一方面他又在谴责自己杀死马林鱼的过错。他开始思索自己的过错，也许杀死这条鱼是一桩罪过。"我看该是罪过，尽管我是为了养活自己并且给许多人吃才这样干的。"[99] 他一边忏悔，一边为自己找理由辩解。"你杀死它是为了自尊心，因为你是个渔夫。它活着的时候你爱它，它死了你还是爱它。如果你爱它，杀死它就不是罪过。"[100] 辩解之后他也认为自己很难自圆其说，就又补上一句："要不是更大的罪过吧？"杀死马林鱼，维护了自己作为老渔民的尊严之后，老人才认识到，其实面子值不了几个钱。当马林鱼的肉被吃掉了四分之一之后，老人的后悔更加进了一步。"我原不该出海这么远的，鱼啊。"他说，"对你对我都不好。我感到抱歉，鱼啊。"[101] 当马林鱼被鲨鱼吃掉一半之后，老人的悔意加深了。"半条鱼，"他说，"你原来是完整的。很抱歉我出海太远了。我把你我都毁了。不过我杀死了不少鲨鱼，你跟我一起还打垮了好多条。"[102] 他开始意识到，带回去半条鱼还是没有面子。因为即使自己打败了马林鱼，却还是让鲨鱼给毁了。

通过生成不可知，老人驰骋于苍天和大海之间，飘忽于现实与想象之间。在陶醉与忏悔之间掂量得失，在情与理之间、爱与恨之间感悟人生，在人与自然之间、生与死之间探索人生。生成不可知，才知人生原本可知：与自然和谐共生，人才能在打败看得见和预料到的对手之后，不会被看不见和预料不到的对手所毁灭。

（四）结语

经过生成，生成女人，生成动物，生成不可知，老人找到了自己的逃逸线——从身体上的无助寂寞到心理上的快乐陶醉，从物质上的孤单匮乏到精神上充实富足，从而成就了海明威式的英雄：人不是生而被打败的，人可以被毁灭，但不是被打败。

---

[98]　同 [68]，第 204 页．

[99]　同 [68]，第 205 页．

[100]　同 [68]，第 205 页．

[101]　同 [68]，第 208 页．

[102]　同 [68]，第 211 页．

在精神层面的重大发现：如果不正确对待自然，尽管人可以打败看得见的对手，却被看不见的对手所毁灭。

二、生成的孽缘 —— 艾丽丝·门罗小说《机缘》的生成解读 [103]

（一）引言

艾丽丝·门罗，加拿大女性作家，2013 年 10 月获得诺贝尔文学奖，颁奖词称她为"当代短篇小说大师"。其代表作《逃离》由八个短篇小说组成，于 2004 年出版，2009 年荣获布克国际奖，《机缘》是《逃离》中的第二篇。《机缘》的女主人公，朱丽叶，21 岁，获得了古典文学的学士和硕士学位，正在写博士论文。朱丽叶在一次乘坐火车的途中，偶遇了一位有轻生念头的男子，因她冷漠的态度，成了致男子卧轨自杀的最后一根稻草。男主人公埃里克，一名以捕虾为生的渔夫，因有一点医疗方面的经验，是处理卧轨男子尸体的人员之一，朱丽叶便上前向埃里克询问男子的身份，埃里克对朱丽叶的安慰以及后来一起愉快的交谈让朱丽叶对埃里克心生好感，两人便互相交换了名字和地址。六个月后，朱丽叶兼职的学校学期结束了，但她并未受到正式聘用，恰巧收到埃里克的来信，于是朱丽叶踏上了投奔埃里克的路途。

学者们大多把小说集《逃离》作为一个整体进行分析，对其第一篇同名短篇小说《逃离》也做了很多解读，但对《机缘》单篇的解读也只有叙事时间和间接言语行为作用方面的分析，更多的是把《机缘》和其后两篇短篇小说《匆匆》和《沉寂》放在一起进行研究，例如阐述这三篇小说中女性的灵性成长、二元对立以及在区域转换中女性身份的构建等。《机缘》作为一部独立作品还未得到足够重视。本书从法国后现代主义哲学家德勒兹的解构主义出发，用精神分裂分析学中的生成思想对门罗小说《机缘》进行系统解读。

（二）朱丽叶的生成

生成就是在精神层面上成为他者。从本质上说，德勒兹的哲学是关于生成的本体论。[104] 在德勒兹哲学思维和学术话语中，"生成"（becoming）是关键概念之一。

[103]　康有金，潘怡泓 . 生成的孽缘 —— 艾丽丝·门罗小说《机缘》的生成解读 [J]. 世界文学评论，2017（12）.

[104]　陈永国 . 德勒兹思想要略 [J]. 外国文学，2004（4）：25-33.

帕尔主编的《德勒兹词典》认为"差异"和"生成"是德勒兹全部著述的核心题旨。在德勒兹特殊的本体论挑战中，这两个概念是基石，发挥着重要的功用，能够疗救德勒兹所认为的西方思维领域长久以来一直存在的弊病，即对存在形态与同一性的倚重与偏执。[105] 生成是德勒兹思想中一个非常重要的概念。

德勒兹的哲学思想为文艺批评所提供的方法契合了后现代主义时期碎片化的人格，这便恰当地适合了门罗所处的现当代和这位诺奖得主短篇小说大师作品中的人物特质——随意性、任意性、多变性、流变性和不可捉摸性。这些都与德勒兹文艺批评理论高度地暗合。

在德勒兹看来生成有两个维度，即欲望（desire）和力（power）。德勒兹一方面指出"生成是欲望的过程"[106]。有欲望才能生成，没有欲望无论外力多大生成都不会出现。生成是一个在主观积极情感的指向下，在某种感动下，不由自主地发生的。即主体在无意识情况下将自己的精神世界移情于衷情的对象物。所以德勒兹另一方面又指出，"感动（affect）是生成"[107]。这样，生成概念一方面与欲望相联系，另一方面又与力相联系。当一身体作用于他身体或被其他身体作用时，这一身体就遭受了改变，构成了德勒兹意义上的身体与身体之间各种关系的"生成"。[108] 德勒兹认为所有事物与状态都是生成的产物。人类主体不该被理解为一成不变的稳定和理性的个体，而是不断变化着的各种力的聚合体，不同时间不同地点受各种不同力的作用的同一个体所体现出来的特质是截然不同的。[109] 人处于不断的生成之中。生成主体和生成对象物之间存在着天然的联系，后者对前者有强大的看不见的力量的牵引，即欲望。生成需要一只看不见的推手，使生成过程在生成主体不知情的情况下不由自主地发生。朱丽叶对古典文学的喜好近似于痴迷的程度，古典文学深深地吸引着她，并且朱丽叶也执着于古典文学的学习和研究。在火车上初见埃里克的当晚便愉快地从星座聊到了其背后的神话故事，一扫在此之前因陌生男子卧轨自杀而带

---

[105]　Parr，Adrian. The Deleuze Dictionary[M]. Edinburgh：Edinburgh University Press，2005：21.

[106]　Deleuze，Gilles & Félix Guattari. A Thousand Plateaus：Capitalism And Schizophrenia[M]. Trans. Brian Massumi. London：University of Minnesota Press，1987：272.

[107]　同 [43]，第 256 页．

[108]　程党根. 由"是女人"向"生成女人"的跨越——一种女性主体的欲望化和去本质化思考 [J]. 南京社会科学，2013（4）．

[109]　同 [42]，第 22 页．

来的愧疚与不安。

生成是一个永不间断的过程，是由无数错觉构成的碎片所组成的线。[110] 生成不是固定结构，也不是特定产物。[111] 生成不是人们要达成某一具体目标，也不是经过一些新的感受之后转换为一个全新的他者。生成没有最后的终极点。按照弗雷格尔的理解，生成所指的是一条存在于两种状态之间的逃逸线，这条逃逸线置换了此体与彼体的特质，使主体飘忽于两极间。这种只能感受不能把控的中间性状态就是生成。[112] 这就是说，生成是一个不由自主的忘我过程。它飘忽于主体与生成对应物之间，自己的影像和生成对应物的影像之间接近却没有重叠。主体与生成对应物之间互投影像——我中有你，你中有我。

正处于生成之中的朱丽叶，周边环境的变化立即牵引了她生成的过程。各种力的组合发生了变化。她生成了自己长期以来痴迷的研究对象，埃里克谈及星象唤醒了她精神世界中沉睡的那一部分。她生成了目标物。激情振奋的朱丽叶已经不再是先前那个因冷漠而致一人不幸寻短见的朱丽叶了。生成使朱丽叶成为另一个"我"。离开方才的"我"正是她无意识中某种渴望逃逸的压抑将她碎片化之后所带来的结果。

生成过程无须一个掌控全局的主控中心。有时生成自发地完成，有时生成主体的生成过程受其周边其他生成的影响并与这些生成之间建立了某些联系而发生变化。[113] 当朱丽叶到达埃里克的住处，碰到了正在打扫埃里克厨房的仆人艾罗，听到了艾罗信口说起的埃里克和克里斯塔之间的情事。艾罗离开后，独自坐在厨房里的朱丽叶继续追寻着刚才的思绪，"另外的两个女人来到了她的头脑里，布里塞伊斯和克律塞伊斯。阿喀琉斯和阿伽门农的玩伴。"[114] 这时朱丽叶在古典文学中找到了安身之所，置身他乡的她不由自主地从自己热衷研究的对象物身上看到了自己的镜像。一种突然出现的强烈欲望俘获了她。原本朱丽叶打算在这里待上一夜就返回，但独自一人留在屋里的朱丽叶喝了几杯加酒的咖啡后精神兴奋了起来，思想开始飘

---

[110]　Amy L. Hequembourg. Becoming Lesbian Mothers[J]. Journal of Homosexuality，2007（53）.

[111]　Todd G. May. The system and its fractures: Gilles Deleuze on otherness[J]. Journal of the British Societies for Phenomenology，1993（24）.

[112]　Buchanan，Ian& Colebrook，Claire. Deleuze And Feminist Theory[J]. Columbia University，2000.

[113]　同 [49].

[114]　爱丽丝·门罗 . 逃离 [M]. 李文俊，译 . 北京：北京十月文艺出版社，2009：85.

逸，插上了翅膀，飞入了她的兴趣领域。她想起了献给阿伽门农的在特洛伊战争中俘获的阿坡罗祭司之女克律塞伊丝和《荷马史诗》中最美的女子布里塞伊斯，两美女共同侍奉阿伽门农，这该是何等惬意。潜意识中，在生成对象物的强力牵引下，她生成了绝佳美女布里塞伊斯。

生成没有质的规定性。它所涉及的是主体的内在领域。通过生成主体在精神层面从一种形态转化为另一种形态。[115] 在生成过程中因与周边各要素的互动，生成者主体在自身得到改造的同时，也改造了这些要素。[116] 在强烈热望的驱动下，朱丽叶不由自主地改变了主意，决定等埃里克回来。生成就是精神上的成为，就是不由自主的移情。她把自己移情到了布里塞伊斯的身上，埃里克成了阿伽门农，克里斯塔成了克里塞伊斯。为了缓解两位男神之间的矛盾冲突，阿伽门农把克里塞伊斯送给了阿喀琉斯。她要把克里斯塔赶走，就像阿伽门农把克里塞伊斯送给阿喀琉斯一样，朱丽叶在自己身上看见了布里塞伊斯，在克里斯塔身上看见了克里塞伊斯，在埃里克身上看见了阿伽门农。生成布里塞伊斯之后的她瞬间从孤独无助的现实世界渡入了风情万种的神话传说之中。生成是德勒兹哲学思想中的一条逃逸线，借此主体在无助的精神藩篱和桎梏中挣脱出来。

生成过程还伴有体验的不同强度。这些强度代表着生成从一个时间段向另一个时间段的转换。不同时间段内，生成者主体所体验的强度不一样，其所经受的事也不一样。生成过程没有起点也没有终点。[117] 已经有十几年学术生涯并取得了一定学术成就的朱丽叶，又怎能那么轻而易举地就束手就擒呢？"很少人，非常非常少的人，才有宝藏（treasure），如果你有，那你就千万不要松手。你必须别让自己被拦路抢劫，从自己身边把它丢失了。"[118] 冷静下来的朱丽叶还是知道玩物丧志的可怕性和来之不易的学术成就的重要性。能够把学术成就比喻为"宝藏"，"三人游戏"为"拦路抢劫"，朱丽叶还是比较理智的："说到底，埃里克还是没那么重要。"[119]

[115]　Zevnik，Andreja. Becoming-Animal，Becoming-Detainee：Encountering Human Rights Discourse In Guantanamo[J]. Law & Critique，2011（22）.

[116]　Colebrook，Claire. Understanding Deleuze[M]. London：Routledge，2002.

[117]　Grosz，Elizabeth. A. Volatile Bodies：Towards A Corporeal Feminism[M]. Bloomington：Indiana University Press，1994.

[118]　同 [50]，第 88 页.

[119]　同[50]，第87页.

　　于是，在理智的作用下，朱丽叶又不想深陷"三人游戏"而被"拦路抢劫"，她在变幻着生成。朱丽叶现在所生成的不再是阿伽门农从阿喀琉斯那里抢走的特洛伊女俘，而是高贵的爱与美女神，埃里克也不再是阿伽门农，而是特洛伊王子安喀塞斯。她又不想与克里斯塔无休止地争夺一个男人了，而只是想和埃里克玩一玩就走。和阿佛洛狄忒作为爱与美的女神有自己神的本职工作一样，朱丽叶想到了自己的学业，想趁暑假和埃里克玩一玩，然后回去继续自己的博士生涯。"他（埃里克）是个自己可以与之调调情的人。'调情'（dally，也译为"短暂停留"，笔者注）这个词儿挺合适。就跟阿佛洛狄忒对安喀塞斯那样。然后，在某天的早晨，她会一走了之的。"[120] 自己从原来的女战俘一下飘忽变换为女神，埃里克由希腊三军统帅变成了王子，而自己又如同女神下凡消遣那样不是认真的，而是短暂玩一玩。这便是可以接受的。于是，她决定留下来等埃里克，但他那晚却在克里斯塔那里过夜，她只有等到天明。

　　吃了闭门羹的朱丽叶苦苦挨到天明，昨夜与克里斯塔销魂完的埃里克一来，她就把一切都交给了他，身体、灵魂还有前程。然而，她还是没有成为女神，而是沦为了女俘。从此一发而不可收拾，自毁长城。她自愿成为埃里克的情人，并为他生下女儿。

（三）生成的背后

　　生成主体总是在主观上向好向上，但生成过程是不由自主的，结果也不是按照其主体的主观意志为转移的。生成是把双刃剑。在朱丽叶生成的背后，作者告诉了我们更多：朱丽叶的无意生成正是作者的有意设计。生成是生产变化的分离器。朱丽叶虽然拿到了古典文学的学士和硕士学位，然而却成了自己学术不精的受害者，最终自食其果，聪明反被聪明误。生成伤害了朱丽叶，使之成为不幸的牺牲品。这是因为她学术尚不够精通，或者还没有达到融会贯通的境地。虽然朱丽叶正在攻读古典文学的博士学位，然而由于自己学术不精，错误地理解了古希腊神话故事，认为自己也可以和神话故事中的人物一样，寻欢作乐，快活一时。

　　在特洛伊战争中，阿伽门农作为希腊一方的统帅，阿喀琉斯是其联军中的第一勇士，缺一不可。缺少哪一个，希腊一方都无法取得特洛伊战争的胜利。布里塞伊

---

　　[120]　同 [50]，第87-88 页．

斯和克律塞伊斯分别为阿喀琉斯和阿伽门农的战利品。克律塞伊斯是阿波罗祭司克律塞斯之女，阿伽门农因沉迷于其美貌而拒绝其父赎回，遂遭太阳神降瘟疫于希腊联军，使之迫于压力而派奥德修斯将其送回。心有不公的阿伽门农要求重新瓜分战利品，便夺走了阿喀琉斯的战利品 —— 女奴布里塞伊斯，这种行为使阿喀琉斯感到荣誉受到了极大的侮辱，于是愤然离营，如果阿伽门农不当众道歉就绝不再参加战斗。阿喀琉斯的离开大大挫伤了希腊联军的士气，致使其在战争中节节败退。统帅和勇士之间因美女而产生的不和为希腊方面带来了巨大的牺牲，布里塞伊斯正是引发祸水的红颜。阿佛洛狄忒是古希腊神话中爱与美的女神，安喀塞斯是特洛伊王子之一，阿佛洛狄忒迷恋上了安喀塞斯的美貌，生下了儿子埃涅阿斯。因"金苹果事件"，雅典娜愤而转向帮助阿佛洛狄忒所支持的特洛伊对立的希腊一方，特洛伊战争从人的战争上升成了神的战争，战争持续长达十年之久，特洛伊最后被希腊联军打败。

朱丽叶通过这两个神话故事把自己想象成了布里塞伊斯和阿佛洛狄忒，想着能和埃里克寻欢作乐，无伤大雅。然而朱丽叶只看到了英雄和美女、女神和美男子之间寻欢作乐的浪漫，并没有看到神话故事的意义在于能警醒后人，也没有看到这些欢乐之后所带来的灾难，她的这种想法也注定了会给她以后的生活带来磨难。

这种看似偶然的生成实属必然。外因是变化的条件，内因才是变化的决定因素，毕竟外因通过内因而起作用。她如此轻易地成为埃里克的俘虏主要是她自身的原因。"指导她写论文的导师有个外甥来访，她和那个外甥一起外出，深夜在威利斯公园的草地上被他占了便宜 —— 那也不能说是强奸，她自己也是下了决心的呀。"[121] 她就这么草率地失去了处女的身份。在火车上与埃里克见面，他送她回卧铺车厢。在车辆连接处，如果不是因为她身子不便，同样也会发生关系。她以一句"我可是个处女呢"[122] 避免尴尬发生。一个性行为不严谨的女子两次遇上两个更不严谨的男子的机缘巧合成就了朱丽叶人生的孽缘。"她从他的声音里听出他是要她的。他逼近她，她觉得自己通体从上到下都给抚触搜索遍了，只感到全身沉浸在轻松当中，都快乐得不知怎么才好了。"[123] 朱丽叶在性行为上的随意性，以及对男女之情贪欲追求的无节制最终让自己放弃了学业，放弃了原本可以成为的女神身份，沦为埃里克的情

---

[121] 同 [50]，第 73 页 .

[122] 同 [50]，第 83 页 .

[123] 同 [50]，第 89 页 .

妇之一，成了男人的俘虏，丧失了自我。

在生成的背后，作者还暗示了天地间普遍存在的法则。朱丽叶没有成为女神却成了女俘，她本来可以成为女神的。1964年的圣诞与新年之间的一天，朱丽叶在火车上偶遇了轻生的陌生男子，因为朱丽叶的冷漠态度，成了导致男子卧轨自杀的最后一根稻草。她只要肯"搭伙儿聊聊"，[124] 帮那位陌生男子度过那一小段心理最脆弱的时期，她就可以在不经意间救人一命，那样她会胜造七级浮屠，成就女神的伟岸。然而，她没有成为陌生男子的救命稻草，男子因为没有找到最后一丝人间温暖，卧轨轻生。朱丽叶不经意间成了"不作为"的"间接杀人凶手"。天地之间有杆秤，人总是要为自己的冷漠付出代价的。那么谁在掌控着这杆秤的定盘星？作者精心的构思，字里行间巧妙地浸透出了她的智慧——种豆得豆。

在小说开始之初朱丽叶收到了一封来自埃里克的信，门罗意味深长地用了"conjured"[125] 这一个形容词，"conjured"中文意思为"鬼使神差的"（笔者译）。如果我们把寄信人埃里克理解为"神差"，那么又是哪个"鬼"使之然也？或许陌生的男子通过"灵魂转世（metempsychosis）"的方式，把自己的灵魂附在了埃里克的身上，所以才有了那封信，才有了朱丽叶前去投奔埃里克，从而放弃了自己的学业，成了他的女俘。

如果把短篇小说集《逃离》中《机缘》《匆匆》和《沉寂》理解为以朱丽叶为主人公的逃离三部曲的话，那么下篇《沉寂》中她的女俘形象已经暴露无遗。朱丽叶放弃一切所获得的补偿主要是性的满足与陶醉。埃里克的不断出轨使他们生活很不平静。"忧伤刺激了他们，使得他们的做爱变得十分完美，每一次做完之后他都以为事情总算过去了，不幸总算是告一段落了。"[126] 埃里克以性的满足与陶醉来为她疗伤，认为只要她得到了性的满足，一切都不重要了，她也对此产生了依赖。"放弃古典文学之后，眼下她阅读的一切都与偷情通奸有关。"[127] 埃里克死后，在朱丽叶接连不断的六段情史中，只有两位提到了名字（Larry和Gary），而且没有提到姓氏。这与最初埃里克只知朱丽叶之名，不知其姓，竟贸然写信邀她如出一人。然而这种机缘巧合却意味深长。也许朱丽叶根本就不知道他们的名字，她太迫不及待地要弥

---

[124] 同 [50]，第 58 页.

[125] Alice Munro. Runaway[M]. New York：Vintage Books，2004：49.

[126] 同 [50]，第 150 页.

[127] 同 [50]，第 150 页.

补埃里克所留下的空白了。有一位年长她许多，还有一位年小她许多。作者给了我们足够的暗示："克里斯塔没有点穿也许是因为一时还没有候选的男人"。[128] 她实在太饥不择食了。她在与埃里克因其出轨行为吵架时曾这样评价他："谁恰好近在身边，他就跟谁玩儿。"[129] 埃里克死后，朱丽叶成了他的影子。这难道只是巧合吗？

作者为什么要这么虐心读者呢？在小说最后，门罗告诉我们："六个月之前，那个死于火车轮下的人仍然活着（Six months ago，the man who died under the train was still alive）。"[130] 作者在进一步向读者印证那位陌生卧轨男子已经将灵魂附在了埃里克身上。种豆得豆。埃里克是陌生男子差来讨债的。这才有小说中最值得深思的一句话："在活着的人偏颇的眼光中看来是妖魔一般的行为，从死者更宽厚的角度看却无非是宇宙正义的一种现象（What on the partial vision of the living appears as the act of a fiend，is perceived by the wider insight of the dead to be an aspect of cosmic justice.）。"[131]死者比活着的人更能理解妖魔一般的行为。活着的人理解为是妖魔所为，死者却认为是正义之举。朱丽叶的"逃离"如魔鬼附体，埃里克活着，她是女俘；埃里克海难丧生之后，佩内洛普则以"沉寂"向她施虐。

（四）结语

在《反俄狄浦斯》中德勒兹曾有这样的表述："阅读文本绝不是探究示意的反复推敲，更不是找寻能指的咬文嚼字，而是一个利用这部文学机器的生产过程，一个欲望机器的蒙太奇，一个从文本中汲取革命力量的精神分裂过程。"[132] 借用德勒兹精神分裂分析的概念生成，通过解读《机缘》我们看出受自己所研究的古典文学强烈的吸引，在列车上与埃里克邂逅期间关于星象的交谈，让朱丽叶移情于这位一见如故的渔夫。他所谈的星象和朱丽叶所学的古典文学刚好是一个巧合。六个月后应邀前往他的住地，在那里朱丽叶遇到了给埃里克干家务活儿的艾罗。艾罗和她的交谈又使朱丽叶生成了古典文学神话传说中的人物，一种强烈的渴望亲历神话传说中人物的浪漫体验助推朱丽叶投入了埃里克的怀抱，成为了他的情人。而这一切都

---

[128]　同 [50]，第 159 页．

[129]　同 [50]，第 150 页．

[130]　同 [50]，第 89 页．

[131]　同 [50]，第 68 页．

[132]　同 [43]．

是冥冥之中命运的安排。结识埃里克之前对一位陌生男子的冷漠致使其丧失最后一刻救命稻草而卧轨自杀，朱丽叶失去了救人一命胜造七级浮屠的机缘。埃里克是来替死者主持公道和复仇的，这一复仇得以成为现实又与朱丽叶当时的现状又构成巧合。年仅 21 岁就已经获得古典文学硕士学位，并正在攻读博士学位的朱丽叶，学业尚未精通。她对古希腊文学的研究还没有达到知其然和所以然的境地，只看见了诸神与传说中人物情爱的小浪漫，没有深入理解其背后的大灾难，更没有真正读懂这些神话背后的大智慧。人性的弱点和知识的无穷使她注定无法逃脱命运的安排。

第八章　逃逸线与文学批评

德勒兹哲学思想为人们提供了"块茎"式的叙事方式，通过一次又一次的解辖域化，找到逃逸线，冲出黑洞，线化白墙，拆除脸，成就无器官身体，实现欲望的自由流动，找到自由，重拾自我。德勒兹（和伽塔里）向人们提供上述四个不同的工具，都是在为人们找到一条或多条物质上或精神上的、身体上的或心理上的"逃逸线"，"逃离"当下限制人们的物质或精神环境。

第一节　德勒兹哲学之逃逸线

一、文学创作中的"逃逸线"

德勒兹哲学视野下的逃逸线，指的是一条通过主体之间原本模糊的连接作用倾泻而出的突变轨迹，以其新释放的能量为相关主体增力，并做出相应的反应和回应。[1]德勒兹所说的"逃逸线"（line of flight）指的是没有清晰的界限，但更具有游牧性质，它越过特定的界限而到达事先未知的目的地，构成逃亡路线，突变，甚至量的飞跃。[2]德勒兹晚年代表作品《什么是哲学》的译者汤姆林森和博切尔称德勒兹为逃逸线思想家，"德勒兹和伽塔里是'逃逸线'思想家，他们要彻底打碎限制和禁锢创造性

---

[1]　Parr，Adrian. The Deleuze dictionary[M]. Scotland：Edinburgh University Press，2005：145.

[2]　陈永国 . 德勒兹思想要略 [J]. 外国文学，2004（4）：25-33.

思想的桎梏，让思想自由奔放"[3]。认为哲学的基本功效就是发明创造概念的德勒兹倾其一生发明了无数的概念，其中"逃逸线"是其最为得意的概念之一。通过设计各种逃逸线将主体从不断对趋同和同一性所倚重的西方社会的限制和桎梏中解脱出来，使其充满创造的活力。

德勒兹哲学中的逃逸线对于文学创作有着极其重要的意义。德勒兹认同劳伦斯对文学创作是逃离人们的视野进入别样生活的理解，认为文学创作过程就是作者寻求逃逸线的过程。[4]他为文学创作和文学批评提供了"逃逸线"，一项远离人们所熟知事物的活动。[5]通过创作和阅读，作者和读者都实现了逃逸，发生了变化。逃逸就是找寻用以重新勾勒出真实纯粹的大千世界的线。作者借于作品中所创造的人物角色完成精神逃逸的心路历程。读者同样也借此产生了心理共鸣，实现了逃逸。

德勒兹把文学创作理解为一条方向向外的逃逸线，指的不是逃离现实世界而度入冥想的空间，而是逃出同一性，逃离那"可知的"，所谓"正确的"固定的秩序。逃逸顺序是从受限定性逃向非受限定性，从主导区域逃向非主导区域。[6]从这个意义上说逃逸就是脱限，就是向温去弊，追求身心安逸。逃逸是人的自然属性。换句话说，德勒兹所理解的文学创作就是要脱离西方主流社会趋同性的限制，就要逃离他们所规定的主导区域。以文学艺术所创造出格局不同特色的大千世界来与对抗同一性和趋同性肆意横行的主流社会。

文学创作的目的并非以固定的模式来限制人们的生活，而是为读者勾勒出逃逸线，使其从当下的困境中逃离出去："生活总要自由奔放，一旦遭到禁锢，如不及时逃逸，就会陷入困顿。"[7]文学创作的目的就是帮助读者释负除旧："创造就是要为读者减轻负担，就是要减轻生活的压力，就是要寻找和发现新的生活方式。"[8]在

[3] Deleuze，Gilles & Félix Guattari. What is philosophy? [M]. Trans. Hugh Tomlinson and Graham Burchell. New York：Columbia University Press. 1994.

[4] Deleuze，Gilles & Clare Parnet. Dialogues [M]. Trans. Hugh Tomlinson and Barbara Habberjam. New York：Columbia University Press，1987：36.

[5] Boundas，Constantin V. A Criminal Intrigue：An Interview with Jean-Clet Martin[J]. Deleuze Studies，2011：132.

[6] Deleuze，Gilles. Essays Critical and Clinical[M]. Trans. Daniel W. Smith and Michael A. Greco. University of Minnesota Press，1997：1.

[7] 同[3]，第171页.

[8] Deleuze，Gilles. Nietzsche[M]. Presses universitaires de France，1971：20.

漫不经心的文学创作过程中，作家找到了逃逸线，给自己也给读者。

文学创作中的逃逸是叛逆行为[9]。伟大的文学作品的代表人物都具有某些叛逆性，梅尔维尔《白鲸》中的埃哈伯，霍桑《红字》中的海斯特，马克·吐温《哈克贝利芬历险记》中的哈克，司汤达《红与黑》中的于连，塞万提斯《堂吉诃德》中的堂吉诃德……他们都是从作家的思想中逃逸出来的，是作家思想逃逸的产品。这种叛逆的逃逸如同神经错乱，如同列车脱离轨道。[10]逃逸线之上的主体宛若"中了魔"，不顾一切地向前逃逸。他们背叛了传统社会强加给他们的主流思想，拒绝按照社会普遍认可的方式构建他们的生活，生命不休，逃逸不止。"逃逸"最好地诠释了他们生命的概念。爱丽丝·门罗短篇小说集《逃离》中的女主角朱丽叶就是逃逸线上的逃逸者。贯穿散步短篇小说，《机缘》《匆匆》和《寂寞》，她始终没有停下过逃逸的脚步。

逃逸的目的是找寻武器。对逃逸线的错误理解是将逃逸想象为逃离现实生活，遁入想象的空间或艺术的世界。恰恰相反，逃逸的目的是为了找寻锐利的武器，开辟更加现实纯粹的生活天地。[11]乔治·杰克逊在狱中写道："在别人看来，我是在逃遁，可是通过逃逸，我在找寻武器。"[12]《辛德勒名单》的主人公辛德勒的逃逸线就是同当时波兰纳粹铁蹄践踏下的克拉波夫的所有纳粹分子进行明争暗斗的锐利武器，就是在所有党卫军众目睽睽之下保护那 1 200 多名犹太人的坚实盾牌。如果没有逃逸线这枚武器，辛德勒以一个堂堂正正的好人出现在所有人面前，在那个圣人已经无能为力的时代，无法担当拯救灵魂的重任。

二、文学批评中的"逃逸法"

在《反俄狄浦斯》中德勒兹曾有这样的表述："阅读文本绝不是探究示意的反复推敲，更不是找寻能指的咬文嚼字，而是一个利用这部文学机器的生产过程，一

---

[9]　Deleuze，Gilles & Félix Guattari. A Thousand Plateaus：Capitalism and Schizophrenia[M]. Trans. Brian Massumi. London：University of Minnesota Press，1987：40.

[10]　同 [9]，第 6 页 .

[11]　同 [9]，第 49 页 .

[12]　同 [9]，第 36 页 .

个欲望机器的蒙太奇，一个从文本中汲取革命力量的精神分裂过程。"[13] 精神分裂过程就是成为"少数派"的过程。少数派意味着对现存秩序的超越。少数派意味着不为多数派所限制，意味着无限的可变性和创造性，意味着不断生成新的东西。[14] 对于作家而言，文学创作过程是"找寻逃逸线的过程。逃逸线不是凭空臆造出来的。它是一个不由自主的过程"[15]。

文学作品中人物的某些方面与读者的精神世界中某些虚位以待的空白实现了突如其来的机缘巧合，后者不由自主地响应了前者的召唤。于是在两者间互推互吸的作用下，不经意间，二者合成解辖域化，上了逃逸线。[16] 在广大读者群之中产生共鸣，作者为读者找到逃逸线的同时，也成就了作品的伟大。

按照德勒兹为文学批评所设计的逃逸方法，探寻文学作品中的人物如何在块茎是思维支配下，实现解辖域化，去除脸面性，形成无器官身体，经过重复，通过生成，成就少数派。借此从少数派身上汲取革命力量。

（一）块茎

"块茎"（rhizome）是德勒兹哲学最基础的概念之一。它是德勒兹为人们提供的基本的思维方法和行为方法。它是德勒兹文学批评中的最基本方法之一。"块茎"没有"基础"，不固定在某一特定的地点。德勒兹用块茎来形容一种四处伸展的、无等级制关系的模型。与根 - 树模式或胚根模式的二元逻辑的"精神实体"相反，块茎作为一种开放的系统，强调了知识和生活的游牧特征。块茎，从生物学特征来讲，是去中心化和全方位发展的，它是根—树的批判性的对照。[17] 块茎没有起点，也没有终点，永远处于中间；它由具有 n 个维度的多样性线构成，没有主体也没有客体，是去中心化的。块茎是反宗谱的、反记忆的。[18] 块茎突出的生态学特征是非中心、

---

[13] Deleuze，Gilles & Félix Guattari. Anti-Oedipus：Capitalism and Schizophrenia [M]. Trans. Robert Hurley，Mark Seem，and Helen Ro Lane. London：Continuum，1983：106.

[14] 夏光 . 德鲁兹和伽塔里的精神分裂分析学（下）[J]. 国外社会科学，2007（3）.

[15] 同 [9]，第 43 页 .

[16] 同 [9]，第 44 页 .

[17] 吴静 . 德勒兹的"块茎"与阿多诺的"星丛"概念之比较 [J]. 南京社会科学，2012（2）：49-56.

[18] 同 [9]，第 21 页 .

无规则、多元化的形态，它们斜逸横出，变化莫测。这很容易使我们联想起传统中心主义的权力空间与离散式的赛博空间的区别与特质。德勒兹（和伽塔里）视块茎为"反中心系统"的象征，是"无结构"之结构的后现代文化观念的典型事例，是反中心的"游牧"思维的具体体现，这与柏拉图以来西方所主导的"树状逻辑"思想形成对照。德勒兹（和伽塔里）认为树状模式宰制了西方的全部思想与现实，因此他们倡导块茎的思维模式：不把事物看成是等级制的、僵化的、具有中心意义的单元系统，而是把它们看作如植物的块茎或大自然的"洞穴"式的多元结构或可以自由驰骋的"千高原"。德勒兹注意的不是辖域之间的边界，而是强调消解边界的"逃逸线""解辖域化"。[19] 这里德勒兹所强调的消解方式就是"块茎"。

从生物学到哲学，德勒兹用隐喻的方式形象生动地引导人们理解抽象的哲学概念。生物学意义上的块茎在地表上蔓延，扎下临时的而非永久的根，并借此生成新的块茎，然后继续蔓延。如同马铃薯或黑刺梅树，一旦去掉了地面上的秧苗，剩下的就只有"球状块茎"了。块茎结构不同于树状和根状结构，其结构既是地下的，同时又是一个完全显露于地表的多元网络；它没有中轴，没有统一的源点，没有固定的生长取向，而只有一个多产的、无序的、多样化的生长系统。[20] 正如程党根对块茎的特征进行概括和归纳的那样，块茎有强烈的反结构、反再现、反中心、反总体、反系谱、反层级、反意指等倾向和随意性、差异性、异质性、多样性、活动性、可逆性等后现代特征。[21] 最能代表霍桑创作风格的短篇小说《牧师的黑面纱》里胡珀牧师就以其块茎式的思维和行为为逃逸线，成功地躲在黑面纱后面度过了自己的余生。他披戴面纱有更加现实的目的，而不是他所讲的那样。胡珀牧师经受着身体和道德上的双重煎熬。他的脸因受梅毒病菌的侵害留下了疤痕。因为担心米尔福德镇上的人们知道此事，他戴上了黑面纱。[22] 他既巧妙地掩盖了不检点的性行为给他人和自己带来的伤害，也成功地为继续留在牧师岗位上，潜心赎罪为教民服务提供

---

[19]　麦永雄. 德勒兹差异哲学与后马克思主义文化观念举隅 [J]. 江南大学学报（人文社会科学版），2013，12（5）：50-57.

[20]　同 [17]，第 8 页.

[21]　程党根，后哲学话语中的哲学合法性质疑 —— 以德勒兹为例 [J]. 南昌大学学报（人文社会科学版），2006，37（4）：17-22.

[22]　Ostrowski, Carol. The minister's "grievous affliction"：diagnosing Hawthorne's Parson Hooper[J]. Literature & Medicine，1998，17（2）：197-211.

了良好的机会。一失足成千古恨，却又不能做到敢作敢当，胡珀是个地道的伪君子，可怜，可恶，可恨，可悲。但他尽力把影响降到最低，恪守心里承诺，绝不重蹈覆辙，坚守底线，潜心赎罪，可敬，可爱，可歌，可泣。

（二）解辖域化

解辖域化（deterritorialization）是德勒兹哲学为我们提供的最常见的逃逸线。概括起来，解辖域化就是生产变化的运动。作为一条逃逸线路的解辖域化，所显现的是主体的创造潜能。[23] 通过逃逸，聚合体离开旧有环境进入全新领域，通过创造出新的环境发掘出自身的潜能。解辖域化既是一个创造过程也是一个发现过程。主体以新环境为镜像照出一个全新的自我。解辖域化是把主体从限制其加入新的组织机构的各种固定关系中挣脱出来的过程 [24]，是主体为摆脱某种限制、压抑和桎梏，主动的挣脱行为。它从来都不是外在力量强加给主体的行为。解辖域化就是勇往直前、不断开拓、永无止境的过程。在他们最后的合著《什么是哲学》中，他们认为解辖域化可以是身体上的或物质上的，也可以是心理上的，或精神上的。[25] 这就是说，解辖域化既可以是地理位置的变化，也可以是心理状态的改变，既可以是物质的变化，也可以是精神的改变。

解辖域化有正负之分。负解辖域化也可以称为消极解辖域化。当阻止解辖域化逃逸线路的补偿性再辖域化淹没了解辖域化的成果，其结果是消极的。这种情况下的再辖域化体制阻碍了解辖域化的逃逸线路，只为负解辖域化留出了空间。[26] 正解辖域化也称积极解辖域化。当解辖域化力量远远超越处于次要位置的再辖域化的力量，解辖域化主体能够主宰整个解辖域化的运动进程。这是因为主体解辖域化的强度并没有被补偿性再辖域化所淹没。也就是说，主体并没有被阻止其解辖域化的力量所臣服，仍然是潜在的积极力量。

看得见的解辖域化是物质的，包括人的身体状况的改变和所处地理位置的改变。人职位的升迁或贬降，工资水平的提高或降低，对于行为主体来说都属于物质上的解辖域化，这时的逃逸线比较清晰。抽象的看不见的变化，主要是心理方面、思想

---

[23] 同 [1]，第 67 页 .

[24] 同 [1]，第 67 页 .

[25] 同 [3]，第 68 页 .

[26] 同 [17]，第 508 页 .

方面和精神方面的变化所引起的对主体的改变统称为精神解辖域化。政治立场、宗教信仰和理想追求等等各方面的变化所带来的对主体的改变都属于这一范畴。理解这样的逃逸线需要抽象的思维和想象。

作家用他们的作品具体诠释着解辖域化。F·斯考特·菲斯杰拉德所说的"一刀两断"是深受当代文学逃逸线的影响。"一刀两断说的是人无法再次回到原点；生活无法修复，过去已不复存在。"[27] 通过文学创作的飞跃，作家无法再回到过去。创作过程使作家实现了逃逸，这便是费斯杰拉德所理解的"一刀两断"。如果把文学创作比喻为出海远航，那么"你再也回不去家了"，因为不论你还是家都已经不复存在。德勒兹称这种远航为"解辖域化"，一次没有终点也没有返航的启航，一个永在旅途的航行，没有开始也没有结束，一个简简单单、地地道道的"在途中"。[28]"没有你出发的始发站，也没有你预期到达或者能够到达的终点站。"[29] "所有可供参考的参照量都消失了"：梅尔维尔笔下的埃哈伯无家可归（无路可退），更找不到新的避风港或者栖身之所，因为他在逃避一切。[30] 逃逸线之上的主体不再是信马由缰的生活实践，人们也不会未卜先知，过去与未来均已消失。[31]

文学作品中的人物都无路可退。司汤达小说《红与黑》男主角于连的解辖域化首先是精神上的，他追求思想解放和自由，但是这种精神的愉悦很快就被再辖域化的物质利益所淹没。再辖域化阻止了他的逃逸线，致使其逃逸受阻。但逃逸总要进行下去，他必须从限制他的辖域中挣脱出去，哪怕是不择手段。这使他走上了不归路，也是他悲剧成因的关键所在。

（三）脸面性

去除"脸面性"（faciality）是德勒兹哲学为我们所提供的又一条重要的逃逸线。在《千座高原》的题为"零年：脸面性"一章中，德勒兹（和伽塔里）专门论述了"脸"。

---

[27] Fitzgerald, Francis Scott. The Crack Up, with other Pieces and Stories [M]. Penguin, 1965：52-53.

[28] 同 [9]，第 30 页.

[29] 同 [9]，第 2 页.

[30] Deleuze, Gilles. Essays Critical and Clinical[M], Trans. Daniel W. Smith and Michael A. Greco. London：University of Minnesota Press, 1997.

[31] 同 [9]，第 47 页.

社会经济结构和权力结构变化引发了一系列的社会组织机构的形成，德勒兹称之为"脸"（face）。[32] "脸"是由"白墙"与"黑洞"构成。"黑洞"排列在白墙上，洞口紧锁在白墙之上，洞体纵向无限延伸。"白墙"是展示"表征"的场所。根据德勒兹和伽塔里，"表征"相当于"能指"和"所指"之和。简言之，"表征"是"脸"这一体系能够展示以及希望人们所能看到的。白墙上所陈示的一切还称之为"冗赘"。因为这些陈示是用来起修饰或掩饰作用的，虽表面富丽堂皇，却由于过剩而显多余。白墙冗赘就是强加给个体的集体意志。为了获取"脸"的利益，个体必须无条件接受和遵循。

与"脸"密切相关的另一概念是"脸面化"。"当包括头在内的身体被解码，或被我们称作'脸'的东西给予过度编码，'脸'就产生了"。[33] 虽然"脸面性"中体现了人性化的一面，但它的生产并未出于人性化的考量，甚至我们在"脸"上还能看出纯粹的非人性化的一面。[34] 它把人性主体牢牢锁藏在"黑洞"之中，把"黑洞"紧紧固着在"白墙"之上。"黑洞"之中的个性成为"虚无"，"白墙"之上的"冗赘"代表了自己。这就是"脸"的本质属性——人群中建立起来的非人性的社会组织机构。

霍桑小说《拉帕西尼的女儿》中的一个关键人物，拉帕西尼被牢牢地困在他所在的"脸"上，完全失去了自由和主动性。女儿之死致使拉帕西尼科学实验彻底失败，也导致他所在脸的彻底崩溃和瓦解。积极维护自己所在脸的存在，并不惜任何代价使之得到发展和壮大，这位"护脸将军"赔了女儿又丢了"脸"。他没有线化白墙，并冲出黑洞，没有找到逃逸线，成为脸面性的受害者。

（四）无器官身体

形成"无器官身体"（body without organs）也是德勒兹为人们提供的逃逸线。从字面上说，"无器官身体"指身体处于在功能上尚未分化或尚未定位的状态，或者说身体的不同器官尚未发展到专门化的状态。[35] 在德勒兹和伽塔里看来，我们每个人都有一个或几个无器官身体。无器官身体不是一个想法，也不是一个概念，而是一种实践。德勒兹和伽塔里认为欲望、机器和生产这三者构成了世界上形形色色

[32] 同 [9]，第 175 页 .

[33] 同 [17]，第 168-170 页 .

[34] 同 [17]，第 170-171 页 .

[35] 同 [14].

的生命现象。他们所说的机器也就是欲望驱动的机器或"欲望机器",生产就是实现着欲望的生产或"欲望生产"。欲望机器的操作者是无器官身体,无器官身体包括恶化的无器官身体。德勒兹把以法西斯主义的欲望压抑其他欲望的政治团体或个体称之为恶化的无器官身体。德勒兹的理论体系"精神分裂分析学"中的重要任务就是把欲望分为两种,即"作用的欲望"和"反作用的欲望"。前者支配下的无器官身体是"精神分裂者",他们不满足于对现有的事件和形势做出主流思想所接受的反应,不接受世俗、环境和规制的约束,属于"少数派"。他们当中的一些人会成为革命者和推动历史发展的力量。他们坚持思想,直接表达欲望,成为丰满的无器官身体。在"反作用的欲望"支配下的无器官身体是"偏执狂",他们总是对现有的事件和形势做出为主流思想所接受的反应,属于"多数派"。他是世俗环境的产物,是占主导地位的阶级利益的忠实支持者和维护者。集体的欲望也是他们的欲望。他们已经没有自己的思想,或者是出于某种原因不能直接表达自己的思想,成为干枯的无器官身体。

霍桑小说《拉帕西尼的女儿》中的文中的拉帕西尼有两个无器官身体。他全身心地投入科学研究之中,忘我地从事科学实验,十分不注意自己的衣着打扮,忽略了自己的身体健康。小说对他家庭的另一半只字未提,种种揣测中该包含或妻子抛弃了她或他抛弃了妻子。总的说来他已经失去了感情这个精神器官。他的实验致使女儿周身染上剧毒,这是过分关爱的结果。过犹不及。因为将全部注意力投入实验上,所以对背地里的阴谋家巴格里奥尼的破坏失察。他也失去了洞察的精神器官。他是一个地道的干枯的无器官身体,不顾女儿的安危,主观臆断地认定女儿越强大就越安全,致使其浑身染上剧毒,又因慌不择路只顾了为女儿祛除毒性,被对手钻了空子,致女儿于死地,没有了科学伦理观。他是一个十足的恶化了的无器官身体。

用"无器官身体"分析日本作家藤泽周平的作品《蝉时雨》,可以透视其精细的布局、细腻的情感及其对社会的思考。藤泽绝大多数武士小说都以江户时代为背景。不难发现,江户时期的海坂藩就是一个恶化的无器官身体。藩内不断的政治斗争,使得全藩民不聊生。优秀的武士大多数都卷入政治纷争,成为各派别为消灭异己而利用的杀人工具。只要武士制度存在,为权利而进行的争斗就不可避免。藩国制度已经无法生存下去,江户时代已经穷途末路,明治维新必将来临。另外,大多数武士所构成的团体是一个枯干的无器官身体。武士制度把他们身上的一切有机组织、表征性和主体性等完全剥掉。因此，为了名利以及相应的经济地位和政治地位，盲目地尽效忠他们的主子。当他们拔刀杀人时，从不考虑自己行为是否符合道义，也从不顾及任何情面。他们以"忠"为天，以"名"为地，视中间的一切生灵为草芥。然而，并非所有武士都甘心于宿命。藤泽周平把理想建筑在了那一小部分武士身上。他们就是德勒兹和伽塔里哲学视阈下的"少数派"，他们剥落了大部器官后，保留了良知、正义和真情。他们当中一些将成为革命者，成为现存制度的颠覆者和掘墓人，是丰满的无器官身体。三种无器官身体的塑造，体现了藤泽周平对日本传统武士道文化的反思和对日本近代史的再思考。

（五）重复

在德勒兹看来，文学创作就是创造差异的过程。德勒兹本人也被学术界称为差异哲学家。德勒兹认为，差异产生于重复。[36] 在德勒兹看来，重复并非相同的事情再次发生，它是生产差异和再发现的实验过程。[37] 重复过程既不依赖主体也不依赖客体，它是一个有无限潜能的可持续过程。[38] 一生致力于新概念创造的德勒兹认为制造差异以矫正不断趋同的西方社会是哲学家的使命。德勒兹认为重复是转换生成的创造性活动。重复过程通过改变而消融了同一性，借此引发新事物的产生。这一新事物具有不可辨识性和生产性。正因为如此，德勒兹坚信重复过程转换生成了正能量。[39] 他借用了塔尔德的理解，把重复看作差异的"微分器"，经过重复，差异由普遍的差异提升为特殊的差异，由外在的差异蜕变为内在的差异。[40] 从这个意义上说，没有重复就不会产生差异。德勒兹哲学就是要引导人们通过创造特殊的差异和内在的差异实现逃逸。

福克纳小说《献给艾米莉的玫瑰》中的艾米丽是德勒兹哲学视域下的少数派。通过德勒兹哲学的"重复"对小说进行解读，探究艾米丽与父亲之间可能存在的乱

---

[36]　Deleuze，Gilles. Difference and Repetition[M]. Trans. Paul Patton. New York：Columbia University Press，1995：76.

[37]　同 [1]，第 223 页.

[38]　同 [1]，第 224 页.

[39]　同 [1]，第 225 页.

[40]　同 [14]，第 76 页.

伦关系。[41]艾米丽通过力比多定位将这种关系重复迁移到了荷默身上，发现了荷默的黑人真实身份之后，愤怒的艾米丽一气之下把荷默毒死。为对抗整个小镇的联合围攻，为对付具有"政治恋尸癖"的小镇居民，拒绝"社会死亡"，艾米丽理智地重复了与荷默的关系，她与托比之间达成了默契，两人建立了情人关系。[42]托比帮助艾米丽完成了突围。通过重复她成就了德勒兹哲学视阈下的少数派。艾米丽以她向镇上人们所展示的一面，在他们面前树立起一座捍卫没落贵族尊严的丰碑，以镇民们看不见的一面为小镇"政治恋尸癖"挖掘了坟墓，为它树立起一座墓碑。

（六）生成

"生成"（becoming）是德勒兹哲学为我们提供的最重要的逃逸线。生成是主体从移情的对象物身上汲取力量以实现逃逸的过程。从本质上说，德勒兹的哲学是关于生成的本体论。[43]帕尔主编的《德勒兹词典》认为"差异"和"生成"是德勒兹全部著述的核心题旨。在德勒兹特殊的本体论挑战中，这两个概念是基石，发挥着重要的功用，能够疗救德勒兹所认为的西方思维领域长久以来一直存在的弊病，即对存在形态与同一性的倚重与偏执。[44]生成是德勒兹思想中一个非常重要的概念。科尔布鲁克在《吉尔·德勒兹》一书中指出，整个西方思想史都建立在存在与认同的基础上，而德勒兹则相反，他强调的是差异与生成。[45]生成动物、植物、孩子、女人，不是说在身体上或外貌上要变成这些生成对象，因为"生成当然不是模仿，不是与某物的认同"[46]。而是指生成这些对象物的某些情感、能力或自然特性，增强原有的力或者获得新的力。[47]德勒兹的著述中最器重的生成模式是生成女人。

---

[41]　Scherting, Jack. Emily Grierson's Oedipus Complex: Motif, Motive, and Meaning in Faulkner's "A Rose for Emily" [J]. Studies in Short Fiction, 1980, 17（4）: 397-405.

[42]　Matthews, John T. All Too Thinkable? Thomas Argiro's "Miss Emily after Dark" [J]. Mississippi Quarterly, 2011: 474-480.

[43]　同 [2].

[44]　同 [1]，第 21 页.

[45]　曾建辉. 生成、块茎、感觉——吉尔·德勒兹媒介哲学思想初探 [J]. 哈尔滨工业大学学报（社会科学版），2011, 13（4）: 82-85.

[46]　同 [17]，第 239 页.

[47]　同 [16].

生成是线。生成是一个永不间断的过程，是由无数错觉构成的碎片所组成的线。[48] 生成没有固定结构，也不是特定产品。[49] 生成不是人们要达成某一具体目标，也不是经过一些新的感受之后转换为一个全新的他者。生成没有最后的终极点。按照弗雷格尔的理解，生成所指的是一条存在于两种状态之间的逃逸线。这条逃逸线置换了此体与彼体的特质，使主体飘忽于两极间。这种只能感受不能把控的中间性状态就是生成。[50] 这就是说，生成是一个不由自主的通过想象而实现的忘我过程。它飘忽于主体与生成对应物之间，自己的影像和生成对应物的影像之间接近却没有重叠。生成过程无须一个掌控全局的技师。有时生成自发地完成了，有时生成主体的生成过程受其周边其他生成的影响并与这些生成之间建立了某些联系而发生形变。生成过程不是孤立的，它受周边环境影响的。[51] 在精神上把自己想象为动物，想象为自己一直要捕获的一头抹香鲸，这是《白鲸》中埃哈伯船长与他人不同之处。这也是大副斯塔伯克永远都无法理解埃哈伯为什么要"向一头没有灵性的牲畜报仇"，"跟一头没有灵性的东西发火"的原因。生成动物和一头没有灵性的畜生较劲，埃哈伯在精神上已经把白鲸人性化，把白鲸看成与自己平等的对象。当我们从埃哈伯身上看见动物的一面的时候，他却从动物身上看见了人性的一面。他已经不再像所有其他水手那样期待多捕鲸，多赚钱。利益和钱财已经开始在埃哈伯思想中失去原有的价值和魅力。这就意味着"黑洞"的力量开始超越"白墙"，彼消此长。因为"脸"是经济结构所引发的权利结构变化的衍生物，"脸"员一旦对经济和权利失去兴趣，"白墙"的线化过程也就开始了。

生成不可知，在精神上与天地间万事万物相通，真正做到了天人合一，将自己融入大自然之中，与万事万物之间皆是平等的关系。这就使《白鲸》中埃哈伯的思想飘忽于天地之间，这才有"太阳要侮辱了我，我照样揍它；因为太阳可以这样干，

[48] Amy L. Hequembourg. Becoming Lesbian Mothers[J]. Journal of Homosexuality, 2007, 53（3）：153.

[49] Todd G. May. The System and Its Fractures: Gilles Deleuze on Otherness[J]. Journal of the British Society for Phenomenology, 2015（1）.

[50] Flieger, Jerry Aline. Becoming-woman: Deleuze, Schreber and molecular identification[M]. Edinburgh: Edinburgh University Press, 2000.

[51] Conley, Verena Andermatt. Becoming-woman now[M]. Edinburgh: Edinburgh University Press, 2000.

我也可以那样干"[52]。这时的埃哈伯已经"不知天高地厚"，"胆大包天"，"欲与天公试比高"。这意味着埃哈伯超越实际存在的或可感知的世界，意味着试图去领悟不可感知的生成过程。[53] "生成不可知意味着生成任何人或任何物，从而造就一个生成的世界。换句话说，就是一个既近在眼前又模糊不清的世界"。[54] 埃哈伯敢于向一条比捕鲸船都大的海上霸王莫比·迪克挑战并战成平手是因为他生成不可知。因为花甲之年又只有一条腿的他哪里来的力量我们无从所知。主体可以生成任何事物，天地之间生成无处不在，生成是的逃逸线。迷失方向之后就再也找不到回家的路了，这永远是解不开的谜。因为迷途者已经"生成不可知"。[55] 简单地理解就是，迷途者不知道自己到了哪里，怎么可能会找到回家的路呢？

三、结语

法国后现代主义哲学家德勒兹以其解构主义思想为文学创作提供了思想指引，也为文学批评提供了方法指导。去中心化的后现代社会本质上对固定存在形态与同一性是拒绝的。德勒兹的思想恰当地迎合了这一主流发展趋势。文学创作通过逃逸线完成创作过程，文学批评同样也通过追寻这些逃逸线，通过德勒兹提供的文学批评方法，即块茎、解辖域化、脸面性、无器官身体、重复和生成对文学作品进行批评和解读。借此还复杂多样与千差万别于文学艺术这个大千世界。

---

[52]　赫尔曼·梅尔维尔，白鲸[M]. 成时，译. 北京：人民文学出版社，2011 年.

[53]　同 [14]，第 31 页.

[54]　同 [17]，第 280 页.

[55]　同 [17]，第 45 页.

第二节　逃逸线在文学批评中的应用

一、《献给艾米丽的玫瑰》的逃逸法解读 [56]

（一）引言

威廉·福克纳是 20 世纪美国最伟大的小说家之一，于 1949 年获诺贝尔文学奖。他的作品晦涩难懂，也正因为如此而充满魅力。《献给艾米丽的玫瑰》是他 1930 年发表的最负盛名的短篇小说。作者成功塑造了美国南方没落贵族之女艾米丽这个艺术人物典型。小说通过颠倒的时间次序和一幅幅真实的画面，以迷宫般的事件展示了艾米丽的一生。对现实生活的变迁视而不见的艾米丽，不顾一切地坚持自己独有的、与世隔绝的生活方式，包括她的爱与恨、倨傲式的高贵和对负心恋人的报复。小说虽短，给读者留下的记忆却很悠长。国内研究者从话语策略、叙事、意识形态、人际关系、矛盾冲突等多角度多视野对本篇小说进行了解读。关于艾米丽的创作，福克纳本人的解释含糊其词："哦，一个生活迷茫的女子，父亲将其禁锢闺房之中，令其足不出户，后来情人抛弃了她，她把他暗杀了。这就是《献给艾米丽的玫瑰》，仅此而已。" [57] 福克纳的言辞躲闪，加大了小说背影的神秘感。

许多人眼中的艾米丽年轻时曾如昙花一现般的风情万种，天真烂漫，对未来充满期盼；当她得知恋人欲弃其而去，便将其毒死，与其骷髅同床共枕四十年。本文围绕艾米丽与其周边人物的关系，从德勒兹哲学的精神分裂分析出发，用逃逸法解读《献给艾米莉的玫瑰》，由表及里，以见知隐，从已知到未知，探究艾米丽另一种不为人知的真实人生。

---

[56] 康有金, 侯雯.《献给艾米丽的玫瑰》的逃逸法解读 [J]. 华北理工大学学报（社会科学版），2016（5）.

[57] Gwynn, Frederick L & Joseph L. Blotner. Faulkner in the University[M]. Charlottesville: University of Virginia Press，1959：87-88.

（二）《献给艾米丽的玫瑰》的逃逸法

在德勒兹看来，文学创作过程就是逃逸过程。他在《谈话》中鲜明地提出了文学创作的最高目标——离开，出走，追寻一条线。[58] 这就是德勒兹哲学视野下的逃逸线，即突如其来的给主体带来本质上转变的途径，通过主体与其他主体之间先前建立起来的模糊关系，为相关主体注入新能量，借此对外界做出反应和回应。[59]《什么是哲学》的译者称德勒兹为逃逸线思想家。[60] 德勒兹认同劳伦斯对文学创作是逃离人们的视野进入别样生活的理解，认为文学创作过程就是作者寻求逃逸线的过程。德勒兹哲学思想为作者和读者提供了不同的"逃逸线"，一项远离人们所熟知事物的活动。[61] 通过创作和阅读，作者和读者都实现了逃逸，发生了蜕变。德勒兹具体细化了一些逃逸方法，主要有块茎、解辖域化、去脸面性和形成无器官身体。

德勒兹哲学思想为人们提供了"块茎"式的叙事方式，通过一次又一次地解辖域化，找到逃逸线，冲出黑洞，拆除"脸"，成就无器官身体，实现欲望的自由流动，找到自由，重拾自我。德勒兹和伽塔里向人们提供了上述四个不同工具，都是在为人们找到一条或多条物质上的或精神上的，身体上的或心理上的"逃逸线"，"逃离"当下在物质或精神上限制人们的物质或精神环境。

1. 小说的"块茎"叙事方式

"块茎"是德勒兹最重要的概念之一，是其独树一帜的语言风格的重要标识之一，也是他（和伽塔里）所采用的重要论证方法之一。"块茎"没有"基础"，不固定在某一特定的地点，是去中心化和全方位发展的。它不把事物看成是等级制的、僵化的、具有中心意义的单元系统，而是把它们看作如植物的"块茎"或大自然的"洞穴"式的多元结构或可以自由驰骋的"千高原"。[62] 块茎的生长遵循六条原则：联系性

---

[58]　Deleuze，Gilles & Clare Parnet. Dialogues[M]，Trans. Hugh Tomlinson and Barbara Habberjam. New York：Columbia University Press，1987：36.

[59]　Parr，Adrian. The Deleuze dictionary[M]. Edinburgh：Edinburgh University Press. 2005：145.

[60]　Deleuze，Gilles & Félix Guattari. What is philosophy? [M]. Trans. Hugh Tomlinson and Graham Burchell. New York：Columbia University Press，1994.

[61]　Constantin，V. Boundas. Gilles Deleuze[M]. London：Continuum Publishing Corporation，2011：132.

[62]　麦永雄 . 德勒兹差异哲学与后马克思主义文化观念举隅 [J]. 江南大学学报，2013（9）.

原则 —— 块茎上的任何一点都能够与外界连接；异质性原则 —— 从块茎脱裂出来的"子体"与"母体"迥然不同；繁殖性原则 —— 块茎从不把"唯一"当作主体或客体；反意指裂变原则 —— 块茎可以碎裂、散播开来，但无论在新旧环境中都仍然能生长繁殖；绘图性原则 —— 块茎的延伸和生长具有绘图性的特征；贴花转印性原则 —— 一个块茎衍生出另一个块茎的过程如同贴花转印，其关系如同两个被转印的贴花 [63]。"兰黄恋"是德勒兹最经典的块茎。兰花的授粉结种和黄蜂采蜜生存构成了一个天然的块茎。艾米丽与父亲的关系、与包工头荷默的关系、与仆人托比的关系可以看成是本篇小说中的三个"块茎"。艾米丽母亲家族精神病史可能会给艾米丽的后代带来遗传方面的影响，与艾米丽的父亲拒绝所有艾米丽的追求者，将她牢牢困锁在家中，很少与外界接触，两者构成了艾米丽人生中的转折的第一个块茎 —— 与父亲的乱伦关系；与父亲关系的心理惯性在荷默身上的力比多定位和作为幌子招牌和障眼以掩盖她与托比之间的关系，构成了艾米丽生活中的第二个块茎 —— 与荷默的暧昧关系；艾米丽要利用托比充当自己与整个杰弗逊小镇斗争的工具，与她必须设法使他长期留在她身边，打赢这场持久战，并对她的一切隐秘守口如瓶，构成了艾米丽生活中的第三个块茎 —— 与托比之间的私情。艾米丽与父亲的关系给她造成了严重的心理与精神伤害；她与荷默之间不曾存在一丝的爱，只是力比多的定位；她与托比之间只是利用和要挟。随着叙事的高潮迭起，小说脱裂出一个又一个块茎，借助这些块茎艾米丽逐渐从原来镇民眼中熟悉的自己开始逃逸，使其人生变得扑朔迷离。

2. 艾米丽的解辖域化

"解辖域化"是德勒兹和伽塔里两位哲学大师的哲学核心概念之一。解辖域化就是生产变化的运动。作为一条逃逸线路的解辖域化，所显现的是主体的创造潜能。通过逃逸，主体离开旧有环境进入全新领域，通过创造出新的环境发掘出自身的潜能。解辖域化既是一个创造过程也是一个发现过程，主体以新环境为镜像照出一个全新的自我。解辖域化是把主体从限制其加入新的组织机构的各种固定关系中挣脱出来的过程，是主体为摆脱某种限制、压抑和桎梏，主动的挣脱行为。它从来都不是外在力量强加给主体的行为。解辖域化也是一种行动，主体通过这一行动离开其原来

---

[63]　Deleuze，Gilles & Félix Guattari. A Thousand Plateaus[M]. Trans. Brian Massumi. London：University of Minnesota Press，1987：7-13.

生活或活动的区域，德勒兹哲学中的解辖域化是一种逃逸方法。借此主体可以形成精神或身体上的逃逸。

　　一些批评家认为艾米丽与其父亲之间存在着乱伦。舍汀认为艾米丽的问题是在其父亲身上的力比多定位，或更准确地说是伊莱克特拉情结（恋父情结）[64]。与父亲的乱伦关系是艾米丽身体上的第一次解辖域化，她不再是原来的自己。这对她的心灵产生了伤害，使她在心理上产生了依赖。这是此次解辖域化的消极一面。她不得不在荷默身上寻求力比多定位，延续着她与父亲的关系。但此解辖域化的积极一面就是她从此开始叛逆——从与父亲的乱伦关系中她学到了今后不再继续沿着他人规定的现成的方式行事。她成长为德勒兹哲学视阈下的"少数派"。少数派意味着对现存秩序的超越。少数派意味着不为多数派所限制，意味着无限的可变性和创造性，意味着不断生成新的东西。[65]

　　与荷默的关系是艾米丽的第二次解辖域化。她正式开始了以少数派的身份同镇民们交锋。她故意在小镇的马路上和荷默一起乘着马车招摇过市，以此激怒镇民，与他们针锋相对。第二次解辖域化使艾米丽在思想上开始成熟。但她还仍然处于冲动状态下，以一己之力，孤身一人同全镇人斗争，酷似拜伦式的英雄。这在她身上凸显出了少数派的特质。

　　艾米丽第三次解辖域化是她与托比关系的确立。她更加理智，更加清楚自己的处境。与托比的关系只是她与小镇斗争的必要手段。她的精神开始升华，不再是盲目的冲动，更不是力比多的定位，而是一种战略战术手段的选择。

　　在2011年《密西西比季刊》的福克纳专栏，约翰·马休[66]和司格特·洛闵[67]，分别发表文章支持托马斯·阿基诺[68]关于艾米丽与黑人仆人托比之间存在着暧昧关系的观点。但是这种关系不再是力比多的定位，也不再是盲目的情感冲动，而是理

　　[64]　Scherting, Jack. Emily Grierson's Oedipus Complex: Motif, Motive, and Meaning in Faulkner's "A Rose for Emily" [J]. Studies in Short Fiction, 1980: 399-403.

　　[65]　夏光. 德鲁兹和伽塔里的精神分裂分析学（下）[J]. 国外社会科学, 2007（3）.

　　[66]　Mattews, John T. All Too Thinkable? Thomas Aigiro's "Miss Emily After Dark" [J]. Mississippi Quarterly, 2011: 475.

　　[67]　Romine, Scott. How many Black Lovers Had Emily Grierson? [J]. Mississippi quarterly, 2011: 484.

　　[68]　Argiro, Thomas Robert. Miss Emily after dark [J]. Mississippi quarterly, 2011: 453.

智的抉择，是艾米丽与整个杰弗逊小镇斗争的需要，是手段和要挟。

艾米丽与三个男人的关系既是他人生中三个不同的块茎，同时也是三次螺旋式上升的解辖域化运动。在这期间她不断地超越自我，发掘自我，得到了脱胎换骨的变化，成长为少数派。

3. 艾米丽的去"脸面性"

"脸"是德勒兹和伽塔里的理论核心。社会经济结构和权力结构变化引发了一系列与其相对应的德勒兹称之为"脸"的社会组织机构的形成。"脸"是由"白墙"与"黑洞"构成。"黑洞"排列在白墙上，洞口紧锁在白墙之上，洞体横向无限延伸。"白墙"是展示"表征"的场所。根据德勒兹和伽塔里，"表征"相当于"能指"和"所指"之和。经济结构和权利结构的变化使人们为了获取最大的利益形成了各种各样的利益群体——"脸"，"脸员"必须接受"脸面性"规制——白墙冗赘，不得不将自己的主体锁藏在"黑洞"之中，完全失去自我。紧紧固着在"白墙"上的土体不仅失去了自由，失去了主动性，更失去了创造性。"脸"的不人道决定了它的的拆除是必然的。主体要把握自己的命运，最好的办法就是挣脱"脸"的束缚，拆除"脸"，去除"脸面化"，线化"白墙"，冲出"黑洞"。

由于经济结构的变化和历史的变迁，艾米丽所生活于其中的小镇杰弗逊也发生了翻天覆地的变化。作为小镇这张"脸"所有"脸员"，也就是镇民们却仍然千方百计维持着他们原有的生活方式，偏执狂般地要求镇里的每一个成员都接受镇上的规制，尤其是那些多年来一直约定俗成的在各种行为取向上的一致性。

镇民们认为，凭艾米丽的高贵身份不该和那个在工地上晒得黑黑的北方佬在一起。为此，她们鼓动了牧师前往劝说，又从阿拉巴马州找来了艾米丽的堂姐妹当说客。但艾米丽仍我行我素。她坚决拒绝她们的"社会契约"和"社会死亡"。

在19世纪的美国，存在这一个非官方的规定：被社会接受和喜爱的前提条件是接受一个"社会契约"[69]，甘愿屈从于一种"社会死亡"。这样的社会环境剔除了在文化、种族以及性行为等方面与社会主流不同的人物，不给这些人留下舒适的生存空间，因为他们的存在导致了占主导地位的文化在意识形态领域的不安。艾米丽

---

[69] Castronovo, Russ. Necro Citizenship: Death, Eroticism, and the Public Sphere in the Nineteenth-Century United States[M]. Durham: Duke University Press, 2001: 7.

的房子被叙事者描述为"丑中之丑"（an eyesore among eyesores）[70]。这实际上意味着艾米丽是镇上人们的眼中钉、肉中刺。拥有"政治恋尸癖"的镇上居民很渴望推倒她的房子，更渴望她"社会死亡"。然而她并没有妥协，从撵走市政官员"我在杰弗逊无税可纳"[71]到拒绝让他们"在她的门上钉上金属门牌号，附设一个邮件箱"。这样，她独自一人打败了市政当局。

艾米丽拒绝了小镇为她安排的"社会死亡"，拒绝接受它的白墙规制，蔑视任何白墙冗赘。最终她线化了杰弗逊小镇这张"脸"的白墙，从自己的主体黑洞中挣脱出来，完成了少数派的革命。

4. 艾米丽形成的"无器官身体"

"无器官的身体"同样也是德勒兹创造的核心概念之一。无器官身体是指身体处于在功能上尚未分化或尚未定位的状态，或者说身体的不同器官尚未发展到专门化的状态。[72]无器官身体不是一个想法，也不是一个概念，而是一种实践。无器官身体是一种极致。形成无器官身体的第一步是去除有机组织，使主体对物质利益和精神利益视而不见听而未闻。这相当于拆除脸的第一阶段，即主体开始无视经济利益的诱惑，"脸"开始失去对主体的诱惑力。形成无器官身体的第二步是去除表征性，相当于开始去除白墙冗赘，摆脱任何外在力量的束缚。第三步是去除主体性，也就是实现了"忘我""无我"和"超我"。这相当于拆除脸的过程中的主体从黑洞中挣脱出来。"无器官身体"分为三种：恶化的无器官身体、丰满的无器官身体和干枯的无器官身体。

德勒兹和伽塔里的理论体系"精神分裂分析学"中的重要任务就是把欲望分为两种——"作用的欲望"和"反作用的欲望"。前者支配下的无器官身体是"精神分裂者"，他们不满足于对现有的事件和形势做出主流思想所接受的反应，不接受世俗、环境和规制的约束，属于"少数派"。他们当中的一些人会成为革命者和推动历史发展的力量。他们坚持思想，直接表达欲望，成为丰满的无器官身体。艾米丽无疑便是这种类型的人。

一份福克纳的《献给艾米丽的玫瑰》亲笔手稿和碳墨打印稿于2000年出版，这

[70] 罗益民.英美短篇小说名篇详注[M].北京：中国人民大学出版社，2012：295.

[71] 福克纳.外国中短篇小说藏本[M].李文俊，等，译.北京：人民文学出版社，2013：3.

[72] 夏光.德鲁兹和伽塔里的精神分裂分析学（上）[J].国外社会科学，2007（2）.

是未经删节的版本。这里有一段艾米丽和托比之间的对话，后来正式出版本中被删掉了。这段对话透露出托比知道有关荷默尸体的全部经过——

艾米丽对托比说："在我死之前不要让任何人进来，听懂了吗？""那时他们会来的，就让他们到上面去吧，去看看那屋子里到底有什么。一群傻子。就满足他们的心愿吧，让他们觉得我疯了。你认为我疯了吗？"[73]

艾米丽这席话传递出的信息是他对镇上人们深刻的轻蔑。于是我们有理由推断停尸现场可能就是她为了报复有意设计的。她就是为了让镇上人们感到震惊和迷惑。如果她认定镇民是傻子，那么她就是在愚弄他们，满足他们认为她是个疯子的心理需求。这表明她十分清楚地了解这座小镇以及她本人的境遇。她偏执地认定镇上人们认为她精神不正常。也许她是从托比那里获得的信息。她知道镇民们一直在伤害她。牧师一定是他们鼓动来的，阿拉巴马长期没有往来的亲戚也一定是他们叫来的。如果她真的精神错乱的话，那也一定是他们逼出来的。她冒着犯重罪的风险把尸体留在自己的闺房中，就是让镇民们认为她是一个地道的恋尸癖。艾米丽的留尸行为就是要向整个镇子宣战：她拒绝静悄悄地按照那些社会经理人的安排去"死"。她不接受镇民们为她准备的"社会契约"，更不屈从为她安排的"社会死亡"。她这样做正是给那些期待自己"社会死亡"的人们一记响亮的耳光。

（三）结论

艾米丽独自一人孤军奋战，用生命打了一场持久战。她的战略就是以其人之道还治其人之身，战术是利用身边一切可以利用的资源。父亲是她的精神支柱，荷默是她的挡箭牌，托比是他的交通员和最后一道护身符。最终，在"块茎"的叙事方式下，艾米丽通过不断的解辖域化运动，去除了"脸面性"，形成了丰满的"无器官身体"，成了少数派，找到了物质上的、精神上的、身体上的和心理上的"逃逸线"，"逃离"了当下限制人们的物质和精神环境。至此，作为德勒兹哲学视阈下的少数派——精神分裂者，她打败了一群德勒兹哲学视阈下的多数派——偏执狂。

艾米丽以她向镇上人们所展示的一面，在他们面前树立起一座捍卫没落贵族尊严的丰碑，以镇民们看不见的一面为小镇"政治恋尸癖"挖掘了坟墓，为它树立起一座墓碑。她的死正是一座丰碑的倒塌和一座墓碑的竖起。

---

[73]　Faulkner，William. "Matter Deleted from 'A Rose for Emily'" [J]. Polk，2000：23-24.

二、霍桑小说《拉帕西尼的女儿》的逃逸法解读 [74]

（一）引言

霍桑是 19 世纪前半期美国伟大的小说家和作家，小说《拉帕西尼的女儿》讲述了拉帕西尼的女儿比阿特丽斯的悲剧。小说以拉帕西尼为代表的顺势疗法和以巴格里奥尼为代表的对抗疗法之间的争斗为线索展开，双方为了维护自己的利益，不惜利用青年乔万尼，并最终以比阿特丽斯年轻的生命为代价结束了这场争斗。这篇小说以复杂的人物关系给读者留下了深刻的印象。国内研究者多从象征主义、结构主义以及二元对立角度来分析研究该小说。本文围绕比阿特丽斯与其周围人物之间的关系，从德勒兹的精神分裂理论出发，用逃逸法来解读《拉帕西尼的女儿》，探究比阿特丽斯人生悲剧的根源。

（二）《拉帕西尼的女儿》的逃逸法解读

在德勒兹看来，文学创作过程就是逃逸过程。他在《谈话》中鲜明地提出了文学创作的最高目标 —— 逃逸，逃逸，找寻一条线。[75] 这就是德勒兹哲学视野下的逃逸线，即突如其来的给主体带来本质上转变的途径，通过主体与其他主体之间先前建立起来的模糊关系，为相关主体注入新能量，借此对外界做出反应和回应。[76]《什么是哲学》的译者称德勒兹为逃逸线思想家。德勒兹认同劳伦斯对文学创作是逃离人们视野进入别样生活的理解，认为文学创作过程就是作者寻求逃逸线的过程。[77]德勒兹哲学思想为作者和读者提供了不同的"逃逸线"，一项远离人们所熟知事物的活动[78]。通过创作和阅读，作者和读者都实现了逃逸，发生了蜕变。德勒兹具体

---

[74]　康有金，类珉 . 霍桑小说《拉帕西尼的女儿》的逃逸法解读 [J]. 重庆理工大学学报（社会科学版），2017（3）.

[75]　Deleuze，Gilles & Clare Parnet. Dialogues[M]. Trans. Hugh Tomlinson and Barbara Habberjam. New York：Columbia University Press，1987：36.

[76]　Parr，Adrian. The Deleuze dictionary[M]. Edinburgh：Edinburgh University Press，2005：145.

[77]　同 [74].

[78]　Deleuze，Gilles & Félix Guattari. What is philosophy？[M]. Trans. Hugh Tomlinson and Graham Burchell. New York：Columbia University Press，1994：132.

细化了一些逃逸方法，主要有块茎、解辖域化、去脸面性和形成无器官身体。德勒兹哲学思想为人们提供了块茎式的叙事方式，通过一次又一次的解辖域化，找到逃逸线，冲出黑洞，拆除"脸"，成就无器官身体，实现欲望的自由流动，找到自由，重拾自我。德勒兹和伽塔里向人们提供了上述四个不同工具，其目的在于为人们找到一条或多条物质或精神上的、身体上或心理上的"逃逸线"，"逃离"当下在物质或精神上限制人们的环境。

1.《拉帕西尼的女儿》的块茎

"块茎"是德勒兹最重要的概念之一，是其独树一帜的语言风格的重要标识之一，也是他（和伽塔里）所采用的重要论证方法之一。"块茎"没有"基础"，不固定在某一特定的地点，是去中心化和全方位发展的。它不把事物看成是等级制的、僵化的、具有中心意义的单元系统，而是把它们看作如植物的"块茎"或大自然的"洞穴"式的多元结构或可以自由驰骋的"千高原"[79]。块茎的生长遵循六条原则：联系性原则——块茎上的任何一点都能够与外界连接；异质性原则——从块茎脱裂出来的"子休"与"母体"迥然不同；繁殖性原则——块茎从不把"唯一"当作主体或客体；反意指裂变原则——块茎可以碎裂、散播开来，但无论在新旧环境中都仍然能生长繁殖；绘图性原则——块茎的延伸和生长具有绘图性的特征；贴花转印性原则——一个块茎衍生出另一个块茎的过程如同贴花转印，其关系如同两个被转印的贴花[80]。"兰黄恋"是德勒兹最经典的块茎[81]。兰花的授粉结种和黄蜂采蜜生存构成了一个天然的块茎。

在这篇小说有五个人物，即比阿特丽斯、拉帕西尼、巴格里奥尼、乔万尼以及丽莎贝塔。其中，拉帕西尼和巴格里奥尼是主要角色。随着故事情节的展开和小说的不断深入，围绕着这两个角色，小说的块茎叙事渐渐明朗。

19世纪的马萨诸塞州的医学界流行着两种不同疗法，即以拉帕西尼为代表的顺势疗法和以巴格里奥尼为代表的对抗疗法。拉帕西尼为了让自己的顺势疗法——以毒攻毒获得成功，不惜利用青年医生乔万尼与自己女儿比阿特丽斯之间的爱情，并

---

[79]　麦永雄. 德勒兹差异哲学与后马克思主义文化观念举隅 [J]. 江南大学学报，2013（9）.

[80]　Deleuze，Gilles & Félix Guattari. A Thousand Plateaus [M]. Trans. Brian Massumi. London：University of Minnesota Press，1987：40.

[81]　同 [79]，第12页.

把自己的女儿当作科学实验品，与女儿之间建立了科学实验块茎；以他为代表的顺势疗法和以巴格里奥尼为代表的对抗疗法之间形成了以竞争为基础的块茎；在他和邻居丽莎贝塔之间形成了以金钱为基础的相互利用块茎；在他和乔万尼之间形成了以实验为基础的利用块茎。而对于巴格里奥尼来说，他和拉帕西尼组成了相互争斗、尔虞我诈的块茎；和乔万尼组成以亲朋关系为基础的相互利用的块茎；他还与丽莎贝塔建立了以金钱为基础的利用关系块茎。

2.《拉帕西尼的女儿》的解辖域化

"解辖域化"是德勒兹和加塔里两位哲学大师的哲学核心概念之一。解辖域化就是生产变化的运动。作为一条逃逸线路的解辖域化，所显现的是主体的创造潜能[82]。通过逃逸，主体离开旧有环境进入全新领域，通过创造出新的环境发掘出自身的潜能。解辖域化既是一个创造过程也是一个发现过程，主体以新环境为镜像照出一个全新的自我。解辖域化是把主体从限制其加入新的组织机构的各种固定关系中挣脱出来的过程[83]，是主体为摆脱某种限制、压抑和桎梏的自主挣脱行为。它从来都不是外在力量强加给主体的行为。解辖域化也是一种行动，主体通过这一行动离开其原来生活或活动的区域。[84]解辖域化可以分为绝对的和相对的、积极的和消极的。[85]德勒兹哲学中的解辖域化是一种逃逸方法。借此主体可以形成精神或身体上的逃逸。[86]

拉帕西尼在顺势疗法方面所取得的成就属于物质领域的解辖域化。这旋即带来了拉帕西尼思想领域的变化，即心理领域的解辖域化。这一解辖域化起初是积极的，科学技术的进步为医学的发展拓宽了广阔的视野，提供了无限的可能。但是随着拉帕西尼科学研究的进一步深入，他的想法越来越偏离科学研究的主旨。他认为通过让女儿身上携带强力病毒便可使其强大无比。他做到了。女儿的呼吸即可杀死从她面前飞过的昆虫，她手触摸到的植物立刻变得枯萎。但他无法祛除女儿身上的病毒。后来，他中了巴格里奥尼的计，导致了女儿的死亡。拉帕西尼的实验失败了。总体上讲，

[82] 同[75]，第67页.

[83] 同[75]，第67页.

[84] 同[79]，第508页.

[85] 康有金.德勒兹哲学之解辖域化[J].武汉科技大学学报，2016（1）.

[86] 同[74]，第68页.

他的解辖域化是消极的。

相比之下，处于激烈竞争中劣势地位的巴格里奥尼的解辖域化则完全是消极的。竞争中处于下风属于消极的物质解辖域化，它可以带来积极的心理解辖域化，同样也可以带来消极的。找出自己存在的不足，以正当手段合理竞争，从失败中找寻成功的要诀是消极物质解辖域化所带来的积极心理解辖域化。可是，巴格里奥尼没有做出这样的选择。他选择了买通丽莎贝塔，利用了老同学的儿子，在此二人不知情的情况下，暗地里破坏了拉帕西尼的实验，致使其失败及其女儿的死亡。

对于千里迢迢来到帕多瓦求学的乔万尼来说，解辖域化首先是物质的。但是，地理位置上的变化为他心理上带来的变化是消极的。他对周边事物充满好奇。一进住处就东张西望，他的弱点一眼就被肩负双重使命的丽莎贝塔看透。他因涉世不深，知识浅薄，成为拉帕西尼和巴格里奥尼的双重试验品，最后成为巴格里奥尼借刀杀人的凶器，将前者配置的药水交至比阿特丽斯，并将其杀死。他的解辖域化完全是消极的。

对于本小说中最活跃的人物，穿梭于拉帕西尼、巴格里奥尼和乔万尼中间的丽莎贝塔来说，乔万尼的到来，使她原本就很贪婪的思想又产生了新的变化。她又见到了发财的机会。她脚踏两只船，肩负双重使命，从三方收受好处。她自以为君子爱财取之有道。实际上她错了。她不该收受拉帕西尼的好处，并帮他引荐从远处窗外看上比阿特丽斯并渴求与其接近的人，更不该与巴格里奥尼暗中勾结引诱乔万尼相信巴格里奥尼的谎言并愿意为他服务。她收肮脏钱办黑心事，乔万尼的到来给她带来的解辖域化无疑是消极的。

3.《拉帕西尼的女儿》的脸面性

"脸"是德勒兹（和伽塔里）理论核心。社会经济结构和权力结构变化引发了一系列与其相对应的德勒兹称之为"脸"的社会组织机构的形成。[87]"脸"是由"白墙"与"黑洞"构成。"黑洞"排列在白墙上，洞口紧锁在白墙之上，洞体横向无限延伸。"白墙"是展示"表征"的场所。根据德勒兹和伽塔里，"表征"相当于"能指"和"所指"之和。经济结构和权力结构的变化使人们为了获取最大的利益形成了各种各样的利益群体——"脸"。"脸员"必须接受"脸面性"规制——白墙冗赘，不得不

---

[87]　同 [79]，第 175 页．

将自己的主体锁藏在"黑洞"之中，完全失去自我。紧紧固着在"白墙"上的主体不仅失去了自由，失去了主动性，更失去了创造性。"脸"的不人道决定了它的拆除是必然的。[88]主体把握自己命运的最好办法就是挣脱"脸"的束缚，拆除"脸"，去除"脸面性"，线化"白墙"，冲出"黑洞"。

为了抢占医疗界的市场，赢得更多患者的信任，拉帕西尼所代表的顺势疗法之"脸"和巴格里奥尼所代表的对抗疗法之"脸"展开了激烈的争夺。作为这张脸的最大受益者之一，也就是核心脸员，拉帕西尼必当竭尽全力维护它的存在。为此，他不惜冒女儿周身染上剧毒的风险，进行药学实验，并最终牺牲了她的性命。事实上，他打着强调人的价值的旗号，做着反人类的实验。[89]"脸"在本质上是反动的，它的拆解是必然的。女儿之死导致了拉帕西尼实验的彻底失败，也预示着他所在"脸"的彻底瓦解。

与拉帕西尼相同，为了维护自己所在脸的利益，更是为了在这张脸上能够成为核心脸员，即在这个经济结构中获取最大的利益，巴格里奥尼不择手段地破坏拉帕西尼的实验。他利用了财迷心窍的丽莎贝塔为自己穿针引线，利用年轻涉世不深的乔万尼把所谓的"解药"带进了拉帕西尼的花园。比阿特丽斯之死标志着他成功地阻止了拉帕西尼的实验。拉帕西尼所在脸的瓦解使巴格里奥尼所在脸得到了暂时的巩固。然而，被打败的拉帕西尼还会卷土重来。既然你不择手段地阻止我，我也可以"以其人之道还治其人之身"。科学实验演变成了冤冤相报。这样还会有更多人受到更多伤害，殃及更多无辜。巴格里奥尼所在脸的巩固掩盖不了"脸"的反动性。脸面性机器时刻在运转着。

丽莎贝塔作为这两张脸的共同受益者从两方收钱，是两张脸的边缘脸员。她只获取了一点点蝇头小利。但她的行为却殃及了无辜。她虽然为巴格里奥尼打败拉帕西尼做出了至关重要的贡献，但是此后她对于巴格里奥尼不再有利用的价值，她不会成为巴格里奥尼所在脸的核心脸员，反而却要失去边缘脸员的位置，不会再捞到任何好处。她成为游离分子之后，将再次寻找机会成为其他脸的边缘脸员。脸面性机器的运行永不停止。

---

[88]　同 [79]，第 188 页 .

[89]　康有金 .《拉帕西尼的女儿》的脸面性解读 [J]. 长江大学学报（社会科学版），2015（3）.

4.《拉帕西尼的女儿》的无器官身体

"无器官的身体"同样也是德勒兹创造的核心概念之一。无器官身体是指身体处于在功能上尚未分化或尚未定位的状态，或者说身体的不同器官尚未发展到专门化的状态[90]。无器官身体不是一个想法，也不是一个概念，而是一种实践。无器官身体是一种极致。[91]形成无器官身体的第一步是去除有机组织，使主体对物质利益和精神利益视而不见听而未闻。这相当于拆除脸的第一阶段，即主体开始无视经济利益的诱惑，"脸"开始失去对主体的诱惑力。形成无器官身体的第二步是去除表征性，相当于开始去除白墙冗赘，摆脱任何外在力量的束缚。第三步是去除主体性，也就是实现了"忘我""无我"和"超我"。这相当于拆除脸的过程中的主体从黑洞中挣脱出来。"无器官身体"分为三种：恶化的无器官身体、丰满的无器官身体和干枯的无器官身体。德勒兹和伽塔里的理论体系"精神分裂分析学"的重要任务就是把欲望分为两种——"作用的欲望"和"反作用的欲望"。后者通常会产生一种消极的无器官身体，即主体的欲望产生了反作用，他们受自身欲望的驱使，进而产生消极的思想，进而采取了消极的行为。

文中的拉帕西尼有两个无器官身体。他全身心地投入科学研究之中，忘我地从事科学实验，无视衣着打扮，忽略身体健康。小说对他家庭的另一半只字未提，种种揣测中该包含或妻子抛弃了他或他抛弃了妻子。总的说来，他已经失去了感情这个精神器官。他的实验致使女儿周身染上剧毒，这是过分关爱的结果。因将全部注意力投入实验，对背地里的阴谋家巴格里奥尼的破坏失察。他也失去了洞察的精神器官。他是一个地道的干枯的无器官身体，不顾女儿的安危，主观臆断地认定女儿越强大就越安全，致使其浑身剧毒，又因慌不择路只顾为女儿祛毒，却被对手钻了空子，置女儿于死地，丧失了科学伦理观。他是一个十足的恶化了的无器官身体。

巴格里奥尼不择手段地同对手明争暗斗，甚至置他人生命于不顾，致人死亡，他也是一个恶化的无器官身体。他没有起码的道德标准，用金钱诱惑和利用势利小人丽莎贝塔不择手段地达到自己的报复目的。他不关心前来投奔并希望他能在学业上给予提携的老友之子乔万尼，利用了他的天真和无知，帮助打败自己的竞争对手。

---

[90] 夏光. 德鲁兹和伽塔里的精神分裂分析学（上）[J]. 国外社会科学，2007（2）.

[91] 同 [79]，第 150 页.

他同样也是一个干枯的无器官身体。

年轻稚嫩的乔万尼是干枯的无器官身体。他一直游离于拉帕西尼和巴格里奥尼二者之间，而且他的思想和行为比较单纯，没有实际上的主观恶意。他是两派争斗的牺牲品，在多重作用下，他逐渐失去了自己的主见和思想，成为他人实现目的的工具，成为一具思想干枯的"行尸走肉"。原本拉帕西尼想利用乔万尼来完成自己的科学实验，利用他身上所染上的剧毒来祛除比阿特丽斯身上的毒性。可是，他却被巴格里奥尼所利用，将巴格里奥尼为比阿特丽斯准备好的"解药"传递给她。他失去了价值取向，丧失了判定标准，成为墙头草，没有了筋骨，是地道的干枯的无器官身体。

丽莎贝塔唯利是图，为了金钱为拉帕西尼和巴格里奥尼办事。她作双方代理，收三方的钱，没有道德标准。她牵线搭桥，穿针引线，是小说中的"灵魂人物"。没有她的参与，拉帕西尼不会把乔万尼引入剧毒花园，在错误的科学实验道路上越走越远；没有她的参与，乔万尼不会误入爱河，成为罪恶争斗的替罪羊；没有她的参与，巴格里奥尼的阴谋不会得逞，不会导致比阿特丽斯死去。失去了起码的道德水准的她显然是枯干的无器官身体。但她毕竟没有能力置他人于死地，本意上也只图点小钱，还够不上恶化的无器官身体。

（三）结论

比阿特丽斯年轻貌美，富有活力，可最终却沦为利益争斗的牺牲品。父亲拉帕西尼为了自己的事业，不惜让她以身试药。恋人乔万尼本应该帮助她脱离苦海，却亲手将毒药送到她的嘴边。这一切看起来极具讽刺意义，让人唏嘘。按照德勒兹哲学视阈下的逃逸法解读比阿特里斯的悲剧成因，不难看出，是以当时医药实验领域无序失控的竞争为基础的块茎引发了一系列消极的解辖域化，加之以经济利益驱动为特征的脸面性机器的作用下，形成了以顺应疗法和对抗疗法为标志的两张脸。脸与脸之间竞争的加剧使核心脸员成了恶化的无器官身体，并最终导致了悲剧的发生。